JN192139

最小二乗法による実験データ解析

プログラムSALS

《新装版》

中川　徹
小柳義夫
［著］

東京大学出版会

は し が き

最小二乗法は，実験データ解析の最も基本的な手法であり，自然科学，工学はもとよりおよそ“実験”を行なうあらゆる分野で広く用いられている．データ解析とは，データの検討，モデルの吟味などを含む複雑な過程であるが，その中心となるのが最小二乗法によるあてはめである．測定方法の進歩により精密なデータが大量に得られるようになると，これを解析するためには多数のパラメータを含む複雑なモデルを扱う必要が生じる．小規模な問題についても，従来ならばグラフ用紙にプロットして定規で直線を引くだけで済んでいた場合でも，今ではコンピュータであてはめを行ない定量的に分析しなければ受入れられない．本書は，このような必要に直面している諸分野の研究者，エンジニア，学生の方々のために，とくに実践的な観点から解説を試みたものである．

最小二乗法は，まだ十代の C. F. ガウスが 1795 年頃考案し，これを用いて，行方不明になっていた小惑星ケレスの観測データから軌道を決定して，再発見に導いたのが最初である．ガウスはその後測地データの整理にも最小二乗法を用いている．ガウス以来，線形最小二乗法といえば正規方程式を解くこととみなされてきたが，近年になって，計算技術の発展および誤差解析の進歩により，正規方程式を直接に用いない解法の方が精度が高いことが確かめられてきた．さらに非線形最小二乗法の最近の進歩も著しい．また統計学的な面でも，種々の新しい考え方が出てきて，その有用さが実証されつつある．その中には，モデルの選択や最小二乗法の前提への反省などが含まれている．本書によって，これらの研究成果が諸分野での最小二乗法の現場に応用されるようになることを期待している．さらに，諸分野での経験が統計学や数値解析へとフィードバックされ，その発展に寄与する一助ともなれば，著者らの望外の喜びである．

本書を書く直接のきっかけとなったのは「最小二乗法標準プログラム SALS」の開発である．本書に紹介するアルゴリズムや考え方のほとんどは SALS の上で実現し，利用可能になっている．手近かに SALS が利用可能な読者は，実際の問題を SALS で解きながら実戦的に本書を読むことにより，一層理解が深まることと思う．同時に，SALS とは離れて，一つの独立した教科書としても読めるよう十分配慮されている．

なお，執筆に当っては，両著者で全体の構成を決定したうえで，第4章，第5章，§6.4，§7.7，§9.6を小柳が，他を中川が担当した．互いに充分検討を加えたので，両著者が本書全体に責を負うものである．

本書が完成するまでに著者らは多数の方々のお世話になった．なかでもSALSの開発に協力された田辺國士氏（統計数理研究所），戸川隼人氏（日本大学），渋谷政昭氏（慶応義塾大学），力久正憲氏，伊藤徹三氏（理化学研究所），竹中章郎氏（東京工業大学），大岩 元氏（豊橋技術科学大学），山本毅雄氏（図書館情報大学），唐木幸比古氏（東京大学）をはじめ多くの方々，また終始心温かく励ましてくださった朽津耕三先生（東京大学）および丘本 正先生（大阪大学），第1章の実験をしてくださった武村久美さん，図5.2, 5.6, 5.9, 5.10, 7.4を作図してくださった草間 修君に，心より感謝の意を表したい．また今回このような形で出版する機会を与えられ，原稿に対して種々の有益な助言をくださった竹内 啓，米田信夫両先生はじめ編集委員の方々，ならびに本書が成立するまで数々の御無理をお願いした東京大学出版会編集部の大瀬令子，小池美樹彦両氏に，心からのお礼を申し述べたい．

1982年3月

著　者

目　　次

第1章　は じ め に

科学は観察や実験を基礎としている．自然をありのままに観察し，あるいは特別な条件を作ってそれがひきおこす現象を観測し，定量的に測定する．しかし，そのような観察や実験によって得られるなまのデータが科学を作り上げているのではない．観察した事実を整理し，測定したデータを解析して，なんらかの理論的な概念を導き出し，それを数量的に表現する．このようなデータの整理・解析の過程をもとにして科学の基盤が作られていくのである．

§1.1　簡単な実験例とその整理

ここで簡単な実験例として，バネにおもりをつるして，おもりの重さ w g とバネの長さ l cm との関係を測定してみよう．太さ 0.4 mm のピアノ線を 9 mm

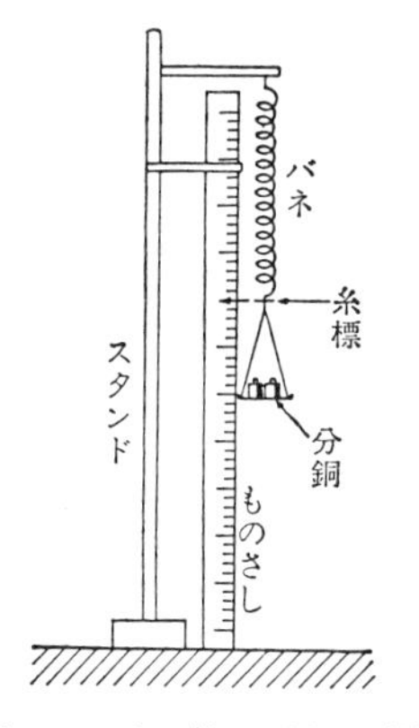

図 1.1　バネの伸びを測った装置

表 **1.1** バネの伸びの実験例

おもり w(g)	長さ l(cm)	l'(cm)	おもり w(g)	長さ l(cm)	l'(cm)
0.	—	—	40.	36.7	1.2
5.	11.0	0.0	45.	40.3	1.3
10.	15.1	0.6	50.	44.0	1.5
15.	18.4	0.4	55.	47.7	1.7
20.	22.3	0.8	60.	51.3	1.8
25.	25.9	0.9	65.	55.1	2.1
30.	29.4	0.9	70.	58.4	1.9
35.	33.2	1.2	75.	62.0	2.0
			80.	65.5	2.0

$l'=l-[7.5+0.70\,w]$

の棒に巻いて，手作りのバネ約5 cm を作った．このバネをスタンドからつるし，下にポリエチレンの袋をさげ，その中に化学天秤用の分銅を順次入れていき，それぞれの重さでのバネの下端のしるしの位置をスタンドに固定したものさしで測った(図1.1)．おもりなしのときは測りにくいので，あらかじめ5 g の分銅を入れておき，順次5 g ずつ増していったときのしるしの位置を読みとった．位置読みとりの原点はバネのほぼ上端にしてあるが，バネの両端は明確でないから，位置の読みとりの絶対値そのものはあまりはっきりした意味を持たない．この位置の読みを便宜的にバネの長さ l と呼ぶことにする．測定結果は表1.1のようになった．

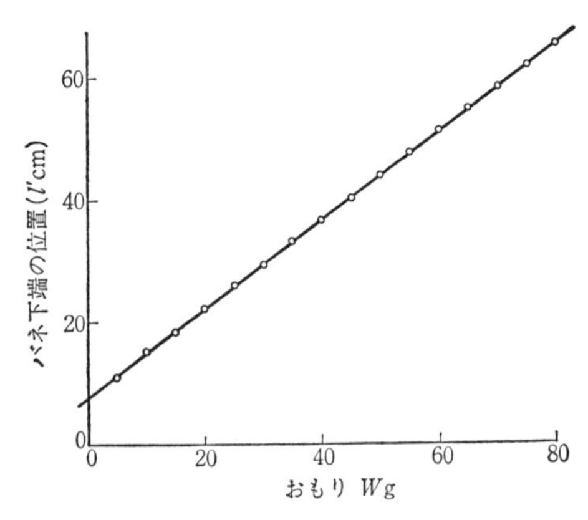

図 **1.2** おもりによるバネの伸びのグラフ

表のままではわかりにくいので，これをグラフで表わす．おもりの重さwを横軸に，バネの長さlを縦軸にとると，図1.2のようになった．ほぼ直線上に並んでいるようだから，グラフに定規をあてて，最もよくあっていそうな直線を引いてみた．この直線は，「バネの伸びが，おもりの重さに比例する」という“理論(モデル)”を提唱していることになる．式で表わすと，

$$l = l_0 + kw \tag{1.1}$$

である．グラフの切片から$l_0=7.5$ cm，勾配から$k=0.73$ cm/g と読みとれる．l_0はおもりをつけないときのバネの長さに相当し，kはおもり(すなわち力)を加えたときのバネの伸び率(バネ定数)に対応する．

図1.2のグラフでは，測定点はよく直線上に乗っていて，ほとんどばらつきが見えない．こういうグラフは見ばえはするが，データから十分な情報を引き出せない．いま，長さlからその概算値を差引いた値

$$l' = l - [7.5 + 0.70\,w] \tag{1.2}$$

を計算して(表1.1の第3欄)，それを図1.3にプロットしてみると，測定値(○印)がおもりの重さwに関して完全な直線には乗っていず，ばらついていることがわかる．実験データの整理で大事なことは，測定の誤差を見積ることである．上の実験では，おもりは化学天秤用の分銅を用いたので，誤差は1 mg以下，相対誤差で0.002% 以内と考えられ，誤差を無視できる．一方，長さのほうは，おもりをぶらさげたバネが少しぶらぶらしているのを，竹製のものさしで測ったので，どうしても ±0.2 cm 程度の誤差がある．図1.3の縦棒は，このような測定値の誤差範囲を示したものである．このグラフで，最もよくあっていると思われる所に目分量で直線を引いてみた．この切片は0.2_2 cm (2桁目は信用できそうにないので小さく書いた)，傾き0.025 cm/g と読みとれる．

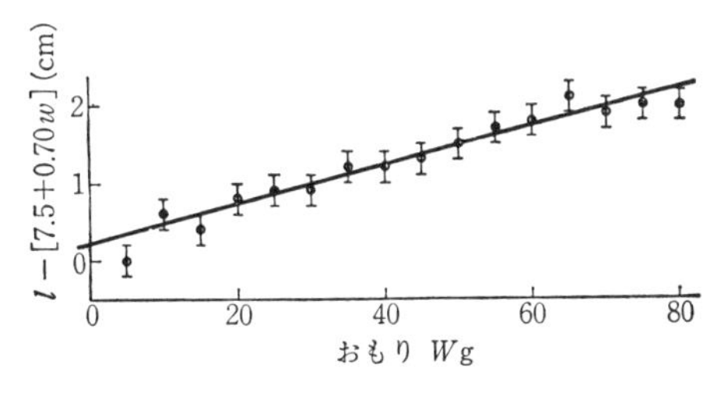

図1.3　おもりによるバネの伸びのグラフ．縦軸のとり方をかえてみやすくしたもの

(1.2) で差引いた概算値をプラスして考えると，結局

$$l_0 = 7.7_2\,\mathrm{cm}, \qquad k = 0.725\,\mathrm{cm/g}$$

となる.

図1.2や図1.3の直線は，目分量で引いたものであるから，根拠がはっきりしない. もっと正確な線を引くためには，何が“最もよく合っている”直線であるかの判定基準をはっきりさせなければならないが，これは自明のことではない. ふつうに採用される判定基準は,「測定値と(直線上の)計算値とのずれ(すなわち残差)の2乗の和を最小にする」という最小二乗の条件である.

$$S = \textstyle\sum_i \{(\text{測定値})_i - (\text{計算値})_i\}^2 = \text{最小} \tag{1.3}$$

この条件を満足するように，モデル中のパラメータ(すなわち(1.1)式の l_0 や k)を求めるには，ふつう正規方程式というものを解く. ただし，また後で述べるが，モデルが複雑になると，計算にも種々の工夫が必要になる.

また，図1.3で示したように，測定値自身に誤差(あいまいさ)があるので，(1.3)のようにして決めた“最もよく合っている”直線にも当然あいまいさが生じる. グラフ上で，直線を少し上下したり，傾きを少し変えても，やはり一応よく合っているという範囲がある. これが(1.3)の条件で求めたパラメータ推定値の誤差範囲を与える. この誤差範囲も，誤差の伝播則を使って計算できる.

実験から得られるモデルは，たいてい近似的なものであり，それが成り立つ領域に限界があることも注意しておかなければならない. 上記のバネの実験でも，もっとおもりを重くすれば，もはや(1.1)のような直線関係が保たれなくなるであろう.

第2の実験として，バネのかわりに輪ゴムを切って1本のゴムひもにしたものの長さを，おもりを増しながら測定してみた. おもりの分銅を乗せる皿の風袋が22.5gで，ゴムに書いた上の印と下の印との間隔が3.4cmであった. 上皿天秤の分銅を順次増してゴムの長さ(上下の印の間隔) l を測定し，グラフにプロットした(図1.4). ゴムをとりかえて何回か実験しても大体同じようなカーブが得られた.

ここで得られたゴムの長さとおもりとの関係はどのように説明すればよいのだろうか. (1.1)のような直線関係で近似できる部分はほとんどない. 2次式

$$l = l_0 + kw + k_2 w^2 \tag{1.4}$$

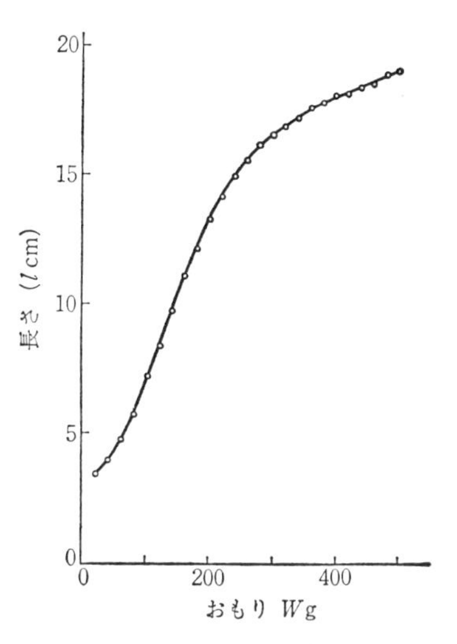

図1.4　おもりによるゴムの伸びのグラフ

にしても，おもりがごく軽い領域でしか有効そうでない．おもりの重い領域では，伸び方が鈍くなり，逆数項を入れたほうがよさそうにみえる．

$$l = l_0' + k'w' - k_2'/w' \qquad \text{ただし}\ w' = w - w_0 \tag{1.5}$$

しかし，このような直観に頼って経験式を持ってくるだけでは問題は解決しない．ゴムの内部構造を分子レベルで明らかにし，外力をかけて伸ばすときにゴムの内部構造にどんな力が働くか考察しなければならない．ゴムは，鎖状の高分子のところどころに架橋がある複雑な網目構造をしており，その鎖の各部分がランダムな熱運動をしていると考えられる．この網目構造の統計力学からは，一つのモデルとして，次の関係式が導かれている．

$$\frac{l}{l_0} - \frac{1}{(l/l_0)^2} = kw \tag{1.6}$$

ただし，この式もおもりの軽い(伸びが小さい)領域にしか有効でない．伸びが大きい場合には，網目をなす高分子鎖の各部分が互いにぶつかり合うので，その間の相互作用のために(1.6)からはずれると考えられる．網目構造やその間に働く相互作用をいろいろ仮定することにより，少しずつ異なる関係式が導かれるであろう．これらの関係式に対して，それぞれ最もよくあてはまるようにパラメータを決定する．その上で,「どれが最もよいモデルか」を判断しなければばならない．この判断基準を客観的に示すことも大事な問題である．

モデルの式が(1.1)のように簡単で，パラメータが2個程度であれば，最小二乗法の計算は電卓を使ってやれる．ところが，パラメータが3個，4個…と多くなると，電卓では手に負えなくなり，コンピュータが必要になる．特に，モデルの式がパラメータに関して1次式でないときには，正規方程式を一度解いただけでは答えが求められず，パラメータの値を修正しつつ繰り返し計算しなければならない．

§1.2 データ解析の実状

実際に測定され，解析されている測定データの種類や規模・精度，そしてそれに用いられるモデルの複雑さなどは，多様である．上記の例は極めて簡単な典型である．一方，測定値の数が1000個程度，有効桁数が5桁程度，パラメータの数は10〜20個，モデルの計算もかなり複雑なプログラムとなる，といった程度のものが実際の実験的研究のデータ解析の典型であろう．さらに大規模で難しい問題もいろいろある．例えば，日本全土の1等三角点(389の本点と560の補点)と2等三角点(5047ヵ所)の測量結果を総合的に解析して，各三角点の位置を±数cmまで正しく決める問題は，角度や距離の測定精度が10^{-6}，測定値の総数約3万，経度・緯度・高度のパラメータの数1万数千個の問題である．このままではとても扱えないので実際には段階的にブロック化して数百点を同時に扱うようにしている．X線結晶構造解析で蛋白質分子の立体構造を決める問題，地震波の解析から地球の内部構造を求める問題，素粒子実験の泡箱写真における軌道解析から素粒子間の相互作用を求める問題などもあるが，実際に扱えるものはコンピュータの処理能力によって制限されている．

したがって，コンピュータのデータ解析プログラムを，いかに性能よく，いかに使いやすく作るかが大事な問題になる．ただ，プログラムの性能にもいろいろな側面がある．コンピュータの記憶容量が小さく，演算速度も遅かった頃には，記憶容量と演算回数を最小限にするような名人芸のプログラムが推奨された．しかし現在では，解法の精度や安定性・信頼性などが重要視され，またプログラム自身の大規模化に伴い，解読・修正のしやすさや使いやすさが大事な要素として認識されてきた．コンピュータ・プログラムの信頼性には二つの問題がある．第一はプログラムの誤りで，どうしたら誤りの起こらないプログラムを作れるか，また誤りをどのようにして見つけるかという問題，第二は，プログラムに誤りがなくても答の精度が足りない問題である．コンピュータは限られた有効桁数(7 桁，17 桁など)の数値を扱っているから，はじめは 7 桁の有効数字があっても，計算の内部で桁落ちなどが生じると，有効数字が 1 桁とか 2 桁とかになってしまうこともあり，そのために計算の道筋が変わってしまうこともある．

実際，最小二乗法の計算では，プログラムは正しくても答がうまく出ないことがしばしば起きる．その第一の症状は，モデルの近似水準を上げて，パラメータの数を増すと急激に答が求めにくくなることである．今扱っている測定データだけでは，あるパラメータともう一つ追加したパラメータとの間の振舞を区別できなくなるためである．第二の症状は，(1.5)や(1.6)のような，パラメータに関して 1 次式でない(非線形の)モデルにおいて，反復計算でパラメータを求めようとしても，解が安定に収束しない場合である．パラメータの初期値がうまく推定できない場合やモデルが複雑でパラメータの値が少し変わっただけでモデルの振舞が大きく変わるような場合に，このような症状が起こる．

§1.3　最小二乗法標準プログラムシステム SALS の作成[62)]

測定データの最小二乗法解析を必要とする分野は極めて広い．自然科学系の学問分野はもちろん，社会・人文科学系の諸分野にも応用され，教育・研究・生産などのいろいろの場で必要とされる．測定データの形態も様々であるし，モデルのとり方もそれぞれ特有のことが多い．このため，今までは多くの研究者が，それぞれ自分の問題を解くためのデータ解析のプログラム，最小二乗法のプログラムを作ってきた．正規方程式を解くサブルーチンだけは，標準的なライブラリー・プログラムを使うけれども，その他はすべて自作するのがふつうであった．このプログラム作りには大変な労力を要し，前述のような数値解法の困難を克服しつつ，同時に統計学的な扱いを正確に行なうことは，個々の研究者にとって至難のことであった．

ところで，数値解析の分野では，この 20 年程の間に，最小二乗法のための高精度線形解法や，非線形最適化・非線形最小二乗法のための安定で速い解法がいろいろ開発されてきた．また，統計学の面でも，回帰分析や多変量解析法などが確立すると共にロバスト推定法や情報量基準といった新しい考え方が出てきて，その有用さが実証されつつあった．ただ，これらの研究成果がその応用分野にまで影響を与えるには，年月を要した．

統計学的な種々の手法を総合したプログラムを作り，多くの分野で共通に使えるようにする努力は早くからあった．1961年にBMDという統計プログラム・パッケージがアメリカで開発され，70年代に入ってOMNITAB II, SPSS, RGSP, GENSTAT, SASなど多数の“汎用統計プログラム・パッケージ”が作られた．しかし，統計学の主要な関心が，社会・人文科学や医学・農学・工学などに向いていたから，開発された汎用統計パッケージもほとんどがそれらの分野への応用を主目標としていた．その手法は集計や多変量解析などが主であり，最小二乗法を用いるにしても自然科学分野で必要とするような高精度解法や非線形最小二乗解法は不備であった．

このような状況の中で，化学や物理の分野のデータ解析に悪戦苦闘していた筆者らは，数値解析や統計学の新しい考え方に接する機会を得,「自然科学における実験データの解析のための，汎用で信頼のおける最小二乗法プログラム」の必要性と可能性を認識した．そこで，1975年に筆者らが中心になって，数値解析や統計学の専門家と化学や物理の研究者との共同のグループを作り，最小二乗法標準プログラムシステムSALSの開発をはじめた．4年を費して完成し，すでに全国の主要大学や研究所で公開・使用されている．

SALSシステムに導入した新しい考え方の主なものは次の4つである．

1) 正規方程式を用いない線形最小二乗解法

最小二乗法といえば，正規方程式という連立一次方程式を解くものだと今までは教えられていた．しかし，最近の数値解析の研究によって，必ずしも正規方程式を実際に計算する必要はなく，ヤコビアン行列を直接変換して最小二乗解が得られ，そのほうが計算精度が高いことがわかってきた．また，パラメータ全部を求めることが(計算誤差のために)不可能な場合には，特異値分解法により，最も合理的に低ランクのパラメータを決定できる．

2) 安定な非線形最小二乗解法

モデルがパラメータに関して1次式でない非線形問題に対しては逐次近似解

法の収束を安定させることが大事である．Gauss–Newton 法に，パラメータの変化量のダンピングを入れ，あるいは Marquardt の付加項を加えて安定化させている．また，さらに非線形性の強い問題に対して Powell のハイブリッド法を準備中である．

3) 赤池の情報量基準 AIC によるモデルの選択

SALS では，統計情報を豊富に出力する．その一つとして，最良のモデルを選択する基準として，エントロピー最大化原理に基づく赤池の情報量基準 AIC を出力する．

4) 異常値に対して安定なロバスト推定法

なまの測定データには，測定時の実験条件設定の不備，処理のミス，データ入力時の不注意などのために，誤まった異常なデータが紛れこんでいることがある．通常の最小二乗法では，すべてのデータが正しい理想的な場合を想定しているから，一つでも誤まったデータが紛れこんでいると，とんでもない答を出す．そこで，測定データの一部分には信頼できないものがあることをも想定して解析する方法が最近考え出されてきた．そのような統計手法をロバスト(頑健)推定法と呼ぶ．これは，現実主義的な新しい統計学の考え方である．

以上のように，SALS システムは，数値解析と統計学の新しい考え方を盛りこみ，多様な分野の問題に適用できるように，汎用に作られている．一般的に言って，汎用のものには，専用のものに比べて，いくつかの得失がある．汎用化の利点は，入念に良いものを作れば誰でもが良いものを使えることであり，信頼性の高いソフトウエアを維持しやすいことである．一方，陥りやすい欠点は，個々の利用者にとって扱いにくくなったり，改造して使用するなどの小回りがききにくくなることであろう．SALS システムは，使いやすさと簡便さには最大限の努力が払われており，プログラムをできるだけ解読・改造しやすいように作られている．

§1.4 本書の構成

本書は，最小二乗法を中心とするデータ解析の手法について，応用数学の二つの分野，すなわち，数値解析と統計学の両面から記述しようとするものである．数値解析と統計学の最近の研究成果が，実際のデータ解析にいかに有効であるのか，どう使い，どう解釈するのかを記しておきたい．この意味で，本書は，非数学者のための応用数学選書である．また，ここで紹介する考え方のほとんどが，最小二乗法標準プログラムシステム SALS で実現され，利用可能になっているから，本書の記述もできるだけ具体的に，SALS に即して記述する．

以下，第2,3章ではデータ解析と最小二乗法の基本的な考え方を述べ，第4,5章で線形および非線形の数値解法，第6～8章では統計的側面を述べる．第9章には SALS システムの概要を記した．

第2章　測定とデータ解析

本章では，データ解析のために必要な測定と誤差に関する基礎的な知識について述べる[2-5,7-9,12,13,15,17]．

§2.1　測 定 と 誤 差

測定データを解析するためには，まず，測定という過程そのものについて考察する必要がある．測定あるいは実験は，何らかの目的を持って計画され実行される．「どのような実験を計画するべきか」，また，「その実験において，どのような点に注意すべきか」は，個々の研究にとって大事な問題である．しかし，本書では，物理学とか化学とかの個々の研究分野を離れて「一般に，測定データにはどのような誤差が含まれているか」というところから始める．

§2.1.1　ばらつきと偏り

一般に，測定値の誤差には，**ばらつき**(**偶然誤差**)と**偏り**(**系統誤差**)とがあると考えられる．ばらつきは，同一の量を多数回測定したときの測定値相互間のちがい方を表わす．偏りは，十分に多数回の測定によって得られる測定値の中心が真の値からどれだけずれているかを表わす．

したがって，ばらつきは同じ量を独立に何回も測ることにより，推定することができる．ところが，“真の値”とは未知のものだから，同じ量をどんなに多数回測定しても，その偏りはわからない．偏りを減らすためには，偏りを生じさせる可能性のある要因を一つ一つ除去し，さらに，偏りの大きさを推定(あるいは別の実験で測定)し，それによって測定値を補正(較正)する必要がある．**偏りの較正**には，まず第一に，測定に用いた器具自身のずれの較正がある．このためには，別のより正確な標準計器を用いる．例えば，ものさしの目盛自身を，より正確なものさしかコンパレータなどを用いて読みとり，ずれやむらを補正する．また，自動天秤の目盛を較正するには，標準分銅の重さを量ればよい．温度や湿度などの外部環境で器具にずれが生じることもある．第二には，測定条件によって対象自体が変化するのを補正しなければならない．長さの測定であれば，対象物体の熱膨張，膨潤，そり，たわみなどにも注意しなければならない．重さの精密測定の場合には，空気による浮力の補正が行なわれる．

一つの量を繰返し測定したとき，それらの測定値 $y_i(i=1\sim n)$ をまとめて，一つの代表値で表わすことが必要になる．これには，ふつう，算術平均値

$$\bar{y} \equiv \textstyle\sum_{i=1}^{n} y_i/n \tag{2.1}$$

が用いられるが，時には中央値(median)が用いられる．中央値とは，n 個の測定値を大きさの順に並べたときの真中の値のことであり，もし n が偶数のときには，$n/2$ 番目と $n/2+1$ 番目との平均をとる．n 個の測定値のばらつきを表わすには，標準偏差(standard deviation) $\hat{\sigma}$

$$\hat{\sigma} \equiv [\textstyle\sum_i (y_i-\bar{y})^2/n]^{1/2}, \tag{2.2}$$

またはその2乗である分散(variance) $\hat{\sigma}^2$ がよく用いられる．また，中央値を用いたことに対応して，四分偏差(quartile deviation)を用いることもある．これは，n 個の測定値を大きさの順に並べて4等分点を考え，その第3四分位数と第1四分位数の差の半分をとったものである．

§2.1.2 "誤差"と"精度"

"誤差"および"精度"という二つの言葉は，統計学から日常生活までいろいろに使われる．

"誤差"の狭い定義は，ある測定値 y の真の値 y^0 からの差

$$\varepsilon \equiv y-y^0 \tag{2.3}$$

である．しかし，真の値は本来未知だから，これは概念上の定義にすぎない．これに対する具体的な量は残差であり，ある測定値 y とその最も確からしい推定値 $\hat{y}$(例えば多数回測定での代表値，あるいはあてはめ結果の計算値など)との差 v として定義される．

$$v \equiv y-\hat{y} \tag{2.4}$$

一方，日常的に"誤差が大きい測定だ"などと使われるときには，上記の狭い意

味での誤差 ε の分布範囲を漠然と指したものと解釈される．

"精度"は，狭い定義では，測定のばらつきの尺度であり，ばらつきが小さいほど"精度が高い"という．これに対して，測定の偏りの尺度を確度という．ばらつきと偏りの両方を含めたものの尺度を，精確度と呼ぶこともあるが，広義の精度という．そこで，広義の精度は，広義の誤差の尺度として逆数関係で表わしたものである．

§2.2　母集団と確率分布

§2.2.1　母集団と標本

このように誤差を含む測定値から意味のある情報を引き出すには統計学の助けが必要である．統計学は，誤差自体に何らかの法則性があるという洞察に基づき，測定値を処理する方法を与える．

ある一つの量を，一定の測定方法(測定装置，手順，外部条件など一切を含む)によって繰り返し測定すると，ほぼ等しいがある程度ばらついた値が得られる．同一の測定を行なっても，現実には制御しえない部分があり，それが測定値のばらつきをひきおこす．量子力学や統計力学のように，本質的に確率的な要素を含む場合もある．

いずれの場合にも，十分に多数回の測定を行なえば，測定値の度数分布は，ある一定の形に近づくと考えられる．これを誤差の分布と呼ぶ．データ解析は，このことを用いて，測定値から情報を取り出す．

統計学は，生物学，社会科学，農学等の中から生れて来たという歴史的な事情があるので，母集団(population)とか標本(sample)とか，理工学に携わる者には聞きなれない用語が用いられる．データ解析の用語に直せば，"標本"は"測定値"，"標本を抽出する(draw)"とは"測定を行なう"ことであり，"サイズ n の標本"とは"n 回の測定"のことである．また"母集団"とは，仮想的な無限回の測定値の集合のことであり，個々の測定値はそこから無作為に"抽出"された標本と考える．誤差の分布とは，この母集団の分布のことである．各測定方法に対応する母集団の性質は，多数回の同一条件の測定を繰返すことができれば，その度数分布から推定することができる．

§2.2.2　確率分布の例

いろいろな測定方法に対する母集団の確率分布を，すべて実験的に知ることはむずかしい．そこで，なんらかの確率的な生起法則を仮定して，起こりうる場合の数を調べ，理論的な確率分布を知っておくことが有効である．以下に典型的な確率分布を挙げる．

(a)　二 項 分 布

これは代表的な離散分布である．1回の試行である事象が起こる確率をp，起こらない確率を$1-p$として，全く独立にn回試行した場合を考える．このn回のうちのr回だけ問題の事象が起こる確率P_rは，

$$P_r = \frac{n!}{(n-r)!r!} p^r(1-p)^{n-r} \tag{2.5}$$

で与えられる．例えば，$n=20$の場合について，$p=0.1, 0.2, 0.3, 0.4, 0.5$の場合の確率分布は図2.1のようになる．$n$が十分大きいときには，$r \fallingdotseq np$のときに最大確率を与える．

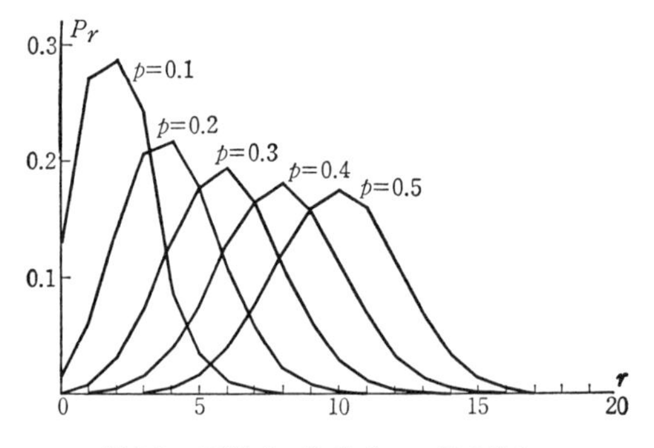

図2.1　二項分布．(2.5)式．$n=20$の場合．

(b)　Poisson 分布

これも代表的な離散分布で，放射線崩壊の計数のように，偶発的に起こる事象の回数の分布として考えられたものである．上記の二項分布において，$\nu \equiv np$を一定にしたままで$n \to \infty$の極限を考える．すると，この事象がr回起こる確率は，

$$P_r = \lim_{n\to\infty} \frac{n(n-1)\cdots(n-r+1)}{r!} \cdot \frac{\nu^r}{n^r} \cdot \left(1-\frac{\nu}{n}\right)^{n-r}$$
$$= \frac{\nu^r}{r!} e^{-\nu} \qquad (2.6)$$

となる．分布(2.6)をPoisson分布と呼ぶ．νは分布を特徴づけるパラメータである．原子核物理，高エネルギー物理またはphoton countingのように，カウント数に基づいて測定がなされる場合には，この分布が重要な役割を演ずる．

（c）　**正規分布**(normal distribution, Gauss分布)

正規分布は，代表的な連続分布であり測定値の偶然誤差の分布のモデルとして重要である．誤差εに対する確率分布密度は

$$P(\varepsilon) = (2\pi\sigma^2)^{-1/2} \exp[-\varepsilon^2/2\sigma^2] \qquad (2.7)$$

で与えられる．この分布の全確率は確率の定義に従って1に規格化されており，

$$\int_{-\infty}^{\infty} P(\varepsilon)d\varepsilon = 1 \qquad (2.8)$$

平均値(期待値)† はゼロ，

$$\langle\varepsilon\rangle \equiv \int_{-\infty}^{\infty} \varepsilon P(\varepsilon)d\varepsilon = 0 \qquad (2.9)$$

平均値のまわりの2次モーメント(すなわち，分散)はσ^2である．

$$\langle\varepsilon^2\rangle \equiv \int_{-\infty}^{\infty} \varepsilon^2 P(\varepsilon)d\varepsilon = \sigma^2 \qquad (2.10)$$

この正規分布を図2.2に示した．$|\varepsilon| \leqq \sigma$となる確率が68.3%，$|\varepsilon| \leqq 2\sigma$が95.4%，$|\varepsilon| \leqq 2.5\sigma$が98.8%，$|\varepsilon| \leqq 3\sigma$が99.7%であり，正規分布の分布の裾は極めて狭

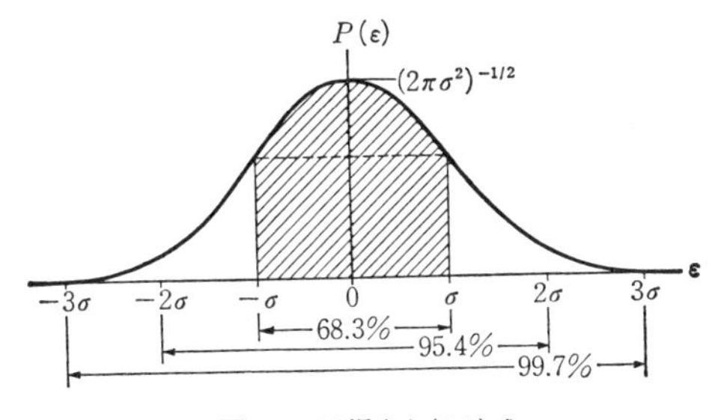

図 **2.2**　正規分布(2.7)式

† 統計学では，母集団平均(期待値)を通常$E(\varepsilon)$, $E(\varepsilon^2)$のような記法で表すが，本書では量子力学や統計力学にならって$\langle\varepsilon\rangle$, $\langle\varepsilon^2\rangle$等の記法を用いる．

い．(2.7)に $\varepsilon=y-y^0$ を入れると，測定値 y に対する確率密度分布として，平均値 y^0，分散 σ^2 の正規分布

$$
\begin{aligned}
P(y) &= N(y;y^0,\sigma^2) \equiv N(y^0,\sigma^2) \\
&\equiv (2\pi\sigma^2)^{-1/2}\exp[-(y-y^0)^2/2\sigma^2]
\end{aligned}
\tag{2.11}
$$

が得られる．

正規分布は，二項分布(2.5)から，np と $n(1-p)$ が十分大きい場合のピーク位置周辺での確率分布の連続極限として導かれる．すなわち，極めて多数の微小な誤差要因があり，それらが各々同じ大きさで互いに独立に正負の寄与をすると考えるときに得られる確率分布である．

(d)　Cauchy 分布

Cauchy 分布の確率密度関数は

$$
P(y) = C(y;y^0,\Gamma) \equiv C(y^0,\Gamma) \equiv \frac{1}{\pi}\frac{\Gamma}{\Gamma^2+(y-y^0)^2} \tag{2.12}
$$

で与えられる．これは図2.3のように，y^0 を中心とした対称形であり，Γ はその広がり(半値半幅)を示す．ただし，積分

$$
\int_{-\infty}^{\infty} yC(y;y^0,\Gamma)dy \tag{2.13}
$$

が発散してしまうので平均値は定義できない．分散もまた定義できない．Cauchy 分布は，正規分布とは対照的に極めて長い裾を持った分布であり，物理学においては統計力学におけるゆらぎやランダムな衝突などの理論において度々現われる．

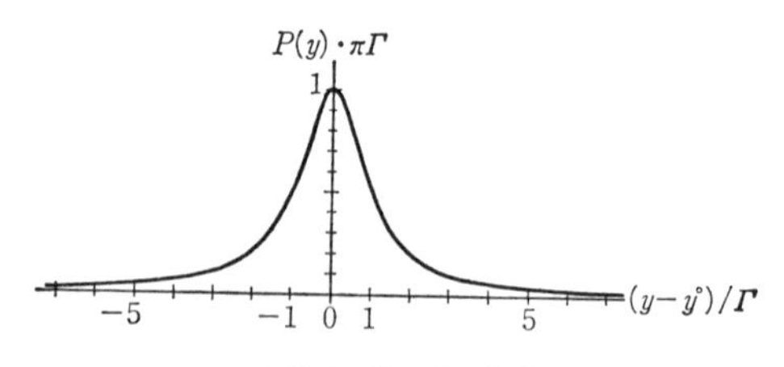

図2.3　Cauchy 分布

§2.2.3　確率変数とその関数

さて，ある変数で，その値が定まった確率分布に従って実現するとき，これを**確率変数**と呼び，その実現された個々の値を実現値という．測定量は一つの

確率変数であり，測定値は確率変数の実現値である．そこで，いくつかの測定値をデータ解析して情報を得ることは，測定量に対応する確率変数を含んだある関数の情報を得ることであると考えられる．

いま，基本となる測定に対応する確率変数の分布が仮定されれば，これら確率変数の関数もまた確率変数であり，その確率分布を計算することができる．ここでは正規分布をする確率変数の 2,3 の関数について結論だけを記す．

$y_i(i=1\sim n)$ は正規分布 $N(y_i{}^0, \sigma_i{}^2)$ に従う互いに独立な確率変数(の実現値)であるとすると，定数の係数 $\{a_i\}$ による線形結合

$$z \equiv \sum_{i=1}^{n} a_i y_i \tag{2.14}$$

は，正規分布

$$P(z) = N\left(\sum_{i=1}^{n} a_i y_i{}^0,\ \sum_{i=1}^{n} a_i{}^2 \sigma_i{}^2\right) \tag{2.15}$$

に従う確率変数(の実現値)である．

同様に，$y_i(i=1\sim n)$ が正規分布 $N(y_i{}^0, \sigma_i{}^2)$ に従う互いに独立な確率変数(の実現値)であるとすれば，規格化した平方和

$$S \equiv \sum_{i=1}^{n} (y_i - y_i{}^0)^2/\sigma_i{}^2 \tag{2.16}$$

は，自由度 n の χ^2 **分布**(**カイ二乗分布**)に従う確率変数(の実現値)となる．自由度 n の χ^2 分布の確率分布密度は，

$$P(S) = \chi_n{}^2(S) \equiv \frac{1}{2^{n/2}\Gamma(n/2)} S^{n/2-1} \exp\left(-\frac{S}{2}\right) \tag{2.17}$$

と表わされる．

ただし $\Gamma(p)$ はガンマ関数であり，一般に

$$\Gamma(p+1) = p\Gamma(p), \tag{2.18}$$

また特に

$$\Gamma(n) = (n-1)!,\ \ \Gamma(1) = 1,\ \ \Gamma\left(\frac{1}{2}\right) = \sqrt{\pi} \tag{2.19}$$

である．

χ^2 分布の平均値は自由度と同じく n であり，分散は $2n$ である．

y が正規分布 $N(0,1)$ に従い，S が自由度 n の χ^2 分布に従う互いに独立な確率変数(の実現値)とするとき，比

$$u \equiv y/\sqrt{S/n} \tag{2.20}$$

は，自由度 n の Student の t **分布**

$$P(u) = t_n(u) \equiv \left[n^{1/2} B\left(\frac{n}{2}, \frac{1}{2}\right) \left(1 + \frac{u^2}{n}\right)^{(n+1)/2} \right]^{-1} \tag{2.21}$$

に従う確率変数(の実現値)である．ただし，$B(p, q)$ はベータ関数

$$B(p, q) \equiv \Gamma(p)\Gamma(q)/\Gamma(p+q) \tag{2.22}$$

である．自由度 $n=1$ のとき，t 分布は Cauchy 分布に帰着し，一方 $n \to \infty$ のときには t 分布は正規分布に帰着する．

§2.3　尤度と最尤推定法

前節では，各測定方法に対して，確率分布 $P(y)$ をもった母集団を想定し，個個の測定値はこれから無作為に抽出された標本であると考えた．この関係は，図2.4(a)のように，横軸に測定値 y，縦軸に測定値 y の得られる確率密度 $P(y)$

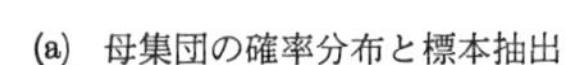

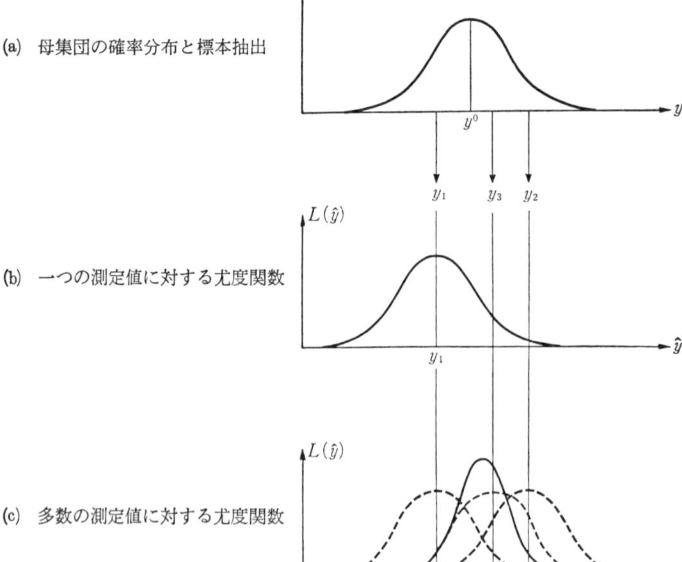

図2.4　誤差の確率分布と尤度関数

をとって表わせる.

では, 逆に, 実際に得られた測定値 y から真の値 y^0 を推定することを考えよう. 一つの測定値 y_1 が得られたとき, 真の値 y^0 は当然 y_1 の近傍にあると考えられる. 確率分布は, $P(y) \equiv P(y;y^0)$ を, y^0 を定数として y に関する分布と考えたものであった. こんどは,

$$L(\hat{y}) \equiv L(\hat{y}\,|\,y) \equiv P(y;\hat{y}) \tag{2.23}$$

を, 測定値 y を定数として(真値 y^0 に対する)推定値 $\hat{y}$ に関する関数と考えよう. $P(y;y^0)$ は真の値が y^0 であるとき, 実際に得られた値が観測される確率を表わしているから, $L(\hat{y}\,|\,y)$ の値が大きいとき, 測定値 y に対して真値 y^0 が $\hat{y}$ にある可能性が大きく, 逆に $L(\hat{y}\,|\,y)$ が小さければ真値が $\hat{y}$ にあることはありそうにないと考えられる. そこで, $L(\hat{y}\,|\,y)$ を**尤度**(ゆうど, likelihood ; もっともらしさの意)と呼ぶ. いま, $P(y;y^0)$ は $y-y^0$ の関数とすると, 尤度関数は, 確率分布関数の左右を逆転させて, 中心を y においたものになる(図 2.4(b)).

さらに測定を繰返して, 測定値 y_1, y_2, y_3 が得られたとしよう. これら 3 個の測定値のそれぞれによって, 推定値 $\hat{y}$ の尤度 $L(\hat{y}\,|\,y_i)$ は, 図 2.4(c) の破線のように与えられる. 3 個の値を総合して, 推定値 $\hat{y}$ の尤度関数を求めるには, 確率分布を総合するときに積をとるように, 3 個の尤度関数(2.23)の積をとればよい.

$$L(\hat{y}) = L(\hat{y}\,|\,y_1, y_2, y_3) = \prod_{i=1}^{3} L(\hat{y}\,|\,y_i) \tag{2.24}$$

この積は図 2.4(c) の実線のようになる. この尤度関数が最大となる位置を真値 y^0 の一番もっともらしい値(最尤推定値) $\hat{y}$ として採用する方法を最尤推定法(maximum likelihood estimation)という.

測定値の数が多くなると, それらを総合して求めた尤度関数 $L(\hat{y})$ は, 最尤推定値 $\hat{y}$ が真の値 y^0 に近づき, その幅(半値幅)は $P(y;y^0)$ の幅よりも狭くなるであろう. 尤度関数(2.24)は, 確率分布関数 $P(y;y^0)$ の再現ではなく, 真の値 y^0 の位置の推定を目的としているから, このように幅がどんどん狭くなるのである.

さて, 種々の確率分布(§2.2)に対応した最尤推定法が考えられるわけであるが, 正規確率分布(Gauss 分布)に対応した最尤推定法が**最小二乗法**である

(§3.2). 正規分布は，よく制御された実験の測定値の誤差分布のモデルとして考えられているから，最小二乗法には極めて重要な意義がある．さらに，他の確率分布に対する最尤推定法に比べて，最小二乗法は定式化しやすく，数値計算も楽であるので，広く用いられるようになった．

§2.4　データ解析法の諸分類

§2.1〜2.3では，ある一つの量の測定誤差を中心に考えた．そこでは，たとえ繰返し測定されたにしても，最終的には一つの測定代表値とその誤差という形で集約される．バネの伸びの実験例(§1.1)で言えば，ある1本のバネの，ある重さのおもりのときの長さを(繰返し)測定する場合に相当する．しかし，多くの実験は，このような一つの量の測定ではなく，いろいろ条件を変えて，一連の量の測定を行なうのが普通である．バネの実験でも，おもりの重さを変えてバネの長さを測定してはじめて，バネの力学的性質を明らかにできる．本節以後は，このような一連の測定結果の解析を考える．

一連の(すなわち複数の)測定結果を解析するのは，それらの測定量の真の値の間に，何らかの関係があると想定されるからである．その関係を明らかにす

表2.1　データ解析法の諸分類(5側面による分類)

(a)目的による分類	(b)測定データの形態による分類	(c)モデルと理論の形態による分類	(d)誤差分布のモデルによる分類	(e)解析のアプローチによる分類
構造(モデル)の解明　◎ 集計・整理　× 予測　△ 制御　× 最適化　× 意志決定　×	{非数量データ　× {数量データ　◎ {離散データ 　{独立な測定のデータ　◎ 　{相関のある測定データ　○ {連続測定のデータ(時系列・波形・図形など)　× {1変量　◎ {多変量　△	{非数量的モデル　× {数量的モデル◎ {非構成的モデル　○ {構成的モデル◎ {線形モデル　◎ {非線形モデル◎ {制約条件なしのモデル　◎ {制約条件つきのモデル　△	無相関誤差のモデル　◎ {正規分布誤差のモデル　◎ {非正規誤差のモデル　△ 相関のある誤差のモデル　○ {間接測定による誤差相関のモデル　○ {連続測定データの誤差相関のモデル　× 異常値を含む誤差分布を許すモデル　◎	(確率的)理論計算の重視(シミュレーション)　△ データの変換と整理　△ 推定・あてはめ　◎ 検定　△

(注)　5つの側面(a)〜(e)による分類は基本的にそれぞれ独立である．本書で扱う範囲：◎中心テーマ，○軽く扱う，△言及するが不十分，×扱わない．

ることによって，実際に役立てうると考えられる．この解明のプロセスを，いま，広い意味で**データ解析**と呼ぶことにする．

種々の研究分野の個別の問題について，このようなデータ解析が行なわれている．しかし，それらの対象分野別の分類ではなく，データ解析の方法そのものを分類することは容易でない．(a)データ解析の最終目的，(b)測定データの形態，(c)内在すると考える関係(理論モデル)の形態，(d)誤差分布のモデル，(e)解析のアプローチのしかた，などいろいろな側面を組み合わせて考えなければならない．表2.1には，これらの5側面からデータ解析の諸相の分類を試みた．

(**a**)　目的による分類

データ解析の主要な目的は，前述のように，測定誤差に隠されている真の値を推定し，測定結果の奥にあると考えられる関係を解明することである．このような関係を，自然科学の言葉では“理論”というが，統計学の言葉では，“モデル”あるいは“構造”と言う．自然科学では，構造の解明それ自体が目的とされることも多い．社会・人文科学などにおける種々の統計的処理もまた，このような構造の解明を目指すものであり，データの集計・整理などはその第一ステップである．

一方，構造の解明は基礎固めであって，最終目的はその構造の知識を用いて予測・制御・最適化・意思決定などを行なうことである場合も多い．このときには，構造を経験的(現象論的)に知れば十分で，厳密な構造の解明は行なわれないことも多い．“**予測**”には，時間的な将来の予測だけでなく，内挿・外挿，未測定量の推定などを含んでいる．**制御**は，測定データに基づいて今後を予測し，それが常に望ましい状態になるように外部条件の設定を調節することである．このためには，データの測定から外部条件の調節までが，できるだけ短時間に行なわれることが望ましい．**最適化**とは，いくつかの条件での測定結果(ときにはシミュレーションの結果)をもとにして，最も適当と考えられる結果を与える条件やモデルを見出すことであり，いろいろな設計に用いられる．**意志決定**は，制御・最適化の場合なかば自動的に行なわれるが，構造解明と予測のような統計学的判断材料を得ることとは分離して意識的に行なわれることもある．

(b)　測定データの形態による分類

社会・人文科学においては，アンケートに対する回答などのように，非数量的なデータを扱うことが多く，統計学の教科書や“統計プログラムパッケージ”でも，そのために多くの部分を費している．しかし本書においては，数量的な測定データのみを対象とし，非数量データは扱わないことにする．**数量データ**にもアナログ量とディジタル量があるが，アナログ量はディジタル量に変換(“量子化”)してからデータ解析が行なわれるのがふつうだから，測定データは常にディジタルで(すなわち数値の形で)表示されていると考える．

次の問題は，測定点(測定位置あるいは“横軸”)が離散的か連続的かの区別である．地震波の振幅の時間的変動や分子の赤外線吸収スペクトルを自動記録したチャートなどが，**連続測定データ**の例である．このときにも，連続のままでは扱いきれないから，適当な時間間隔(あるいはスペクトルの波長間隔など)で横軸を切り，その各点で地震波の振幅(あるいはスペクトル強度)を測定する．このようにして，本来連続な“横軸”を離散化させたわけである．もし，測定点の間隔を密にとると，隣接する測定値の誤差の間に相関があるので，時系列解析などの手法が必要になる．一方，測定点の間隔を十分疎にとれば(それだけ情報が失なわれるが)誤差相関のないデータとして扱ってもよい．測定点が離散的なデータの解析では，互いに独立に測定された多数のデータを扱うのが基本である．これに対して，測定値の誤差の間に相関がある場合とは，上記のように連続測定データを離散化した場合の他に，間接測定値(すでに前段のデータ解析過程を経て得られた量を新たに測定値とみなしたもの)の場合がある．相関のある測定データを解析するには，誤差のモデルに相関をとり入れる．

(c)　モデルと理論の形態による分類

モデル・理論にも，非数量的なものと数量的なものとがあるが，データ解析ではもっぱら後者を扱う．次に，**構成的モデル・非構成的モデル**というのは，モデルの作り方や目的による区別である．“構成的”とは，なんらかの考え方に基づいた基本モデルがあり，それから(自然法則などに基づいた)理論的計算によって測定値と対応させるべき理論値を導出するものである．他方，“非構成的”とは，モデルの意味づけは重要でなく，モデルが単に便宜的・現象論的な近似(経験式)として導入されるにすぎない．その典型は，スプライン関数による近似の場合で，任意の一組の測定値を通り，かつなめらかになるように，順次3次関数をずらせながらあてはめてゆく(スプラインとは製図で用いる曲線定規のことである)．内挿(補間)の目的に使われる．データ解析の目的が構造の解明にある場合は，非構成的モデルの段階から構成的モデルの段階へと深化するべきである．

線形・非線形モデルの区別は，モデルの数学的な性質による区別である．通常，“回帰分析”においては，測定値(“目的変数”または“従属変数”)を表わす式が横座標(“説明変数”または“独立変数”)に関して線形(1次式)であるか非線形であるかを区別する．しかし，最小二乗法においては，パラメータ(回帰分析では“回帰係数”という)に関して線形か非線形かが区別される．そこで，放物線へのあてはめは，横座標に関しては2次だから非線形回帰分析と呼ばれるが，パラメータに関しては1次だから線形最小二乗法である．このように，非線形回帰分析としてふつうに行なわれているものの多くは線形最小二乗法に含まれる．最小二乗法において非線形モデルを扱うためには，線形近似の最小二乗解を反復計算で改良・収束させるのがふつうであり，特別なアルゴリズムを必要とする．

モデルに**制約条件**があるかどうかは，実際の解法を左右する大事な因子である．制約条件にも，等式の制約と不等式の制約とがあり，後者のほうが扱いが難しい．制御や最適化といった実際的な目的の場合には，さまざまの制約条件が加わることが多い．

データ解析では，モデルの中に含まれるパラメータは連続量(実数)であると考えられる．しかし，制御や最適化などの工学的な問題では，調節できるパラメータがとびとびの(離散的な)値しか取れないことがある．この種の問題は，線形計画法・非線形計画法・動的計画法などの特別な手法で扱われる．

(d)　誤差分布のモデルによる分類

測定値に含まれる誤差の分布をどう想定するかによって，データ解析において有効な統計的手法が異なる．

最もふつうには，測定値相互の誤差の間には相関がない(独立である)と仮定する．さらに，各測定値の誤差分布を，正規分布であると考えると，最小二乗法がこの場合の最尤推定法となり，最も適した解析法となる．分散については既知の場合も未知の場合もあるが，少なくともその比は与えなくてはならない．場合によっては，分散が理論値の関数で与えられることもあり，その際には特別な工夫が必要である．**非正規誤差分布**のモデルを考える場合には，その分布に特別な最尤推定法のアルゴリズムを用いるか，あるいは逐次重みを調節しつつ最小二乗解法を反復使用する．

測定値の誤差の間に**相関**がある場合には，最小二乗解析の重み行列に非対角要素をも含めて考える．相関が生じる一つの場合は，すでに何らかの変換を施した値を測定値として用いる場合(間接測定)である．その他に，連続的に測定されたデータを離散化して扱う場合にも誤差相関が生じ，ふつうは時系列解析の手法が用いられるが，非対角要素を含めた重み行列を用いて最小二乗解析を適用することもできる．

測定値の誤差分布として，通常のよく制御された実験の誤差に加えて，制御されていない誤差(たとえば，実験条件の設定不良，データ取扱い中の誤り，パンチミスなど)の混入をやむをえないものとして想定しなければならない場合がある．このとき有効なのがロバスト推定法であり，測定値に対する重みを調節しつつ最小二乗解析を反復する．

(e)　解析のアプローチによる分類

データ解析のアプローチとしては次のような過程をサイクリックにまわるのが普通である．すなわち，(A)基本となるモデルを設定する．(B)モデルから理論的に測定値に対応するものを計算する．(C)計算値と対比して測定値を解釈する．(D)計算値と測定値がよく合うようにモデル中のパラメータを調節する(あてはめる)．(E)あてはめ結果を診断し，必要ならば(A)にもどってモデルを修正する．しかし，問題によっては，このような(A)～(E)の全過程を経ることが困難なために，一部の過程を強調したアプローチをとる場合があり，また，あてはめのかわりに直接に変換を施したり方程式を解いたりして目的を達することもある．

シミュレーションは，あてはめという過程を行なわないで，モデルの設定と理論計算の過程を強調したものであり，測定値との対応や診断の過程はふつう人間が(やや主観的に)行なっている．実験を行なうのが困難な場合や，モデルが確率的なふるまいをして理論的予測が直観的でない場合などに有効である．

"データの変換と整理"には，たとえば，フーリエ変換による周波数スペクトルの計算，デコンボリューションによる装置関数の除去，方程式の直接解法などがあり，また種々の記述統計の手法などが含まれる．

構造の解明を目的とするデータ解析の中心的手法は"**推定**"である．そこでは，ある(最適の)モデルの最適パラメータ値を求め，その信頼性(誤差分布)はどれだけであるかを示す．

ついで，"**検定**"は"推定"と表裏の関係にある統計的手法である．検定では，あるモデル(とそのパラメータ値)を仮定して，測定された事象が起こる確率を計算し，その値から，仮定したモデル(仮説)を棄却するべきかどうかを判断する．その目的は，単に構造を記述するというよりも，何らかの決断・行動のために統計学的な判断材料を得ることに重点がある．棄却のための有為水準は，その最終目的に応じて(主観的に)設定される．また，"棄却すべきでない"というモデルでも，それを採用するかどうかは解析者の判断に委ねられる．

さて，以上に五つの側面からデータ解析の諸相を分類した．このうち，表2.1で◎印をつけたものを**本書の中心テーマ**としてとり上げる．すなわち，

(i)　目的は，構造(モデル)を解明することである．

(ii)　測定データは，互いに独立な測定による数量データである．

(iii)　モデルは，構成的な数量モデルであり，パラメータに関して線形でも非線形でもよく，制約条件なしとする．

(iv)　誤差分布のモデルは，相関のない正規分布を基本とし，異常値を含む誤差分布をも許すものとする．

(v)　解析のアプローチとして，あてはめ・推定を中心とする．

このような立場に適したデータ解析の方法は最小二乗法であり，またそれを異常値を含む誤差分布をも許すように拡張したのがロバスト推定法である．

さらに，次のようないくつかのサブテーマ(表2.1の○印または△印)についても，最小二乗解析の取扱いを拡張することを考える．

(i′)　目的として，測定していない点の予測をも含む．

(ii′)　測定データとして，相関のある測定データを含める．

(iii′)　モデルには，非構成的なモデルをも考え，等式制約条件を導入する．

(iv′)　測定値の誤差分布のモデルには，非正規型の誤差分布および相関のあ

る誤差分布を考慮する.

(v′) 解析のアプローチとして，シミュレーションや検定についても関連するものを考える.

これらのサブテーマに関しては，主として第6章以後で扱う.

§2.5 データ解析とあてはめの過程

さて，前節で設定したように，測定データの奥にある構造(モデル)の解明のための，推定・あてはめのアプローチによるデータ解析について考える．これは一般に，図2.5に示すような渦巻き構造の過程を経て行なわれる．すなわち，

(A) まず，測定データを関係づける一番もとになる原因・状況を考察し，**一つのモデル**(模型)を作る．このモデルは，実際の複雑な状況を単純化し，そのエッセンスだけを抽出して，理論的に扱いやすくしたものである．“モデル(模型)”という表現は，具体物そのものだと主張しないし，絶対的な理論だと主張しないという点で控え目ではあるが，一方では，これこそが本質だという主張を含んでいる．モデルは，ふつういくつかの調節すべき未知パラメータを含んだ形で表現される.

(B) モデルに基づき，観測されるべき現象を理論的に(自然法則などに従い)計算する．この計算結果は解析的な式として表現するのが望ましいが，それが困難な場合には数値計算で結果を数値として出せばよい．この段階を独立させて(主として数値計算により)行なう研究方法が，シミュレーションである.

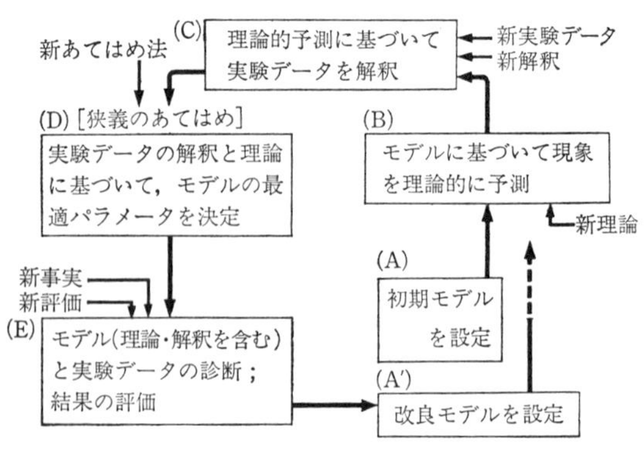

図2.5 データ解析の過程

(C) 測定データと理論的な計算結果とを対比させて，測定データに対する基本的な**解釈**をつける．簡単な実験では，この過程がほとんど不必要なほど自明な場合がある．しかし，複雑な実験になるほどこの解釈の過程が大事になり，解釈がつけばデータ解析のエッセンスが出来上がっているという場合もある．

(D) 測定データの解釈と理論計算を用いて，モデル中に含まれていた未知パラメータを調節し，測定データを最もよく説明するように，パラメータの最適値を決定する．この過程は(狭義の)**あてはめ**(data fitting)と呼ばれる．測定データは誤差を伴うので，あてはめのためには，この誤差の分布に対してもモデルが必要である．誤差分布のモデルは，測定値と理論値とがどんな関係になったときに最適であるとみなすかの判定基準に反映される．

(E) あてはめ結果を調べて，モデル(理論計算，解釈を含む)の良否，測定データの良否の判断をする．あてはめはコンピュータで機械的に行なえるが，この判断の過程は極めて重要で，必ず解析者が直接行なわなければならない．この過程は，特に医者のことばを借りて，"**診断**(diagnosis)"と呼ばれる．診断の結果，測定データの一部に異常が発見されれば，できるだけなまの実験データにもどって検討を加え，場合によっては再実験をする．また，モデルが測定データを十分に説明できていないことが見出されれば，もう一度(A)の過程にもどってモデルを修正して解析をやりなおすことになる．

(F) 修正した測定データと修正したモデルを用いて，上記の(A)→(E)の過程をサイクリックに繰返し，信頼のおける測定データおよびそれを十分に説明するモデルとその最適パラメータを得る．また，最適パラメータの誤差を推定する．得られた結果をきちんと整理し，他の実験・他の研究と対応させて考察する．

これらの過程のうちで，測定対象の分野(例えば，物理学や化学)の知識が必要なのは，(A)，(B)，(C)，(E)，(F)の過程である．一方，(D)のあてはめの過程は，(A)-(C)の過程がきちんとできている限り，測定対象分野の知識を直接には必要とせず，かえって，統計学や数値解析の知識が必要である．

つぎに，(D)の(狭義の)あてはめの過程をコンピュータで処理することを考える．あてはめのプログラムでは，モデルに基づいた理論計算をし，それを測定データと対応づける必要がある．また，最適パラメータを計算するのに，一

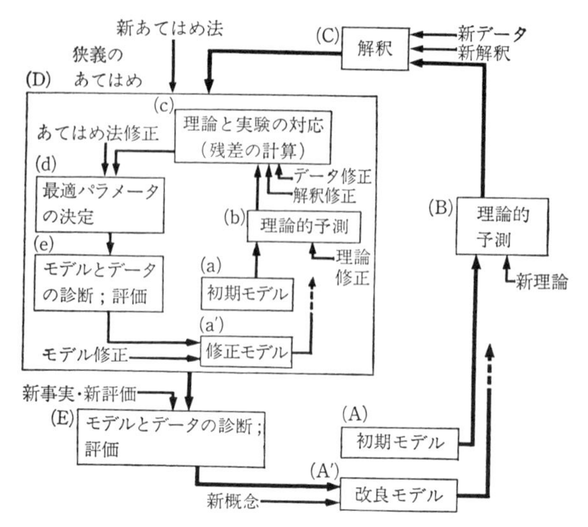

図2.6　データ解析とあてはめ過程の二重渦巻構造

度の計算でよい場合(線形最小二乗問題)もあるが，反復改良が必要な場合(非線形最小二乗問題)も多い．ロバスト推定法では，測定値に対する重みを調節(誤差のモデルの修正に対応)しつつ，反復計算で最適パラメータを決定する．また，モデル中の未知パラメータの数を変えてあてはめを行ない，その中の最適のモデルを選択することもできる．このような反復計算のためには，あてはめの過程(D)自身が渦巻構造を持つ必要があり，(E)の診断過程の一部分をも含んだものでなければならない．結局，図2.6のように，データ解析の大きな渦巻構造の中に，あてはめの小さな渦巻構造を抱えこんだ，二重構造が必要になる．

上記のような二重の構造にする理由は，人間が考えるべき過程とコンピュータが機械的に処理すべき過程とを明確に区別したいからである．図2.6の小渦巻はコンピュータによる一貫処理が前提であり，モデル・理論・測定データなどの修正は，プログラムに組込まれている範囲に限られる．他方，大渦巻では，(A)から(E)の各プロセスがそれぞれ何らかの形でコンピュータ化されていても，その間に研究者の創造的な活動が最大限に期待され，それが渦巻を大きくしていく要因なのである．

第3章　最小二乗法の基礎

§3.1　データ解析の問題の設定

§2.4で述べた考え方に基づいて，われわれのデータ解析の問題を定式化する．

いま，n 個の測定が行なわれ，**測定値**の組

$$\boldsymbol{y} = \{y_1, y_2, \cdots, y_n\} \tag{3.1}$$

が得られたとする．ここでいう各測定値 y_i は，§2.2で扱ったような，ある一定の条件・方法で測定されたものであり，その真の値(未知)は $y_i{}^0$ で表わされる．各測定条件を指定する(複数の)量(既知)を

$$\boldsymbol{q}_i = \{q_i{}^{(1)}, q_i{}^{(2)}, \cdots, q_i{}^{(l)}\} \qquad (i=1\sim n) \tag{3.2}$$

と表わし，“**横座標**”(l 次元)と呼ぶことにする(この測定条件の設定にも誤差が伴うのが普通であるが，ここでは横座標は正確に既知であると仮定し，条件設定の誤差は測定値 y_i の誤差の形に還元して考える(§6.4))．測定値 y_i は，1回ごとのなまの測定値でもよいし，あるいは同一条件での複数回の測定値の代表値(通常は平均値；前段のデータ解析で得られた値)であってもよい．

各測定値は，それぞれの測定条件・測定方法に対応して，**誤差分布**が考えられる．誤差分布の形は厳密にはわからないが，制御された測定に対する誤差分布では正規分布またはそれに近いものが大部分である．そのほかに全く制御されていない誤差(異常値を与えるもの)が含まれている可能性もある．このうち，制御された測定に対する誤差分布は，標準偏差 σ_i(2.2)(分散 $\sigma_i{}^2$)によって特徴づけられる．

測定された量の真の値 $y_i{}^0$ の背後には，真の**モデル**が存在して，真の**パラメ**

ータの組

$$\boldsymbol{x}^0 = \{x_1{}^0, x_2{}^0, \cdots, x_{m^0}{}^0\} \tag{3.3}$$

によって記述されるとする．測定値に対する真の値 $y_i{}^0$ は，パラメータの真値 $\boldsymbol{x}^0$ および横座標の真値 $\boldsymbol{q}_i{}^0$ を含んだ真の関係式(未知)f^0 によって次のように表わされるものとする．

$$y_i{}^0 = f^0(q_i{}^{0(1)}, \cdots, q_i{}^{0(l)}; x_1{}^0, x_2{}^0, \cdots, x_{m^0}{}^0) \equiv f^0(\boldsymbol{q}_i{}^0; \boldsymbol{x}^0) \equiv f_i{}^0(\boldsymbol{x}^0)$$
$$(i=1\sim n) \tag{3.4}$$

ここで，理論式(またはモデル)$f_i{}^0(\boldsymbol{x})$ はパラメータに関する一価関数であれば，どんなに複雑なものでもかまわない(適当な微分可能性は仮定する)．

以上のような条件において，実際の測定値の組$\{y_i\}$とその誤差分布$\{\sigma_i\}$とを用いて，できるだけ真のものに近い最適な理論式$\{\hat{f}_i\}$とモデルの最適パラメータ推定値$\{\hat{x}_j\}$とを決定したい．これを，記号的に

$$y_i \cong \hat{f}(q_i{}^{(1)}, \cdots, q_i{}^{(l)}; \hat{x}_1, \hat{x}_2, \cdots, \hat{x}_{\hat{m}}) \equiv \hat{f}_i(\hat{\boldsymbol{x}})$$
$$誤差 \quad \sigma_i \qquad (i=1\sim n) \tag{3.5}$$

と書くことにする．ここで，最適理論式 $\hat{f}_i(x)$ のパラメータの個数 $\hat{m}$ は真の個数 m^0(未知)とは違っていることもある．

ここで問題は，“最適”と判断するための条件を明確にし，最適条件を満たすモデルとパラメータ推定値$\{\hat{x}_j\}$を決定するためのアルゴリズムを示すことである．また，最適パラメータ推定値の信頼性(誤差分布)についても明らかにする必要がある．

§3.2 最小二乗法の前提と原理[4,6,7,11,15)]

最小二乗法が理論的な基盤をもつためには，前節の問題設定に対して，さらにいくつかの限定をしなければならない．すなわち，次のような前提を設ける．

前提1 測定値の誤差

$$\varepsilon_i = y_i - y_i{}^0 \qquad (i=1\sim n) \tag{3.6}$$

には，偏りがない．すなわち，

$$\langle \varepsilon_i \rangle = 0 \qquad (i=1\sim n) \tag{3.7}$$

である．

前提2 測定値の誤差の分散は既知である．

$$\langle \varepsilon_i^2 \rangle = \sigma_i^2 \qquad (i=1\sim n) \tag{3.8}$$

前提3 各測定は互いに独立であり，共分散はゼロとする．

$$\langle \varepsilon_i \varepsilon_{i'} \rangle = 0 \qquad (i \neq i', i=1\sim n, i'=1\sim n) \tag{3.9}$$

前提4 誤差の分布形は正規分布(Gauss 分布)である．

$$P(\varepsilon_i) = (2\pi\sigma_i^2)^{-1/2} \exp[-\varepsilon_i^2/2\sigma_i^2] \qquad (i=1\sim n) \tag{3.10}$$

前提5 m 個(ただし $m<n$)のパラメータ $\{x_1, x_2, \cdots, x_m\}$ を含むモデル f が知られていて，測定量の真の値 y_i^0 を近似誤差なく再現することのできるパラメータの組 $\boldsymbol{x}^0 = \{x_1^0, x_2^0, \cdots, x_m^0\}$ が存在する．

$$y_i^0 = f(q_i^{(1)}, \cdots, q_i^{(l)}; x_1^0, x_2^0, \cdots, x_m^0) \equiv f_i(x^0) \qquad (i=1\sim n) \tag{3.11}$$

以上の5個の前提のもとでの最尤推定法がすなわち**最小二乗法**である．

さて，これらの前提はそれぞれ理想化された問題設定になっており，特に前提1と前提5は，データ解析の途中の段階で用いるモデルについては成立していないことに注意しなければならない．

実際には，前提2を緩和して，次のように仮定することが多い．

前提2′ 測定値の誤差の分散は，n 個の測定値の間での相対比は既知であるが，絶対値を決める比例定数一つが未知である．この場合には測定値の誤差の分散を次のように表わす．

$$\langle \varepsilon_i^2 \rangle = \sigma_i^2 = \sigma_*^2 \cdot \sigma_i'^2 \tag{3.12}$$

ここで，σ_i^2 は(前提2と同じ意味で)真の分散を表わし，σ_*^2 は無次元の比例係数で1に近い未知の定数，$\sigma_i'^2$ は相対値のみ既知の誤差分散で絶対値は概略 σ_i^2 に等しくとられているものとする．この場合には，最小二乗条件を満たすパラメータ $\hat{\boldsymbol{x}}$ を決定したのち，そのあてはめの残差の大きさを用いて未知の比例係数 σ_*^2 をも推定する．以下本書の記述は，誤差分散 σ_i^2 が既知という前提2を基準にして記す．前提2′の場合には，既知量 $\sigma_i'^2$ を σ_i^2 の代用として用い，比例係数 σ_*^2 を推定(§3.5参照)してのち，この因子を補正すればよい．最小二乗法の前提に関しては，§3.8でもう一度吟味する．

以上のような前提のもとで，最小二乗法の基本式である最小二乗条件を次のようにして導くことができる．

いま，モデルのパラメータ(m 個)の推定値を

$$\hat{\boldsymbol{x}} \equiv \{\hat{x}_1, \hat{x}_2, \cdots, \hat{x}_m\} \tag{3.13}$$

とし，このモデルによって理論的に計算される計算値を

$$\begin{aligned}\hat{y}_i &= f(q_i{}^{(1)}, \cdots, q_i{}^{(l)}; \hat{x}_1, \hat{x}_2, \cdots, \hat{x}_m) \qquad (i=1\sim n) \\ &\equiv f_i(\hat{x}_1, \hat{x}_2, \cdots, \hat{x}_m) \equiv f_i(\hat{\boldsymbol{x}})\end{aligned} \tag{3.14}$$

と表わす．各計算値 $\hat{y}_i$ の尤度は，(2.23)，(2.11) より

$$L(\hat{y}_i \mid y_i) = N(y_i; \hat{y}_i, \sigma_i{}^2) = (2\pi\sigma_i{}^2)^{-1/2} \exp[-(y_i-\hat{y}_i)^2/2\sigma_i{}^2] \qquad (i=1\sim n) \tag{3.15}$$

と表わされ，全計算値 $\hat{\boldsymbol{y}} \equiv \{\hat{y}_1, \hat{y}_2, \cdots, \hat{y}_n\}$ に対する尤度は (3.15) の積として，

$$\begin{aligned}L(\hat{\boldsymbol{y}} \mid \boldsymbol{y}) &= \prod_{i=1}^{n} L(\hat{y}_i \mid y_i) \\ &= (2\pi)^{-n/2} \left(\prod_{i=1}^{n} \sigma_i{}^2\right)^{-1/2} \exp\left[-\frac{1}{2}\sum_{i=1}^{n}(y_i-\hat{y}_i)^2/\sigma_i{}^2\right]\end{aligned} \tag{3.16}$$

となる．これをパラメータ推定値 $\hat{\boldsymbol{x}}$ に関する尤度として書きなおすと，

$$L(\hat{\boldsymbol{x}}) = L(\boldsymbol{f}(\hat{\boldsymbol{x}}) \mid \boldsymbol{y}) = (2\pi)^{-n/2} \prod_{i=1}^{n} \sigma_i{}^{-1} \exp\left[-\frac{1}{2}\sum_{i=1}^{n}(y_i - f_i(\hat{\boldsymbol{x}}))^2/\sigma_i{}^2\right] \tag{3.17}$$

最尤推定法とは，尤度 (3.16) を最大にするパラメータ推定値 $\hat{\boldsymbol{x}}$ を求めることであるから，結局

$$S(\boldsymbol{x}) \equiv \sum_{i=1}^{n}[y_i - f_i(\boldsymbol{x})]^2/\sigma_i{}^2 = \min \tag{3.18}$$

という条件になる．これが**最小二乗条件**である．

ここで，測定値から計算値を引いたもの

$$v_i \equiv y_i - \hat{y}_i = y_i - f_i(\hat{\boldsymbol{x}}) \qquad (i=1\sim n) \tag{3.19}$$

を**残差**と呼ぶ．また，**重み** w_i を導入する．

$$w_i \equiv \sigma_0{}^2/\sigma_i{}^2 \qquad (i=1\sim n) \tag{3.20}$$

ここの σ_0 は任意に選んだ既知の比例定数であるが，次の2通りの考え方が用いられる．しかし最終的な結果に σ_0 は現れないので，この区別は単に方法論的なものである．

（a）　$\sigma_0 \equiv 1$ として，重みは次元あり（測定値の次元の -2 乗）と考える．

（b）　σ_0 は標準的な測定（$w_i=1$ とする測定値）に対する誤差 $\sigma_i{}^{\mathrm{std}}$（既知）をとり，重みは無次元と考える（ただし，測定値はすべて同一次元とする）．

通常は(a)の方が一般的であるが，σ_i がほぼそろっていて重みを1に近い無次元量として表現したい場合は，(b)のような扱い方も用いられる．残差と重みを用いると，(3.18)は

$$S(\boldsymbol{x}) = \sum_{i=1}^{n}(v_i(\boldsymbol{x})/\sigma_i)^2 = \min \tag{3.21}$$

または，

$$S'(\boldsymbol{x}) \equiv {\sigma_0}^2 S(\boldsymbol{x}) = \sum_{i=1}^{n} {v_i}^2(\boldsymbol{x}) w_i = \min \tag{3.22}$$

と表わされる．すなわち，誤差 σ_i で規格化された残差の二乗和を最小にする条件，または重みつきの残差二乗和を最小にする条件である．このような最小二乗条件を満たすパラメータの組 $\hat{\boldsymbol{x}}$ を求めるのが，最小二乗法である．

§3.3　線形モデルでの最適パラメータの決定

§3.3.1　添字による表示

§2.4 (c)で述べたように，線形モデルと非線形モデルとを区別する．最小二乗法でいう**線形モデル**とは，(3.11)の理論式 f_i がパラメータ $\boldsymbol{x}$ に関する一次結合

$$\begin{aligned}
&f({q_i}^{(1)}, \cdots, {q_i}^{(l)}; x_1, x_2, \cdots, x_m) \\
&\quad \equiv f_i(x_1, x_2, \cdots, x_m) \\
&\quad = A_{i1}x_1 + A_{i2}x_2 + \cdots + A_{im}x_m \\
&\quad = \sum_{j=1}^{m} A_{ij}x_j \qquad (i=1\sim n)
\end{aligned} \tag{3.23}$$

で表わされるものをいう．ここで係数 $A_{ij} (i=1\sim n, j=1\sim m)$ は，横座標 ${q_i}^{(1)}, \cdots, {q_i}^{(l)}$ を使って表わされる既知の定数であり，パラメータ $\boldsymbol{x}$ に依存しないものとする†.

最小二乗条件(3.18)に(3.23)を代入すると，

$$S(\boldsymbol{x}) = \sum_{i=1}^{n}\left[y_i - \sum_{j=1}^{m} A_{ij}x_j\right]^2 / {\sigma_i}^2 = \min \tag{3.24}$$

となる．(3.24)が各パラメータ x_j に関して最小となるためには，その微分が0となればよい．

† 統計学では，本書の $\boldsymbol{A}$ を $\boldsymbol{X}$, $\boldsymbol{x}$ を $\boldsymbol{\theta}$ または $\boldsymbol{\beta}$ と記すことが多いが，本書では SALS の記号に従った．とくに $\boldsymbol{x}$ が決定すべきパラメータを表わすことに注意してほしい．

$$0=\frac{\partial S(\boldsymbol{x})}{\partial x_j}=-2\sum_{i=1}^{n}v_iA_{ij}/\sigma_i{}^2=-2\sum_{i=1}^{n}\left[y_i-\sum_{j'=1}^{m}A_{ij'}x_{j'}\right]\cdot A_{ij}/\sigma_i{}^2 \quad (j=1\sim m) \tag{3.25}$$

これを未知パラメータ $x_{j'}(j'=1\sim m)$ に関して整理すると，

$$\sum_{j'=1}^{m}\left(\sum_{i=1}^{n}A_{ij'}A_{ij}/\sigma_i{}^2\right)x_{j'}=\sum_{i=1}^{n}(A_{ij}/\sigma_i{}^2)y_i \quad (j=1\sim m) \tag{3.26}$$

となる．これは，次のような連立一次方程式である．

$$\begin{cases} B_{11}x_1+B_{12}x_2+\cdots+B_{1m}x_m=b_1 \\ B_{21}x_1+B_{22}x_2+\cdots+B_{2m}x_m=b_2 \\ \quad\vdots \\ B_{m1}x_1+B_{m2}x_2+\cdots+B_{mm}x_m=b_m \end{cases} \tag{3.27}$$

ただし，

$$B_{jj'}\equiv\sum_{i=1}^{n}A_{ij'}A_{ij}/\sigma_i{}^2 \quad (j=1\sim m, j'=1\sim m) \tag{3.28}$$

$$b_j\equiv\sum_{i=1}^{n}(A_{ij}/\sigma_i{}^2)y_i \quad (j=1\sim m) \tag{3.29}$$

であり，これらはすべて既知の量で表わされる定数である．(3.27)のm元連立一次方程式を**正規方程式**(normal equation)と呼び，この方程式の解が最小二乗法で決定されるパラメータ推定値 $\hat{\boldsymbol{x}}$ である．この解を簡単な式で表わすには，行列とベクトルの記法が必要である．すなわち，

$$\begin{bmatrix}\hat{x}_1\\ \hat{x}_2\\ \vdots\\ \hat{x}_m\end{bmatrix}=\begin{bmatrix}B_{11} & B_{12}\cdots & B_{1m}\\ B_{21} & B_{22}\cdots & B_{2m}\\ \vdots & \vdots & \vdots\\ B_{m1} & B_{m2}\cdots & B_{mm}\end{bmatrix}^{-1}\begin{bmatrix}b_1\\ b_2\\ \vdots\\ b_m\end{bmatrix} \tag{3.30}$$

と表わせる．

§3.3.2　行列による表示

さて，行列とベクトルの記法は(3.30)のように便利で強力だから，これからはすべて行列とベクトルを用いて表わすことにし，いままでの記述を整理しなおしておく．いままで，測定値やパラメータの“組”と呼んだものは，すべて列ベクトル(縦ベクトル)で表わす．ベクトルを小文字の太字，行列を大文字の太字で表わし，ベクトル(行列)の転置を～で表わす．

測定値ベクトル $\boldsymbol{y}$ とその真値ベクトル $\boldsymbol{y}^0$ に対して，誤差ベクトル $\boldsymbol{\varepsilon}$ は

$$\boldsymbol{\varepsilon}\equiv\boldsymbol{y}-\boldsymbol{y}^0 \tag{3.6'}$$

で定義される．ここで，この n 個の測定に関する**誤差行列** $\boldsymbol{\Sigma}$ を

$$\boldsymbol{\Sigma} \equiv \langle \boldsymbol{\varepsilon}\tilde{\boldsymbol{\varepsilon}} \rangle \qquad \text{すなわち} \qquad \Sigma_{ii'} \equiv \langle \varepsilon_i \varepsilon_{i'} \rangle \qquad (i, i'=1\sim n) \tag{3.31}$$

で定義する．誤差行列の対角要素を**分散**，非対角要素を**共分散**と呼ぶので，誤差行列はまた分散共分散行列とも呼ばれる．誤差に関する前提 1～3 は，

前提 1
$$\langle \boldsymbol{\varepsilon} \rangle = \mathbf{0} \tag{3.7'}$$

前提 2, 3
$$\boldsymbol{\Sigma} \equiv \langle \boldsymbol{\varepsilon}\tilde{\boldsymbol{\varepsilon}} \rangle = \begin{bmatrix} \sigma_1{}^2 & & 0 \\ & \sigma_2{}^2 & \\ & & \ddots \\ 0 & & \sigma_n{}^2 \end{bmatrix} \tag{3.32}$$

と表わされる．さらに，(3.20) の重み w_i を対角要素とする**重み行列** $\boldsymbol{W}$ の一般的な定義として，誤差行列 $\boldsymbol{\Sigma}$ の逆行列により，

$$\boldsymbol{W} \equiv \sigma_0{}^2 \boldsymbol{\Sigma}^{-1} \tag{3.33}$$

とする．（もし，測定値間に相関があるときは，誤差行列 $\boldsymbol{\Sigma}$ が非対角行列となるが，上式はそのまま有効で，重み行列 $\boldsymbol{W}$ も非対角行列と考えればよい．）

パラメータの列ベクトル（m 元）を $\boldsymbol{x}$，モデルの理論式の列ベクトル（n 元）を $\boldsymbol{f}(\boldsymbol{q}; \boldsymbol{x}) \equiv \boldsymbol{f}(\boldsymbol{x})$ と書き，最小二乗問題を

$$\boldsymbol{y} \cong \boldsymbol{f}(\boldsymbol{q}; \boldsymbol{x}) \equiv \boldsymbol{f}(\boldsymbol{x}) \qquad \text{誤差} \quad \boldsymbol{\sigma} \tag{3.34}$$

または

$$\boldsymbol{y} \cong \boldsymbol{f}(\boldsymbol{q}; \boldsymbol{x}) \equiv \boldsymbol{f}(\boldsymbol{x}) \qquad \text{誤差行列} \quad \boldsymbol{\Sigma} \tag{3.35}$$

と表現しよう．((3.34), (3.35) は**観測方程式**と呼ばれ，記号≅は，誤差を含んだ方程式であることを示すものとする．その解 $\hat{\boldsymbol{x}}$ は (3.21) を一般化した**最小二乗条件**

$$S(\boldsymbol{x}) \equiv \tilde{\boldsymbol{v}}(\boldsymbol{x}) \boldsymbol{\Sigma}^{-1} \boldsymbol{v}(\boldsymbol{x}) = \sigma_0{}^{-2} \tilde{\boldsymbol{v}}(\boldsymbol{x}) \boldsymbol{W} \boldsymbol{v}(\boldsymbol{x}) = \min \tag{3.36}$$

を満たすものであると定義される．

線形モデル (3.23) は，

$$\boldsymbol{f}(\boldsymbol{q}; \boldsymbol{x}) \equiv \boldsymbol{f}(\boldsymbol{x}) = \boldsymbol{A}\boldsymbol{x} \tag{3.23'}$$

と表わされる．ここで行列 $\boldsymbol{A}$ は，(3.23) の係数 A_{ij} を要素とする $n \times m$ の長方行列（$n > m$）で，**ヤコビアン行列**と呼ばれる．

$$\boldsymbol{A} = \begin{bmatrix} A_{11} & A_{12} \cdots A_{1m} \\ A_{21} & A_{22} \cdots A_{2m} \\ \vdots & \vdots \quad\ \vdots \\ A_{n1} & A_{n2} \cdots A_{nm} \end{bmatrix} \tag{3.37}$$

より一般的には，ヤコビアン行列の要素 A_{ij} は，モデル $\boldsymbol{f}_i(\boldsymbol{x})$ のパラメータ x_j に対する偏微分係数であると定義され，

$$A_{ij} \equiv \partial f_i(\boldsymbol{x})/\partial x_j \qquad (i=1\sim n, j=1\sim m) \tag{3.38}$$

線形モデルでは既知の定数である．そこで，線形モデルにおける観測方程式(3.34)は，

$$\boldsymbol{y} \cong \boldsymbol{A}\boldsymbol{x} \qquad \text{誤差} \quad \boldsymbol{\sigma} \tag{3.39}$$

と表わされる．

最小二乗条件(3.36)を微分して導かれる**正規方程式**は，(3.26)に対応して，

$$(\tilde{\boldsymbol{A}}\boldsymbol{W}\boldsymbol{A})\boldsymbol{x} = \tilde{\boldsymbol{A}}\boldsymbol{W}\boldsymbol{y} \tag{3.26$'$}$$

あるいは，(3.27)に対応して，

$$\boldsymbol{B}\boldsymbol{x} = \boldsymbol{b} \tag{3.27$'$}$$

と表わせる．ただし，

$$\boldsymbol{B} \equiv \tilde{\boldsymbol{A}}\boldsymbol{W}\boldsymbol{A} \tag{3.28$'$}$$

$$\boldsymbol{b} \equiv \tilde{\boldsymbol{A}}\boldsymbol{W}\boldsymbol{y} \tag{3.29$'$}$$

である．**最小二乗解** $\hat{\boldsymbol{x}}$ は，

$$\hat{\boldsymbol{x}} = \boldsymbol{B}^{-1}\boldsymbol{b} = (\tilde{\boldsymbol{A}}\boldsymbol{W}\boldsymbol{A})^{-1}\tilde{\boldsymbol{A}}\boldsymbol{W}\boldsymbol{y} \tag{3.30$'$}$$

である．ここで，$m \times n$ の行列

$$\boldsymbol{C} \equiv \boldsymbol{B}^{-1}\tilde{\boldsymbol{A}}\boldsymbol{W} = (\tilde{\boldsymbol{A}}\boldsymbol{W}\boldsymbol{A})^{-1}\tilde{\boldsymbol{A}}\boldsymbol{W} \tag{3.40}$$

を定義すると，(3.30′)は

$$\hat{\boldsymbol{x}} = \boldsymbol{C}\boldsymbol{y} \tag{3.41}$$

と表わされる．結局，線形最小二乗法の解 $\hat{\boldsymbol{x}}$ は，測定値 $\boldsymbol{y}$ の線形結合で表わされることがわかる(図3.1参照)．

ここで注意したいことは，実際の**数値計算法**においては，必ずしも正規方程式(3.26′)を立てなくても最小二乗解 $\hat{\boldsymbol{x}}$ が求められ，正規方程式を立てないほうが計算精度が高いことである．その一つの方法はヤコビアン行列の $\boldsymbol{QR}$ **分解**による方法である．これには，(3.39)の両辺の各行に重み $\sqrt{w_i}$ をつけた観測方程式を考える．すなわち，

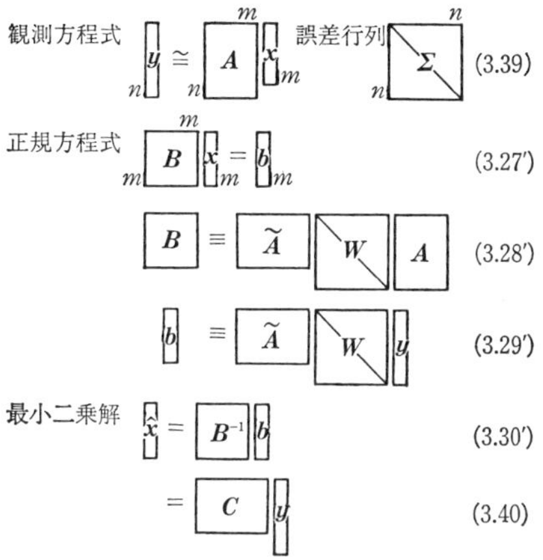

観測方程式　$\boldsymbol{y} \cong \boldsymbol{A}\boldsymbol{x}$　（$\boldsymbol{y}$: n, $\boldsymbol{A}$: $n \times m$, $\boldsymbol{x}$: m）　誤差行列　$\boldsymbol{\Sigma}$（$n \times n$）　(3.39)

正規方程式　$\boldsymbol{B}\boldsymbol{x} = \boldsymbol{b}$　（$\boldsymbol{B}$: $m \times m$, $\boldsymbol{x}$: m, $\boldsymbol{b}$: m）　(3.27′)

$\boldsymbol{B} \equiv \tilde{\boldsymbol{A}}\boldsymbol{W}\boldsymbol{A}$　(3.28′)

$\boldsymbol{b} \equiv \tilde{\boldsymbol{A}}\boldsymbol{W}\boldsymbol{y}$　(3.29′)

最小二乗解　$\hat{\boldsymbol{x}} = \boldsymbol{B}^{-1}\boldsymbol{b}$　(3.30′)

$= \boldsymbol{C}\boldsymbol{y}$　(3.40)

図 3.1　線形最小二乗法の基本的な式の図解

$$\boldsymbol{y}' \cong \boldsymbol{A}'\boldsymbol{x} \qquad \text{誤差}\ \ 1 \tag{3.42}$$

ただし，

$$y_i' \equiv y_i\sigma_0/\sigma_i \qquad \text{または} \qquad \boldsymbol{y}' \equiv \boldsymbol{W}^{1/2}\boldsymbol{y} \tag{3.43}$$

$$A_{ij}' \equiv A_{ij}\sigma_0/\sigma_i \qquad \text{または} \qquad \boldsymbol{A}' \equiv \boldsymbol{W}^{1/2}\boldsymbol{A} \tag{3.44}$$

QR 分解法は，重みつきヤコビアン行列 $\boldsymbol{A}'$ を，2個の行列 $\boldsymbol{Q}$ と $\boldsymbol{R}$ の積に分解する．

$$\boldsymbol{W}^{1/2}\boldsymbol{A} \equiv \boldsymbol{A}' = \boldsymbol{Q}\boldsymbol{R} \tag{3.45}$$

ただし，

$\boldsymbol{Q}$: $n\times m$ の長方行列で，列ベクトルが互いに直交する．

$$\tilde{\boldsymbol{Q}}\boldsymbol{Q} = \boldsymbol{I}_m, \ \ \boldsymbol{Q}\tilde{\boldsymbol{Q}} \neq \boldsymbol{I}_n \tag{3.46}$$

$\boldsymbol{R}$: $m\times m$ の上三角行列．

$$j > j' \qquad \text{のとき} \qquad R_{jj'} = 0 \tag{3.47}$$

である．(3.45)を(3.28′)に代入すれば，

$$\boldsymbol{B} = \tilde{\boldsymbol{A}}\boldsymbol{W}\boldsymbol{A} = \tilde{\boldsymbol{A}}'\boldsymbol{A}' = \tilde{\boldsymbol{R}}\tilde{\boldsymbol{Q}}\boldsymbol{Q}\boldsymbol{R} = \tilde{\boldsymbol{R}}\boldsymbol{R} \tag{3.48}$$

より，正規方程式(3.26′)は

$$\tilde{\boldsymbol{R}}\boldsymbol{R}\boldsymbol{x} = \tilde{\boldsymbol{R}}\tilde{\boldsymbol{Q}}\boldsymbol{y}' \tag{3.49}$$

となる．両辺に $\tilde{\boldsymbol{R}}^{-1}$ を左からかけて，(3.46)を使い，

$$\boldsymbol{z} \equiv \tilde{\boldsymbol{Q}}\boldsymbol{y}', \qquad \boldsymbol{R}\boldsymbol{x} = \boldsymbol{z} \tag{3.50}$$

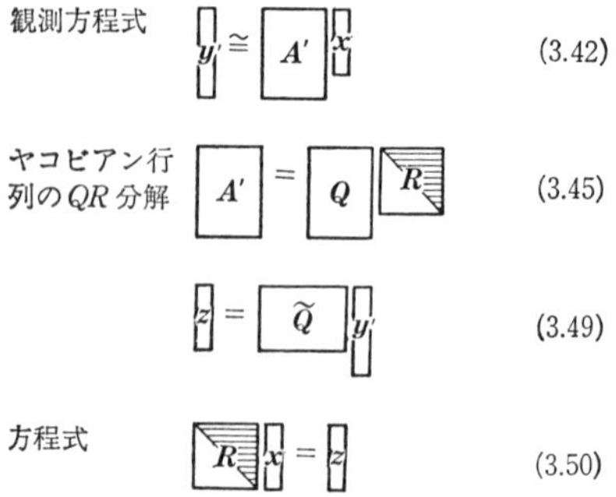

観測方程式　$y' \cong A' x$　(3.42)

ヤコビアン行列の QR 分解　$A' = Q R$　(3.45)

$z = \tilde{Q} y'$　(3.49)

方程式　$R x = z$　(3.50)

図 3.2　QR 分解法による最小二乗法の解

と表わせる．すなわち，(3.45)の行列 $\boldsymbol{Q}$ と $\boldsymbol{R}$ とが得られれば，正規方程式〔(3.26′)または(3.48)〕を立てないでも，方程式(3.50)を立てて解けばよい(図3.2参照)．QR 分解は，修正 Gram-Schmidt 法や Householder 法などで計算でき，また $\boldsymbol{R}$ が上三角行列であるため(3.50)は容易に速く解くことができる．このような数値計算法については，4章で詳しく述べる．本章では，概念を明確にするための便宜として，正規方程式(3.26′)を用いて説明する．

また，正規方程式の係数行列 $\boldsymbol{B}$ が特異(singular)になり，その逆行列 $\boldsymbol{B}^{-1}$ が存在しない場合もある．これは，ヤコビアン行列 $\boldsymbol{A}$ の各列ベクトルの間に線形従属関係があるときに生じ，行列 $\boldsymbol{A}$(あるいは行列 $\boldsymbol{B}$)のランクがパラメータ数 m より小さくなる(**ランク落ち**)．このような場合をも扱うには，逆行列 $\boldsymbol{B}^{-1}$ のかわりに，Moore-Penrose の一般逆行列 $\boldsymbol{B}^{+}$ を用いる．あるいは，もっと直接的に重みつきヤコビアン行列 $\boldsymbol{A}'$ に対する一般逆行列 $\boldsymbol{A}'^{+}$ を用いて，最小二乗解を

$$\hat{\boldsymbol{x}} = \boldsymbol{A}'^{+}\boldsymbol{y}' = \boldsymbol{A}'^{+}\boldsymbol{W}^{1/2}\boldsymbol{y} \tag{3.51}$$

と表わすことができる．これは(3.41)を一般化したものである．ランク落ちおよび一般逆行列については4章で詳しく述べる．

§3.4　非線形モデルの線形近似反復解法

前節では，線形モデル(3.23)での最小二乗解法を考えた．§2.4(c)でも述べたように，モデルが直線で表わされる場合だけでなく，多項式の場合でも(パラメータに関して)線形のモデルである．しかし，パラメータが，式の分母やべき

乗の指数に入っていたり，指数・対数・三角関数などの内部に入っていると，パラメータの線形結合(3.23)では表わされなくなり，**非線形モデル**であるという．簡単な例を次に挙げる．

$$f(q_i;x_1,x_2)=x_1/(1+x_2q_i^2)$$
$$f(q_i;x_1,x_2,x_3,x_4)=x_1e^{-x_2q_i}+x_3e^{-x_4q_i}$$
$$f(q_i;x_1,x_2,x_3,x_4)=x_1\sin x_2q_i+x_3\cos x_4q_i$$

もちろん，自然科学などで実際に使われている非線形モデルははるかに複雑で大規模であることが多い．

非線形モデルに対する最小二乗法は，線形モデルとちがって，連立一次方程式を１度だけ解けばよいというわけにはいかない．まず何らかの方法でパラメータの近似値を推定し，それを出発点として残差二乗和(3.18)を小さくするように，反復改良により解を求める．この反復解法にもいろいろな方法があり，５章で詳しく説明する．ここでは，最も基本的な，線形近似による反復改良法(**Gauss-Newton 法**)について簡単に述べる．

あらかじめ何らかの方法で推定したパラメータの初期値を $\boldsymbol{x}^{(0)}$ とし，反復改良によって k 次推定値 $\boldsymbol{x}^{(k)}$ がえられ，これをさらに改良することを考える．

(3.11)のモデル $\boldsymbol{f}(\boldsymbol{x})$ を，$\boldsymbol{x}^{(k)}$ のまわりでテイラー展開すると，一次近似で

$$\boldsymbol{f}(\boldsymbol{x})=\boldsymbol{f}(\boldsymbol{x}^{(k)})+\left(\frac{\partial\boldsymbol{f}(\boldsymbol{x})}{\partial\boldsymbol{x}}\right)_{\boldsymbol{x}=\boldsymbol{x}^{(k)}}(\boldsymbol{x}-\boldsymbol{x}^{(k)}) \tag{3.52}$$

となる．このとき，(3.34)の観測方程式は

$$\boldsymbol{y}\cong\boldsymbol{f}(\boldsymbol{x}^{(k)})+\left(\frac{\partial\boldsymbol{f}(\boldsymbol{x})}{\partial\boldsymbol{x}}\right)_{\boldsymbol{x}=\boldsymbol{x}^{(k)}}(\boldsymbol{x}-\boldsymbol{x}^{(k)})\qquad \text{誤差}\quad \boldsymbol{\sigma} \tag{3.53}$$

と表わされる．右辺の第１項を左辺に移項して，略記号を導入すると，

$$\varDelta\boldsymbol{y}^{(k)}\cong\boldsymbol{A}^{(k)}\varDelta\boldsymbol{x}^{(k)}\qquad \text{誤差}\quad \boldsymbol{\sigma} \tag{3.54}$$

と表わせる．ただし，

$$\varDelta\boldsymbol{y}^{(k)}\equiv\boldsymbol{y}-\boldsymbol{f}(\boldsymbol{x}^{(k)})=\boldsymbol{y}-\boldsymbol{y}^{(k)}=\boldsymbol{v}^{(k)} \tag{3.55}$$

$$\boldsymbol{A}_{ij}{}^{(k)}\equiv\left(\frac{\partial f_i(\boldsymbol{x})}{\partial x_j}\right)_{\boldsymbol{x}=\boldsymbol{x}^{(k)}}\qquad (i=1\sim n,\ j=1\sim m) \tag{3.56}$$

$$\varDelta\boldsymbol{x}^{(k)}\equiv\boldsymbol{x}-\boldsymbol{x}^{(k)} \tag{3.57}$$

である．この観測方程式(3.54)は，線形モデルの観測方程式(3.39)とほとんど同じであり，$\boldsymbol{y}$ のかわりに $\varDelta\boldsymbol{y}^{(k)}$ で，$\boldsymbol{x}$ のかわりに $\varDelta\boldsymbol{x}^{(k)}$ で置きかえたもので

ある．そこで，(3.54)の解 $\boldsymbol{\Delta x}^{(k)}$ は，(3.30′)を用いて，

$$\boldsymbol{\Delta x}^{(k)}=(\tilde{\boldsymbol{A}}^{(k)}\boldsymbol{W}\boldsymbol{A}^{(k)})^{-1}\tilde{\boldsymbol{A}}^{(k)}\boldsymbol{W}\boldsymbol{\Delta y}^{(k)} \tag{3.58}$$

と表わせる．よって，(3.57)から，改良したパラメータ推定値は

$$\boldsymbol{x}^{(k+1)}=\boldsymbol{x}^{(k)}+\boldsymbol{\Delta x}^{(k)} \tag{3.59}$$

と求められる．この解は，(3.52)の線形近似がよい近似であれば，$\boldsymbol{x}^{(k)}$ よりも小さな残差二乗和を与えるものと期待される．そこで，(3.59)の $\boldsymbol{x}^{(k+1)}$ を新たな初期値として，反復改良を繰返せばよい．このようにして，パラメータの補正量(3.58)が，十分小さくなれば収束とみなす．

ただし，実際問題としては，推定値 $\boldsymbol{x}^{(k)}$ が真の値からずっと離れていたり，(3.52)の線形近似がよくなかったりすると，(3.59)の反復改良が必ずしもより小さな残差二乗和 $S(\boldsymbol{x})$ を与えるとは限らない．このために，種々の安定化・迅速化の手法が必要となる．実際の非線形最小二乗解法については，5章で詳しく述べる．

§3.5　標準偏差 $\hat{\sigma}$ と χ^2 検定

以上のようにして，線形モデル(または非線形モデル)で，最小二乗条件(3.36)を満たすパラメータ $\hat{\boldsymbol{x}}$(3.30′)(または(3.59))が得られた．次に，本節ではこの解による計算値 $\boldsymbol{f}(\hat{\boldsymbol{x}})$ の測定値との対応の良さについて考え，次節でパラメータの推定値の誤差について考察する．以下には，線形モデルに対する関係を導くが，解 $\hat{\boldsymbol{x}}$ のごく近傍の性質だけを用いるので，非線形モデルに対しても前節の線形近似によりほとんどそのまま成立する．

測定値 $\boldsymbol{y}$ と計算値 $\boldsymbol{f}(\hat{\boldsymbol{x}})$ との対応の良さをみるには，まずその残差

$$\boldsymbol{v}(\hat{\boldsymbol{x}})\equiv\boldsymbol{y}-\boldsymbol{f}(\hat{\boldsymbol{x}}) \tag{3.19′}$$

が手がかりになる．最小二乗法で最小にする“残差二乗和”[(3.21)，(3.22)，(3.36)参照]には，相互に定数倍だけ異なる次のような定義のものがある．

$$S(\hat{\boldsymbol{x}})\equiv\tilde{\boldsymbol{v}}(\hat{\boldsymbol{x}})\boldsymbol{\Sigma}^{-1}\boldsymbol{v}(\hat{\boldsymbol{x}})=\sigma_0{}^{-2}\tilde{\boldsymbol{v}}(\hat{\boldsymbol{x}})\boldsymbol{W}\boldsymbol{v}(\hat{\boldsymbol{x}}) \tag{3.60}$$

$$S'(\hat{\boldsymbol{x}})\equiv\sigma_0{}^2S(\hat{\boldsymbol{x}})=\sigma_0{}^2\tilde{\boldsymbol{v}}(\hat{\boldsymbol{x}})\boldsymbol{\Sigma}^{-1}\boldsymbol{v}(\hat{\boldsymbol{x}})=\tilde{\boldsymbol{v}}(\hat{\boldsymbol{x}})\boldsymbol{W}\boldsymbol{v}(\hat{\boldsymbol{x}}) \tag{3.61}$$

$$\hat{\sigma}^2\equiv S'(\hat{\boldsymbol{x}})/(n-m)=\sigma_0{}^2S(\hat{\boldsymbol{x}})/(n-m) \tag{3.62}$$

ここで，$\hat{\sigma}$ は標準偏差(standard deviation)と呼ばれる．これらについて大事な性質は，(3.60)の $S(\hat{\boldsymbol{x}})$ の期待値(誤差 $\boldsymbol{\varepsilon}$ の確率分布に関する期待値)が，自由度

$n-m$ と等しくなることである.

$$\langle S(\hat{\boldsymbol{x}})\rangle = \langle \tilde{\boldsymbol{v}}(\hat{\boldsymbol{x}})\boldsymbol{\Sigma}^{-1}\boldsymbol{v}(\hat{\boldsymbol{x}})\rangle = \sigma_0{}^{-2}\langle \tilde{\boldsymbol{v}}(\hat{\boldsymbol{x}})\boldsymbol{W}\boldsymbol{v}(\hat{\boldsymbol{x}})\rangle = n-m \qquad (3.63)$$

これと同値の関係として，(3.62)の標準偏差 $\hat{\sigma}$ の二乗の期待値は既知の定数 $\sigma_0{}^2$(3.20)に等しくなる.

$$\langle \hat{\sigma}^2\rangle = \sigma_0{}^2\left\langle \frac{S(\hat{\boldsymbol{x}})}{n-m}\right\rangle = \sigma_0{}^2 \qquad (3.64)$$

はじめにこれらの関係を簡単に証明する.

残差 $\boldsymbol{v}(\hat{\boldsymbol{x}})$ は，線形モデルの場合には(そして非線形モデルの場合にも近似的には)，次のように変形できる.

$$\begin{aligned}\boldsymbol{v}(\hat{\boldsymbol{x}}) &= (\boldsymbol{y}-\boldsymbol{y}^0)-[\boldsymbol{f}(\hat{\boldsymbol{x}})-\boldsymbol{y}^0]\\ &= \boldsymbol{\varepsilon}-\boldsymbol{A}(\hat{\boldsymbol{x}}-\boldsymbol{x}^0) = \boldsymbol{\varepsilon}-\boldsymbol{AC\varepsilon} = (\boldsymbol{I}_n-\boldsymbol{AC})\boldsymbol{\varepsilon}\end{aligned} \qquad (3.65)$$

ただし，$\boldsymbol{I}_n$ は $n\times n$ の単位行列であり，変形には(3.6′)，(3.11)，(3.23′)，および(3.41)を用いた．そこで，(3.60)の $S(\hat{\boldsymbol{x}})$ は，

$$\begin{aligned}S(\hat{\boldsymbol{x}}) &= \sigma_0{}^{-2}\tilde{\boldsymbol{v}}(\hat{\boldsymbol{x}})\boldsymbol{W}\boldsymbol{v}(\hat{\boldsymbol{x}})\\ &= \sigma_0{}^{-2}[\tilde{\boldsymbol{\varepsilon}}\boldsymbol{W}\boldsymbol{v}(\hat{\boldsymbol{x}})-\tilde{\boldsymbol{\varepsilon}}\tilde{\boldsymbol{C}}\tilde{\boldsymbol{A}}\boldsymbol{W}\boldsymbol{v}(\hat{\boldsymbol{x}})]\end{aligned} \qquad (3.66)$$

となる．ここで，正規方程式(3.26′)より

$$\tilde{\boldsymbol{A}}\boldsymbol{W}\boldsymbol{v}(\hat{\boldsymbol{x}}) = \tilde{\boldsymbol{A}}\boldsymbol{W}(\boldsymbol{y}-\boldsymbol{A}\hat{\boldsymbol{x}}) = \boldsymbol{0} \qquad (3.67)$$

となるので，(3.66)の第2項は消えて，

$$S(\hat{\boldsymbol{x}}) = \sigma_0{}^{-2}[\tilde{\boldsymbol{\varepsilon}}\boldsymbol{W}\boldsymbol{\varepsilon}-\tilde{\boldsymbol{\varepsilon}}\boldsymbol{WAC}\boldsymbol{\varepsilon}] \qquad (3.68)$$

と表わされる．この期待値をとると，まず第1項から，(3.31)と(3.33)を用いて，

$$\begin{aligned}\langle \tilde{\boldsymbol{\varepsilon}}\boldsymbol{W}\boldsymbol{\varepsilon}\rangle &= \langle \sum_{ii'}\varepsilon_i W_{ii'}\varepsilon_{i'}\rangle = \sum_{ii'}W_{ii'}\langle\varepsilon_i\varepsilon_{i'}\rangle\\ &= \sum_{ii'}W_{ii'}\boldsymbol{\Sigma}_{ii'} = \sum_i(\boldsymbol{W\Sigma})_{ii} = \sigma_0{}^2\,\mathrm{trace}\,\boldsymbol{I}_n = \sigma_0{}^2 n\end{aligned} \qquad (3.69)$$

となる．一方，第2項からは，

$$\begin{aligned}\langle \tilde{\boldsymbol{\varepsilon}}\boldsymbol{WAC}\boldsymbol{\varepsilon}\rangle &= \langle \sum_{ii'}\varepsilon_i(\boldsymbol{WAC})_{ii'}\varepsilon_{i'}\rangle\\ &= \sum_{ii'}(\boldsymbol{WAC})_{ii'}\langle\varepsilon_i\varepsilon_{i'}\rangle = \mathrm{trace}\{\boldsymbol{WAC\Sigma}\}\end{aligned} \qquad (3.70)$$

となる．行列の積のトレース(対角和)は，行列の順番を変えても同じであることを用い，さらに，(3.40)より

$$\boldsymbol{CA} = (\tilde{\boldsymbol{A}}\boldsymbol{WA})^{-1}\tilde{\boldsymbol{A}}\boldsymbol{WA} = \boldsymbol{I}_m \qquad m\times m \text{ の単位行列} \qquad (3.71)$$

を用いると，(3.70)は

$$\langle \tilde{\boldsymbol{\varepsilon}} \boldsymbol{W} \boldsymbol{A} \boldsymbol{C} \boldsymbol{\varepsilon} \rangle = \mathrm{trace}\{\boldsymbol{\Sigma} \boldsymbol{W} \boldsymbol{A} \boldsymbol{C}\} = \sigma_0{}^2 \,\mathrm{trace}\{\boldsymbol{A}\boldsymbol{C}\}$$
$$= \sigma_0{}^2 \,\mathrm{trace}\{\boldsymbol{C}\boldsymbol{A}\} = \sigma_0{}^2 \,\mathrm{trace}\,(\boldsymbol{I}_m) = m\sigma_0{}^2 \qquad (3.72)$$

と求められる．そこで，$S(\hat{\boldsymbol{x}})$ の期待値は，(3.69)，(3.72)を(3.68)に適用する結果，(3.63)のように $n-m$ となる．

さて，“残差二乗和”に関連した(3.60)～(3.62)の諸量，すなわち $S(\hat{\boldsymbol{x}}), S'(\hat{\boldsymbol{x}})$ および標準偏差 $\hat{\sigma}$，の使い方に関しては，注意が必要である．すなわち，§3.2でもふれたように，「測定値の誤差 σ_i が既知かどうか」「重みが次元ありか次元なしか」という2点について，表3.1の4通りの場合があり，それらをはっきり区別して使い分けなければならない．ただし，aとbは表現の違いだけであって実質的な中身は同一である．

表3.1　χ^2 検定と標準偏差の扱い方

場合分け				主要な関係	扱い方
分類	測定値の分散 $\langle \varepsilon_i{}^2 \rangle$	重み $w_i = \dfrac{\sigma_0{}^2}{\sigma_i{}^2}$			
1a	既知 $\sigma_i{}^2$	次元あり $\dfrac{1}{\sigma_i{}^2}$	$\sigma_0 \equiv 1$	$S = S' = \chi^2$	χ^2 検定(図3.3)
1b	既知 $\sigma_i{}^2$	次元なし $\dfrac{\sigma_0{}^2}{\sigma_i{}^2}$	$\sigma_0 = \sigma_i{}^{\mathrm{std}}$	$S = \dfrac{S'}{\sigma_0{}^2} = \chi^2$	χ^2 検定(図3.3)
2a	相対的にのみ既知 $\sigma_i'^2$	次元あり $\dfrac{1}{\sigma_i{}^2}$	$\sigma_0 \equiv 1$	$\hat{\sigma}'^2 = \dfrac{S}{n-m}$	$\hat{\sigma}_* = \hat{\sigma}'$, $\hat{\sigma}_i = \hat{\sigma}_* \sigma_i'$
2b	相対的にのみ既知 $\sigma_i'^2$	次元なし $\dfrac{\sigma_0{}^2}{\sigma_i{}^2}$	$\sigma_0 = \sigma_i{}^{\mathrm{std}}$	$\hat{\sigma}'^2 = \dfrac{S'}{n-m}$	$\hat{\sigma}_* = \hat{\sigma}'/\sigma_0$ $\hat{\sigma}_i = \hat{\sigma}_* \sigma_i'$

まず，1a, 1bの場合には，「測定値の誤差の分散 $\sigma_i{}^2$ は既知」(§3.2の前提2，(3.8))と前提している．このときには，実際にあてはめて得た残差 $\boldsymbol{v}$ が，仮定した誤差分布から見て妥当であることを確認(検定)しておかなければならない．これには，残差二乗和 $S(\hat{\boldsymbol{x}})$ に対して**カイ二乗検定**を用いる．すなわち，線形モデルで最小二乗法の前提1～5を満たしている場合には，確率変数としての $S(\hat{\boldsymbol{x}})$ (3.68)は自由度 $n-m$ のカイ二乗分布(χ^2 分布)(2.17)に従う．図3.3は，χ^2 分布の積分確率が0.005, 0.025, 0.05, 0.50, 0.95, 0.975, 0.995となる $S(\hat{\boldsymbol{x}})$ の値をとって，自由度 $n-m$ に関してプロットしたものである．見やすくするために，縦軸は $S(\hat{\boldsymbol{x}})/(n-m)$ を対数目盛にし，横軸は自由度 $n-m$ を対数目盛で

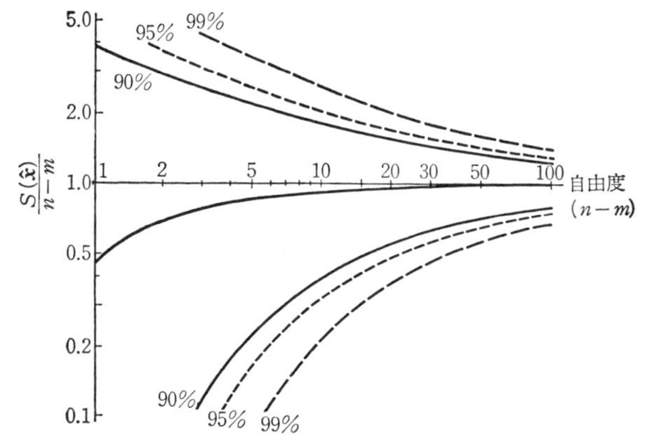

図 3.3　χ^2 分布と χ^2 検定

示してある．この図上で，自由度 $n-m$ と残差二乗和 $S(\hat{\boldsymbol{x}})/(n-m)$ とを実際の値でプロットし，χ^2 分布の積分確率の何%の位置にあるかを見る．これによって，棄却有為水準を例えば $\alpha=0.01$ としたときに，許容されるかそれとも棄却されるべきかを判定する．もし棄却すべき場合には，測定値かモデルかに最小二乗法の前提を乱すものがあると考えて，再検討するべきである．この 1a, 1b の場合には，標準偏差 $\hat{\sigma}$ は意味をもたない．

一方，2a, 2b の場合には，「測定値の誤差の分散 $\sigma_i{}^2$ は相対的にだけ既知で絶対値は未知」(§3.2 の前提 2′, (3.12)) としているので，χ^2 検定は無意味である．このときには，(3.12) の既知量 σ_i' を σ_i の代用として最小二乗法の解の計算を行ない，**標準偏差** (3.62) を求めて $\hat{\sigma}'$ と表わす．そして，(3.20) の既知の定数 σ_0 を使って，(3.12) の未知のスケーリング定数 σ_* の推定値として

$$\hat{\sigma}_* = \hat{\sigma}'/\sigma_0 \tag{3.73}$$

が得られる．このスケーリング定数 $\hat{\sigma}_*$ を (3.12) に代入すれば，各測定値の誤差分散 $\sigma_i{}^2$ の推定値 $\hat{\sigma}_i{}^2$ が得られる．この推定値 $\hat{\sigma}_i{}^2$ を用いて最小二乗解析を行なったとすれば，その標準偏差 $\hat{\sigma}$ (3.62) は (3.64) よりも強い関係式

$$\hat{\sigma}^2 = \sigma_0{}^2 \tag{3.74}$$

を満たすように，$\hat{\sigma}_i{}^2$ はスケーリングされている．もちろん，2a, 2b の場合でも，χ^2 検定が適用できないからといって，すべてのあてはめが適切に行なわれたと保証されているわけではない．スケーリング定数 σ_* (3.12) は未知だとはい

っても，大略1の大きさであるとわかっているのだから，$\hat{\sigma}_*$(3.73)が1よりはるかに大きくなったら再検討するべきである．また，異常に大きな残差を与える測定値がないか，残差に系統的な成分がないかなどの診断をしなければならない．

§3.6　パラメータ推定値 $\hat{\boldsymbol{x}}$ の誤差

§3.3，§3.4のようにして，最小二乗条件を満たすパラメータの解 $\hat{\boldsymbol{x}}$ が得られた．しかし，この解は，たとえ真のモデルを用いて解析したとしても(3.11)の前提5でその存在を前提したパラメータの真値 $\boldsymbol{x}^0$ そのものではない．誤差 $\boldsymbol{\varepsilon}$ を含んだ測定値 $\boldsymbol{y}=\boldsymbol{y}^0+\boldsymbol{\varepsilon}$ から計算したものであるから，パラメータ推定値 $\hat{\boldsymbol{x}}$ もまた当然誤差を含んでいる．このことは，線形最小二乗法で，パラメータ推定値が $\hat{\boldsymbol{x}}=\boldsymbol{C}\boldsymbol{y}$ (3.41)のように測定値 $\boldsymbol{y}$ の線形結合で表わされていることを見れば明らかである．もし，測定値のうちの一つの y_i が，その誤差分布(分散 $\sigma_i{}^2$)の範囲内の微小量 δy_i だけ異なる値に測定されていたとすれば，パラメータ推定値 $\hat{x}_j(j=1\sim m)$ にも微小な変化 $\delta\hat{x}_j$ が現われていたはずであり，(3.41)より

$$\delta\hat{x}_j=C_{ji}\delta y_i \qquad (j=1\sim m)$$

と表わせる．この関係を用いれば，測定値の誤差 $\boldsymbol{\varepsilon}$ の分布がパラメータ推定値 $\hat{\boldsymbol{x}}$ の誤差の分布にどのように反映されるかを求めることができる．もし，誤差の範囲が微小であれば，非線形モデルでも局所的な線形近似が成立つと考えられる．そこで本節では，線形モデルについて記述する．

はじめに，もし測定値の真値 $\boldsymbol{y}^0$ を用いれば，(3.41)はパラメータの真値 $\boldsymbol{x}^0$ を与えることを示す．すなわち，前提5より $\boldsymbol{y}^0=\boldsymbol{A}\boldsymbol{x}^0$(3.11)で，(3.40)を用いて

$$\boldsymbol{C}\boldsymbol{y}^0=\boldsymbol{C}\boldsymbol{A}\boldsymbol{x}^0=(\tilde{\boldsymbol{A}}\boldsymbol{W}\boldsymbol{A})^{-1}\tilde{\boldsymbol{A}}\boldsymbol{W}\boldsymbol{A}\boldsymbol{x}^0=\boldsymbol{x}^0 \qquad (3.75)$$

である．そこで，パラメータ推定値 $\hat{\boldsymbol{x}}$ の真値 $\boldsymbol{x}^0$ からのずれ(すなわち，パラメータ推定値 $\hat{\boldsymbol{x}}$ の狭義の誤差)は，(3.41)と(3.75)より，

$$\hat{\boldsymbol{x}}-\boldsymbol{x}^0=\boldsymbol{C}\boldsymbol{y}-\boldsymbol{C}\boldsymbol{y}^0=\boldsymbol{C}(\boldsymbol{y}-\boldsymbol{y}^0)=\boldsymbol{C}\boldsymbol{\varepsilon} \qquad (3.76)$$

と表わせる．この期待値は，前提1の(3.7)より，

$$\langle\hat{\boldsymbol{x}}-\boldsymbol{x}^0\rangle=\langle\boldsymbol{C}\boldsymbol{\varepsilon}\rangle=\boldsymbol{C}\langle\boldsymbol{\varepsilon}\rangle=0 \qquad (3.77)$$

となる．これは，(3.75) とともに，線形最小二乗法が**不偏推定**であることを示す．

次に，パラメータ推定値 $\hat{\boldsymbol{x}}$ の誤差の分散・共分散からなる**誤差行列** $\boldsymbol{\Sigma}_{\hat{x}}$ **を，**測定値の誤差行列 $\boldsymbol{\Sigma}$ (3.31) の定義に対応して，次のように定義する．

$$(\boldsymbol{\Sigma}_{\hat{x}})_{jj} \equiv \sigma_{\hat{x}j}{}^2 \equiv \langle(\hat{x}_j - x_j{}^0)^2\rangle \qquad (j=1\sim m) \tag{3.78}$$

$$(\boldsymbol{\Sigma}_{\hat{x}})_{jj'} \equiv \langle(\hat{x}_j - x_j{}^0)(\hat{x}_{j'} - x_{j'}{}^0)\rangle \qquad (j \neq j', j=1\sim m, j'=1\sim m) \tag{3.79}$$

これらをまとめて表わし，(3.76) を代入すると，

$$\begin{aligned}\boldsymbol{\Sigma}_{\hat{x}} &\equiv \langle(\hat{\boldsymbol{x}} - \boldsymbol{x}^0)\widetilde{(\hat{\boldsymbol{x}} - \boldsymbol{x}^0)}\rangle \\ &= \langle \boldsymbol{C}\boldsymbol{\varepsilon}\tilde{\boldsymbol{\varepsilon}}\tilde{\boldsymbol{C}}\rangle = \boldsymbol{C}\langle\boldsymbol{\varepsilon}\tilde{\boldsymbol{\varepsilon}}\rangle\tilde{\boldsymbol{C}} = \boldsymbol{C}\boldsymbol{\Sigma}\tilde{\boldsymbol{C}}\end{aligned} \tag{3.80}$$

となる．この関係は，$\boldsymbol{y}$ から $\hat{\boldsymbol{x}}$ への変換 (3.41) の微分係数行列 $\boldsymbol{C}$ を用いて，$\boldsymbol{y}$ の誤差行列 $\boldsymbol{\Sigma}$ から $\hat{\boldsymbol{x}}$ の誤差行列 $\boldsymbol{\Sigma}_{\hat{x}}$ への変換関係を表わしており，一般に**誤差伝播則**と呼ばれる．行列 $\boldsymbol{C}$ に (3.40) を代入して，(3.80) を書きなおすと，

$$\begin{aligned}\boldsymbol{\Sigma}_{\hat{x}} &= (\tilde{\boldsymbol{A}}\boldsymbol{W}\boldsymbol{A})^{-1}\tilde{\boldsymbol{A}}\boldsymbol{W}(\sigma_0{}^2\boldsymbol{W}^{-1})\boldsymbol{W}\boldsymbol{A}(\tilde{\boldsymbol{A}}\boldsymbol{W}\boldsymbol{A})^{-1} \\ &= \sigma_0{}^2(\tilde{\boldsymbol{A}}\boldsymbol{W}\boldsymbol{A})^{-1} = \sigma_0{}^2\boldsymbol{B}^{-1} = (\tilde{\boldsymbol{A}}\boldsymbol{\Sigma}^{-1}\boldsymbol{A})^{-1}\end{aligned} \tag{3.81}$$

と表わせる．すなわち，パラメータ推定値 $\hat{\boldsymbol{x}}$ の誤差の分散・共分散を規定するものは，測定点のとり方（ヤコビアン行列 $\boldsymbol{A}$）と測定精度 ($\boldsymbol{\Sigma}$)，およびパラメータの選び方 ($\boldsymbol{A}$) であり，測定値そのもの ($\boldsymbol{y}$) ではない．また，重みのスケーリング因子 $\sigma_0{}^2$ (3.20) をどう選んだかには依存しない．

測定値 $y_i (i=1\sim n)$ の誤差は互いに独立である（$\boldsymbol{\Sigma}$ は対角行列）と前提していた（前提 3 (3.9)）が，(3.81) で得られるパラメータ推定値の誤差行列 $\boldsymbol{\Sigma}_{\hat{x}}$ は，一般に非対角要素（共分散）もゼロでない．この非対角要素に関連して，**相関係数**

$$\begin{aligned}\rho_{jj'} &\equiv (\boldsymbol{\Sigma}_{\hat{x}})_{jj'}/[(\boldsymbol{\Sigma}_{\hat{x}})_{jj}(\boldsymbol{\Sigma}_{\hat{x}})_{j'j'}]^{1/2} \\ &= (\boldsymbol{\Sigma}_{\hat{x}})_{jj'}/\sigma_{\hat{x}_j}\sigma_{\hat{x}_{j'}} \qquad (j \neq j', j=1\sim m, j'=1\sim m)\end{aligned} \tag{3.82}$$

が定義され，

$$-1 \leqq \rho_{jj'} \leqq 1 \tag{3.83}$$

の関係がある．相関係数 $\rho_{jj'}$ を要素とする $m \times m$ の対称行列を**相関行列**という．

m 次元のパラメータ空間における誤差分布についてもう少し説明しておく．§2.2.3 で述べた確率変数の考え方によれば，測定値 $\boldsymbol{y}$ は確率変数の実現値で

あり，その誤差の確率分布には正規分布(前提 4, (3.10))を仮定していた．一方，パラメータ推定値 $\hat{\boldsymbol{x}}$ は，測定値 $\boldsymbol{y}$ の線形結合で表わされているから，やはり確率変数の実現値である．(2.15)に示したように，正規分布をする確率変数の線形結合はまた正規分布をする．そこで，パラメータ推定値 $\hat{\boldsymbol{x}}$ の誤差の確率分布は **$\boldsymbol{m}$ 次元の正規分布**となる．このことを尤度の面から述べたのが§3.2の(3.17)である．すなわち，測定値 $\boldsymbol{y}$ を得て，パラメータ真値 $\boldsymbol{x}^0$ を $\boldsymbol{x}$ であると推定するときの尤度は，(3.17)と(3.18)より，

$$L(\boldsymbol{x}|\boldsymbol{y}) = L(\boldsymbol{f}(\boldsymbol{x})|\boldsymbol{y}) = \prod_{i=1}^{n} L(f_i(\boldsymbol{x})|y_i)$$

$$= (2\pi)^{-n/2}\prod_{i=1}^{n}\sigma_i{}^{-1}\cdot\exp\left[-\frac{1}{2}S(\boldsymbol{x})\right] \tag{3.84}$$

である．いま，パラメータの最小二乗解 $\hat{\boldsymbol{x}}$ との差を $\Delta\boldsymbol{x}$ として，

$$\boldsymbol{x} \equiv \hat{\boldsymbol{x}} + \Delta\boldsymbol{x}$$

上式中の残差二乗和 $S(\boldsymbol{x})$ の項を計算する．

$$S(\boldsymbol{x}) = (\boldsymbol{y}-\boldsymbol{A}\hat{\boldsymbol{x}}-\boldsymbol{A}\Delta\boldsymbol{x})^{\mathrm{T}}\boldsymbol{\Sigma}^{-1}(\boldsymbol{y}-\boldsymbol{A}\hat{\boldsymbol{x}}-\boldsymbol{A}\Delta\boldsymbol{x})$$

$$= (\boldsymbol{y}-\boldsymbol{A}\hat{\boldsymbol{x}})^{\mathrm{T}}\boldsymbol{\Sigma}^{-1}(\boldsymbol{y}-\boldsymbol{A}\hat{\boldsymbol{x}}) - 2\widetilde{\Delta\boldsymbol{x}}\tilde{\boldsymbol{A}}\boldsymbol{\Sigma}^{-1}(\boldsymbol{y}-\boldsymbol{A}\hat{\boldsymbol{x}})$$

$$+\widetilde{\Delta\boldsymbol{x}}\tilde{\boldsymbol{A}}\boldsymbol{\Sigma}^{-1}\boldsymbol{A}\Delta\boldsymbol{x} \tag{3.85}$$

ここで，第1項は最小二乗解 $\hat{\boldsymbol{x}}$ に対する残差二乗和 $S(\hat{\boldsymbol{x}})$ であり，第2項は正規方程式(3.26′)から0になるから，結局

$$S(\boldsymbol{x}) = S(\hat{\boldsymbol{x}}) + \widetilde{\Delta\boldsymbol{x}}\tilde{\boldsymbol{A}}\boldsymbol{\Sigma}^{-1}\boldsymbol{A}\Delta\boldsymbol{x}$$

$$= S(\hat{\boldsymbol{x}}) + \widetilde{\Delta\boldsymbol{x}}\boldsymbol{\Sigma}_{\hat{x}}{}^{-1}\Delta\boldsymbol{x} \tag{3.86}$$

と表わせる．これを(3.84)に代入すれば，最小二乗解 $\hat{\boldsymbol{x}}$ のまわりにおけるパラメータ推定値 $\boldsymbol{x}$ の**尤度の分布**がわかる．

$$L(\boldsymbol{x}|\boldsymbol{y}) = (2\pi)^{-n/2}\prod_{i=1}^{n}\sigma_i{}^{-1}\cdot\exp\left[-\frac{1}{2}S(\hat{\boldsymbol{x}})\right]\exp\left[-\frac{1}{2}\widetilde{\Delta\boldsymbol{x}}\boldsymbol{\Sigma}_{\hat{x}}{}^{-1}\Delta\boldsymbol{x}\right]$$

$$= L(\hat{\boldsymbol{x}}|\boldsymbol{y})\cdot\exp\left[-\frac{1}{2}\widetilde{\Delta\boldsymbol{x}}\boldsymbol{\Sigma}_{\hat{x}}{}^{-1}\Delta\boldsymbol{x}\right] \tag{3.87}$$

すなわち，最小二乗解 $\hat{\boldsymbol{x}}$ が最大尤度の点(すなわち，最尤推定値)になっており，そのまわりで m 次元正規分布をしている．この m 次元正規分布の分散・共分散を表わすのが，パラメータ推定値の誤差行列 $\boldsymbol{\Sigma}_{\hat{x}}$(3.80)である．

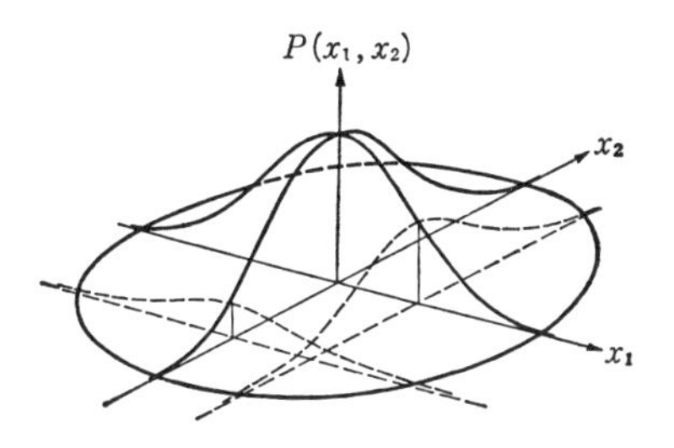

図 3.4 2次元正規分布

図3.4は，2次元の正規分布を示す．(x_1, x_2) 面上のどの直線上で見ても正規分布の形をしており，一方，この分布の任意の等高線は楕円で表わされる．

ここで，最小二乗解 $\hat{\boldsymbol{x}}$ の周辺で，残差二乗和が

$$S(\boldsymbol{x}) \leqq S(\hat{\boldsymbol{x}})+1 \tag{3.88}$$

となるパラメータ $\boldsymbol{x}$ の領域を考える．これは，(3.86)より

$$\widetilde{\Delta \boldsymbol{x}}\boldsymbol{\Sigma}_{\hat{x}}{}^{-1}\Delta\boldsymbol{x} \leqq 1 \tag{3.89}$$

と同等であり，一般にm次元空間での超楕円体を表わす．2次元のパラメータについて，以下に具体的に示す．まず，誤差行列 $\boldsymbol{\Sigma}_{\hat{x}}$ を

$$\boldsymbol{\Sigma}_{\hat{x}} \equiv \begin{pmatrix} \sigma_1{}^2 & \rho\sigma_1\sigma_2 \\ \rho\sigma_1\sigma_2 & \sigma_2{}^2 \end{pmatrix} \tag{3.90}$$

と書く．この逆行列は，

$$\boldsymbol{\Sigma}_{\hat{x}}{}^{-1} = (1-\rho^2)^{-1}\begin{pmatrix} 1/\sigma_1{}^2 & -\rho/\sigma_1\sigma_2 \\ -\rho/\sigma_1\sigma_2 & 1/\sigma_2{}^2 \end{pmatrix} \tag{3.91}$$

となるので，(3.82)に代入すると，

$$(\Delta x_1, \Delta x_2)\boldsymbol{\Sigma}_{\hat{x}}{}^{-1}\begin{pmatrix}\Delta x_1 \\ \Delta x_2\end{pmatrix} = \frac{1}{1-\rho^2}\left[\left(\frac{\Delta x_1}{\sigma_1}\right)^2 - 2\rho\left(\frac{\Delta x_1}{\sigma_1}\right)\left(\frac{\Delta x_2}{\sigma_2}\right) + \left(\frac{\Delta x_2}{\sigma_2}\right)^2\right]$$

$$= \frac{1}{2(1+\rho)}\left(\frac{\Delta x_1}{\sigma_1}+\frac{\Delta x_2}{\sigma_2}\right)^2 + \frac{1}{2(1-\rho)}\left(\frac{\Delta x_1}{\sigma_1}-\frac{\Delta x_2}{\sigma_2}\right)^2 \leqq 1 \tag{3.92}$$

と表わせる．そこで，図3.5のように座標軸を規格化して $\Delta x_1/\sigma_1$ と $\Delta x_2/\sigma_2$ と選べば，(3.92)式の楕円の主軸は常に $\pm 45°$ 傾き，長・短半径が $\sqrt{1+\rho}$ と $\sqrt{1-\rho}$ になる．この楕円は，単位の正方形に内接し，その接点は $(1, \rho), (\rho, 1), (-1, -\rho), (-\rho, -1)$ である．同じことをもとの座標系 (x_1, x_2) で示すと図3.6のようである．この図には，相関がないとき $(\rho=0)$，正の相関 $(\rho=0.9)$ があ

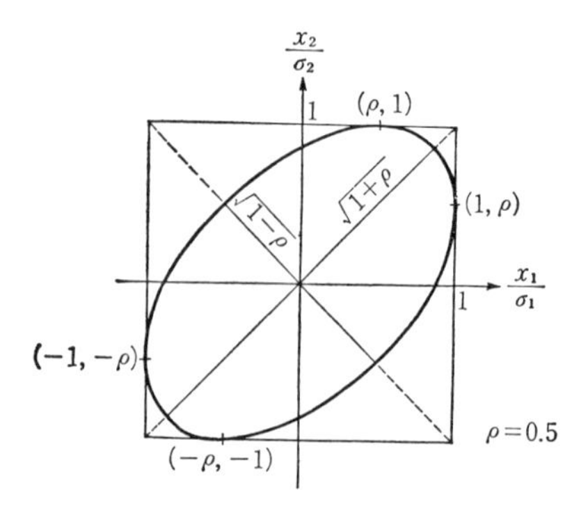

図 3.5　2次元のパラメータの誤差分布(規格化した座標による表示)

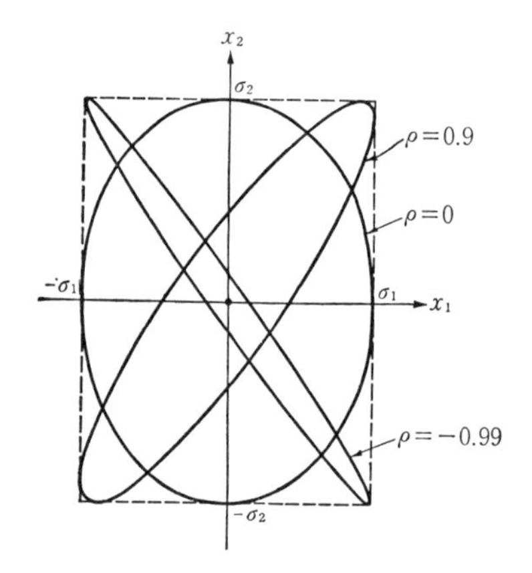

図 3.6　2次元のパラメータの誤差分布と相関係数

るとき，および負の強い相関($\rho=-0.99$)があるときの3種の場合が示してある．このようにパラメータ間の相関(すなわち，誤差行列の非対角項)を考慮すれば，それを無視したときよりも狭い領域にパラメータ推定値 $\hat{\boldsymbol{x}}$ をしぼることができる．

ところで，本節の今までの議論は，測定値の分散 σ_i^2 が既知という前提2(3.8)の立場であった．もし，σ_i^2 の絶対値が未知という前提2′(3.12)の場合には，§3.5に従って σ_i^2 のスケーリング定数 σ_*^2 の推定値 $\hat{\sigma}_*^2$ を(3.73)で求め，(σ_i の代用として σ_i' を用いて計算した)パラメータの誤差行列 $\boldsymbol{\Sigma}_{\hat{x}}$ をスケーリングすればよい．すなわち，パラメータ推定値の誤差行列の推定として，

$$\hat{\boldsymbol{\Sigma}}_{\hat{x}} = \hat{\sigma}_*{}^2 \boldsymbol{\Sigma}_{\hat{x}} = \hat{\sigma}_*{}^2 \sigma_0{}^2 \boldsymbol{B}^{-1}$$
$$\hat{\sigma}_{\hat{x}_j} = (\hat{\boldsymbol{\Sigma}}_{\hat{x}})_{jj}{}^{1/2} \qquad (j=1\sim m) \tag{3.93}$$

を得る.

§3.7　モデルによる計算値 $\boldsymbol{f}(\hat{\boldsymbol{x}})$ の推定誤差

以上のように，パラメータ推定値 $\hat{\boldsymbol{x}}$ の誤差を見積ることができたから，次にこの $\hat{\boldsymbol{x}}$ を用いてモデルから計算した値 $\hat{\boldsymbol{y}} \equiv \boldsymbol{f}(\hat{\boldsymbol{x}})$ の誤差を見積る．計算値 $\hat{\boldsymbol{y}}$ の真値 $\boldsymbol{y}^0$ からのずれは，線形モデルに対して，(3.23), (3.76) より，

$$\hat{\boldsymbol{y}} - \boldsymbol{y}^0 = \boldsymbol{A}(\hat{\boldsymbol{x}} - \boldsymbol{x}^0) = \boldsymbol{AC\varepsilon} \tag{3.94}$$

と表わせる．**計算値 $\hat{\boldsymbol{y}}$ の誤差行列** $\boldsymbol{\Sigma}_{\hat{y}}$ は，(3.80) にならって定義され，

$$\boldsymbol{\Sigma}_{\hat{y}} \equiv \langle (\hat{\boldsymbol{y}} - \boldsymbol{y}^0)(\widetilde{\hat{\boldsymbol{y}} - \boldsymbol{y}^0}) \rangle \tag{3.95}$$

(3.94) と (3.80) よりただちに求められる.

$$\boldsymbol{\Sigma}_{\hat{y}} = \langle \boldsymbol{A}(\hat{\boldsymbol{x}} - \boldsymbol{x}^0)(\widetilde{\hat{\boldsymbol{x}} - \boldsymbol{x}^0})\tilde{\boldsymbol{A}} \rangle = \boldsymbol{A}\boldsymbol{\Sigma}_{\hat{x}}\tilde{\boldsymbol{A}} \tag{3.96}$$

この関係式はまた，$\hat{\boldsymbol{x}}$ から $\hat{\boldsymbol{y}}$ への変換に対する誤差伝播則であると解釈できる．計算値 $\hat{y}_i$ の分散 $\sigma_{\hat{y}_i}{}^2 \equiv (\boldsymbol{\Sigma}_{\hat{y}})_{ii}$ は，測定値 y_i の分散 $\sigma_i{}^2$ を越えない．n 個の測定値 $\{y_1, y_2, \cdots y_n\}$ から，モデルを用いて最適と考えられる理論計算値 $\hat{y}_i \equiv f_i(\hat{\boldsymbol{x}})$ を求めたものであり，その計算値の分散は個々の測定値の分散より平均的に小さくなって当然である．なお，後に述べるように QR 分解による方法では $\sigma_{\hat{y}_i}{}^2$ は $\boldsymbol{Q}$ 行列から簡単に計算できる.

次に，**残差の分散・共分散**について考える．残差の分散・共分散行列 $\boldsymbol{\Sigma}_v$ は次のように計算できる.

$$\boldsymbol{\Sigma}_v \equiv \langle \boldsymbol{v}\tilde{\boldsymbol{v}} \rangle = \langle (\boldsymbol{y} - \hat{\boldsymbol{y}})(\widetilde{\boldsymbol{y} - \hat{\boldsymbol{y}}}) \rangle = \langle \boldsymbol{y}\tilde{\boldsymbol{y}} \rangle - 2\langle \hat{\boldsymbol{y}}\tilde{\boldsymbol{y}} \rangle + \langle \hat{\boldsymbol{y}}\tilde{\hat{\boldsymbol{y}}} \rangle \tag{3.97}$$

ここで，

$$\langle \hat{\boldsymbol{y}}\tilde{\boldsymbol{y}} \rangle = \langle \boldsymbol{ACy}\tilde{\boldsymbol{y}} \rangle = \boldsymbol{AC\Sigma} = \boldsymbol{AB}^{-1}\tilde{\boldsymbol{A}}\boldsymbol{W}\sigma_0{}^2\boldsymbol{W}^{-1} = \boldsymbol{A}(\sigma_0{}^2\boldsymbol{B}^{-1})\tilde{\boldsymbol{A}} = \boldsymbol{A}\boldsymbol{\Sigma}_{\hat{x}}\tilde{\boldsymbol{A}} = \boldsymbol{\Sigma}_{\hat{y}} \tag{3.98}$$

であるから，(3.97) は結局つぎのようになる.

$$\boldsymbol{\Sigma}_v = \boldsymbol{\Sigma} - 2\boldsymbol{\Sigma}_{\hat{y}} + \boldsymbol{\Sigma}_{\hat{y}} = \boldsymbol{\Sigma} - \boldsymbol{\Sigma}_{\hat{y}} \tag{3.99}$$

すなわち，残差の分散共分散行列 $\boldsymbol{\Sigma}_v$ は，測定値の誤差行列 $\boldsymbol{\Sigma}$ から計算値 $\hat{\boldsymbol{y}}$ の誤差行列 $\boldsymbol{\Sigma}_{\hat{y}}$ を差引いたものになる．(3.99) の対角要素から，

$$\sigma_{vi} \equiv \langle v_i{}^2 \rangle^{1/2} = [(\boldsymbol{\Sigma}_v)_{ii}]^{1/2} = [\sigma_i{}^2 - \sigma_{\hat{y}_i}{}^2]^{1/2} \qquad (i=1\sim n) \tag{3.100}$$

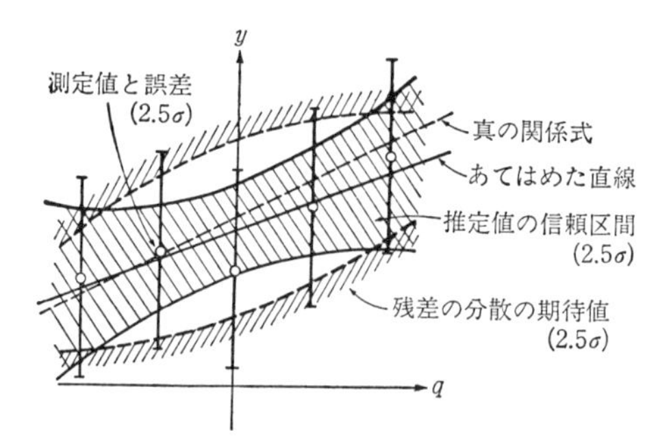

図 3.7 計算値の信頼性と残差の分散の期待値

と表わせる．したがって，たとえすべての測定値が同じ測定精度 σ_i で得られても，計算値 $\hat{y}_i$ の分散は一様でなく，残差 v_i の分散も一様でない．

図3.7は，横座標に関して等間隔で測定された5点の測定値を，直線であてはめた例のシミュレーションである．各測定値の標準偏差 $\sigma_i \equiv \sigma$，あてはめ結果の計算値および残差の標準偏差の大きさを示している．数値を示せば，

$$\boldsymbol{\sigma}_{\hat{\boldsymbol{y}}}{}^2 = \sigma^2 \begin{bmatrix} 0.6 \\ 0.3 \\ 0.2 \\ 0.3 \\ 0.6 \end{bmatrix}, \qquad \boldsymbol{\sigma}_{\boldsymbol{v}}{}^2 = \sigma^2 \begin{bmatrix} 0.4 \\ 0.7 \\ 0.8 \\ 0.7 \\ 0.4 \end{bmatrix} \tag{3.101}$$

である．このように，計算値 $\hat{\boldsymbol{y}}$ の信頼性は測定領域の中央部で高く両端で低い．反対に，残差の分散は真中で大きく両端で小さくなる．

さらに問題を発展させて，まだ測定されていない量 $\boldsymbol{z}$ を，パラメータ推定値 $\hat{\boldsymbol{x}}$ から計算(予測)することができる．

$$\hat{\boldsymbol{z}} = \boldsymbol{g}(\hat{\boldsymbol{x}}) \tag{3.102}$$

このような計算値 $\hat{\boldsymbol{z}}$ の誤差行列 $\boldsymbol{\Sigma}_{\hat{z}}$ も，(3.96)と全く同様にして誤差伝播則により見積ることができる．すなわち，

$$\boldsymbol{\Sigma}_{\hat{z}} = \boldsymbol{G}\boldsymbol{\Sigma}_{\hat{x}}\tilde{\boldsymbol{G}} \tag{3.103}$$

ただし

$$\boldsymbol{G} = (\partial \boldsymbol{g}/\partial \tilde{\boldsymbol{x}})_{x=\hat{x}} \quad \text{すなわち} \quad G_{kj} = (\partial g_k(\boldsymbol{x})/\partial x_j)_{x=\hat{x}} \tag{3.104}$$

である．(3.102)および(3.103)は，測定データの構造の解析から未測定量の予

測へと発展するための基本的な関係式である.

§3.8 最小二乗法の前提の再検討

以上に述べたように，最小二乗法は，モデル中のパラメータを推定し，同時にその誤差を見積る上で強力で便利な方法である．その理論的な前提は，§3.2 で挙げたように，次の五つである.

前提 1 測定値の偏りなし

前提 2 測定値の分散が既知

前提 3 測定値の相関なし

前提 4 測定値の誤差分布は正規分布(Gauss 分布)

前提 5 モデルの近似誤差なし

これらの前提について，一つずつ再検討を加える.

まず，前提 3 を緩めることができる．各測定値 $\boldsymbol{y}$ に**相関**があるときには，測定値の誤差行列 $\boldsymbol{\Sigma}$ (3.31) は，(3.32) のような対角形にはならない．しかし，測定値の相関(あるいは共分散)も既知であると前提すれば，(3.32) のかわりに，非対角要素をも含んだ測定値の誤差行列 $\boldsymbol{\Sigma}$ を導入すればよい．重み行列 $\boldsymbol{W}$ (3.33) は非対角行列となるが，§3.3〜3.7 の議論はそのまま適用できる(§6.2 参照).

また，前提 4 の正規分布の条件をはずした立場もある．このときには，最小二乗法は最尤推定法でなくなるが，それでもなお“線形不偏推定法のうちで，最小の分散を与える方法(**線形不偏最良推定法**)”であることが示される．これは，**Gauss-Markov の定理**と呼ばれ，次のように証明される.

測定値の真値に対する線形な関係式 $\boldsymbol{y}^0=\boldsymbol{A}\boldsymbol{x}^0$ を仮定し，測定値 $\boldsymbol{y}$ の誤差 $\boldsymbol{\varepsilon}$ は，前提 1〜3[(3.7)〜(3.9)]を満たしているものとする．いま，パラメータ $\boldsymbol{x}$ の任意の推定法で，測定値 $\boldsymbol{y}$ に線形であり，しかも偏りのないものを考える．すなわち，変換行列 $\boldsymbol{C}^*$ を考えると，

$$\hat{\boldsymbol{x}}^* = \boldsymbol{C}^*\boldsymbol{y} \tag{3.105}$$

$$\langle\hat{\boldsymbol{x}}^*\rangle = \langle\boldsymbol{C}^*(\boldsymbol{y}^0+\boldsymbol{\varepsilon})\rangle = \boldsymbol{C}^*\boldsymbol{A}\boldsymbol{x}^0 = \boldsymbol{x}^0 \tag{3.106}$$

を満たす．このパラメータ推定値 $\hat{\boldsymbol{x}}^*$ の誤差行列 $\boldsymbol{\Sigma}_{\hat{x}^*}$ は，(3.80) と同様に，

$$\boldsymbol{\Sigma}_{\hat{x}^*} = \boldsymbol{C}^*\boldsymbol{\Sigma}\tilde{\boldsymbol{C}}^* = \sigma_0{}^2\boldsymbol{C}^*\boldsymbol{W}^{-1}\tilde{\boldsymbol{C}}^* \tag{3.107}$$

で表わされるが，その対角要素を最小にするように，推定法$\boldsymbol{C}^*$を選びたい．ここで，最小二乗法の行列$\boldsymbol{C}$の定義(3.40)と(3.106)とから，(3.99)の導出と似た方法で，次の恒等式を導ける．

$$\boldsymbol{C}^*\boldsymbol{W}^{-1}\tilde{\boldsymbol{C}}^* = \boldsymbol{C}\boldsymbol{W}^{-1}\tilde{\boldsymbol{C}}+(\boldsymbol{C}^*-\boldsymbol{C})\boldsymbol{W}^{-1}(\widetilde{\boldsymbol{C}^*-\boldsymbol{C}}) \tag{3.108}$$

この右辺の2項とも対角要素は正または0であるから，$\boldsymbol{C}^*-\boldsymbol{C}=0$のとき(3.108)の第2項はゼロになり，(3.108)の左辺の対角要素が最小になる．すなわち，最小二乗法(変換行列$\boldsymbol{C}$)は，線形不偏推定法のうちで，最小分散を与える推定法である．

しかし，この定理は非線形モデルではそのままあてはまらないし，制御されない誤差の混入が予想されるなまの測定値に対しては，“線形”な推定法は適当ではない(§8.2参照)．このため正規分布から離れたときには，最小二乗法は便利な計算法として用いられているのであって，必ずしもその本来の理論的基盤を持っていないと言える．

前提2に関しては，測定値の誤差σ_iが「絶対的に既知」とするのを緩めて，「相対的な比のみ既知」とする前提2′の場合がある(§3.2,3.5参照)．前提2は，この測定値y_iが実は多数の繰返し測定の代表値である場合，または基本的に同一の測定条件で別途に繰返し測定したことがあり，その誤差分布が既知と考えられる場合である．一方，前提2′は同一量の一定測定法による繰返し測定の場合や，基本的に同じ量をある一つの測定条件(“横座標”q)だけを変えてほぼ同じ測定法で多数回測定した場合などが相当する．このときには，最適のモデルと最適パラメータ値を推定するだけでなく，測定誤差のスケール因子σ_*を標準偏差$\hat{\sigma}$を用いて推定する(§3.5)．以上2つの立場のどちらをとるにしても，実際にはσ_iの相対比の不確かさも問題として残る．

前提1の“偏りゼロ”は，実質的には“偏りがばらつきよりはるかに小さい”と解釈すればよい．しかしそれでもこの前提を実験的に実現することはなかなか大変なことである(§2.1.1)．ばらつきは繰返し測定で検出できるけれども，偏りは検出できない．もっと正確な実験を別に行なって較正しなければならないのであるから，どんなに念を押しても不安が残る面がある．実際には，測定値の偏りの起りうる大きさを推定して，その大きさを測定値の誤差σ_iの中にとりこんで扱うことが行なわれる(§6.1)．

最後に，前提5が一番大きな問題である．もともと，データ解析の目的は，真のモデル $\boldsymbol{f}^0(\boldsymbol{q}^0;\boldsymbol{x}^0)$ (3.4) にできるだけ近い最適なモデルを求めることであり，それを見つけるためにいろいろのモデル $\boldsymbol{f}(\boldsymbol{q};\boldsymbol{x})$ を使って試行錯誤をするのである．ところが，最小二乗法の前提5は，すでに測定値の真値 $\boldsymbol{y}^0$ を表現できるモデルが得られたと仮定しており，データ解析の最終的な段階でのみ近似的に満たすことができるものである．実際に，あるモデルで最小二乗解析を行なった結果が系統的な残差を示すならば，モデルを修正して解析をやりなおさなければならない．モデルを選んでいく過程に関しては7章を参照のこと．

第4章　線形最小二乗法

§4.1　数値計算と誤差[31,39,40]

本章では，線形最小二乗問題を解く種々の数値解法について詳しく解説する．§3.4で述べたように，非線形最小二乗法も，反復の各サイクルで何らかの線形近似を行なった後に，線形最小二乗法を適用することが多い．

線形最小二乗法には，正規方程式を立ててこれを解く解法と，ヤコビアンの直交分解による解法とがある．これはすべて数学的には同等であり，もし数値計算が無限桁の精度で実行できるならば同じ解を与える．しかし実際の計算では，有限桁の数値を用いるので，計算の精度は有限である．演算が有限の桁数で行なわれるために生じる誤差を**丸め誤差**(round-off error)という．

計算機の中での数値表現の精度の目安として，**計算機イプシロン**(machine epsilon)ε_Mという指標が用いられる．ε_Mは，計算機の中で$1+\varepsilon>1$が成立する最小の正数εとして定義される．IBMや日立・富士通のMシリーズ計算機などで用いられている4バイト(32ビット)の16進浮動小数点数(単精度実数)では$\varepsilon_M=16^{-5}\doteqdot 0.954\times 10^{-6}$であり，8バイトの倍精度実数では$\varepsilon_M=16^{-13}\doteqdot 2.22\times 10^{-16}$である．2進36ビットの浮動小数点数では$\varepsilon=2^{-26}\doteqdot 1.49\times 10^{-8}$となる．計算機イプシロンは数値表現の相対誤差の上限を与えるものであり，計算機中での丸め誤差の大きさの基準となる．

乗算や除算では，丸め誤差は比較的おとなしく振舞う．積や商の相対誤差は高々2数の相対誤差の和であるから，10回乗除算を続けて実行しても，10ε程度の相対誤差しか生じない．これに反して加減算では全く事情が異なる．和や差の絶対誤差は，大きいほうの数の精度で決まるので，大きさの異なる数の和や差を不用意に計算すると小さいほうの数の情報が失われてしまうことがよくある．10進6桁の計算では，100＋0.00314159＝100.003となるので，100.003－100＝0.003を計算しても，もとの0.00314159の情報はほとんど失われ，有効数字1桁に落ちてしまう．このように演算によって有効桁数が減少することを**桁落ち**という．

線形最小二乗法においても同じことが言える．ピボット選択によって計算の順序を変更しなければならないのはこのためである．また正規方程式による解法より，QR分解にもとづく解法のほうが，桁落ちが少ないのも同様な理由による．もちろん数値計算においては，この他に計算時間や記憶容量についても考慮することが必要であり，これらを総合的に判断して，適当な解法を選ばなくてはならない．

§4.2　ランクと条件数[31,32]

§4.2.1　ノ　ル　ム

はじめに，ベクトルと行列のノルム(norm)について必要な事柄を学ぼう．ベクトル$\boldsymbol{a}$のノルムとは長さの概念を一般化したもので次の性質を満す．

$$\begin{aligned}&\|\boldsymbol{a}\| \geqq 0\\&\|\boldsymbol{a}\| = 0 \quad \rightleftarrows \quad \boldsymbol{a} = \boldsymbol{0}\\&\|k\boldsymbol{a}\| = |k|\,\|\boldsymbol{a}\| \quad (k\text{は任意の実数})\\&\|\boldsymbol{a}+\boldsymbol{b}\| \leqq \|\boldsymbol{a}\|+\|\boldsymbol{b}\| \quad (\text{三角不等式}).\end{aligned} \tag{4.1}$$

ノルムの定義には種々あるが比較的よく用いられるのは，次の3種である．

$$\begin{aligned}&\|\boldsymbol{a}\|_1 \equiv \sum_{i=1}^{n}|a_i| && L_1\text{ノルム}\\&\|\boldsymbol{a}\|_2 \equiv \left(\sum_{i=1}^{n}a_i{}^2\right)^{1/2} && \text{ユークリッドノルム}(L_2\text{ノルムとも言う})\\&\|\boldsymbol{a}\|_\infty \equiv \max_i|a_i| && \text{一様ノルム}.\end{aligned} \tag{4.2}$$

ユークリッドノルムは，ユークリッド空間での距離そのものであり，直交変換に対して不変であるという性質をもつ．すなわち，

$$\|\boldsymbol{U}\boldsymbol{a}\|_2 = \|\boldsymbol{a}\|_2 \quad \text{ただし} \quad \tilde{\boldsymbol{U}}\boldsymbol{U} = \boldsymbol{U}\tilde{\boldsymbol{U}} = \boldsymbol{I}. \tag{4.3}$$

ユークリッドノルムはベクトルの内積(スカラー積)によって表わせる．すなわ

ち，

$$\|\boldsymbol{a}\|_2{}^2 = \tilde{\boldsymbol{a}}\boldsymbol{a}. \tag{4.4}$$

ユークリッドノルムと内積の間には，次の Schwarz の不等式

$$\|\boldsymbol{a}\|\,\|\boldsymbol{b}\| \geqq |\tilde{\boldsymbol{a}}\boldsymbol{b}| \tag{4.5}$$

が成立する．これは，x に関する 2 次式

$$\|\boldsymbol{a}+x\boldsymbol{b}\|^2 = (\tilde{\boldsymbol{a}}+x\tilde{\boldsymbol{b}})(\boldsymbol{a}+x\boldsymbol{b}) = \|\boldsymbol{b}\|^2x^2+2(\tilde{\boldsymbol{a}}\boldsymbol{b})x+\|\boldsymbol{a}\|^2 \tag{4.6}$$

が負にならないことより，判別式が 0 また負であることから証明される．

他方 $(n\times m)$ 行列 $\boldsymbol{A}$ に対してもノルムを定義することができる．とくにベクトルのノルムにより，

$$\|\boldsymbol{A}\|_p \equiv \max_{\|\boldsymbol{u}\|_p=1} \|\boldsymbol{A}\boldsymbol{u}\|_p \qquad (p=1,2,\infty) \tag{4.7}$$

として定義されたノルムを，ナチュラルノルムまたはベクトルノルム $\|\cdot\|_p$ に従属するノルムという．すなわち，m 次元空間の $\|\boldsymbol{u}\|_p=1$ のベクトル $\boldsymbol{u}$ を行列 $\boldsymbol{A}$ で変換してできた n 次元空間のベクトル $\boldsymbol{A}\boldsymbol{u}$ のノルムの最大値を表わす．ナチュラルノルムでは単位行列 $\boldsymbol{I}$ のノルムは 1 である．この定義から，直ちに，行列のノルムについても (4.1) と同様に，

$$\begin{aligned}
&\|\boldsymbol{A}\|_p \geqq 0\\
&\|\boldsymbol{A}\|_p = 0 \rightleftarrows \boldsymbol{A} = \boldsymbol{0}\\
&\|k\boldsymbol{A}\|_p = |k|\,\|\boldsymbol{A}\|_p\\
&\|\boldsymbol{A}+\boldsymbol{B}\|_p \leqq \|\boldsymbol{A}\|_p+\|\boldsymbol{B}\|_p\\
&\|\boldsymbol{A}\boldsymbol{B}\|_p \leqq \|\boldsymbol{A}\|_p\|\boldsymbol{B}\|_p
\end{aligned} \tag{4.8}$$

が成立する．具体的には，

$$\begin{aligned}
&\|\boldsymbol{A}\|_1 = \max_j \sum_{i=1}^{n}|A_{ij}|\\
&\|\boldsymbol{A}\|_2 = (\boldsymbol{A}\text{ の最大特異値})\\
&\|\boldsymbol{A}\|_\infty = \max_i \sum_{j=1}^{m}|A_{ij}|
\end{aligned} \tag{4.9}$$

となることが，定義から導かれる．特異値については次節で説明する．ベクトルのノルムと，これに従属する行列のノルムとの間には，

$$\|\boldsymbol{A}\boldsymbol{u}\|_p \leqq \|\boldsymbol{A}\|_p\|\boldsymbol{u}\|_p \tag{4.10}$$

の関係が成立する．

ナチュラルノルムでない行列のノルムとしては，フロベニウスノルム $\|\cdot\|_F$ がときどき用いられる．フロベニウスノルムは，

$$\|\boldsymbol{A}\|_F \equiv \left(\sum_{i=1}^{n}\sum_{j=1}^{m}A_{ij}{}^2\right)^{1/2} = [\mathrm{trace}(\tilde{\boldsymbol{A}}\boldsymbol{A})]^{1/2} \tag{4.11}$$

によって定義される．ここで trace はトレース(跡和)とよばれ正方行列の対角成分の和を意味する．これは，$\boldsymbol{A}$ の全要素をベクトルの成分と見なしたときの L_2 ノルムであるから，「行列 $\boldsymbol{A}$ のユークリッドノルム」とも呼ばれる．他方，ベクトルのユークリッドノルムに従属する行列のノルムは，混乱を避けるために「スペクトルノルム」と呼ばれる．

これらどのノルムにおいても，要素の最大絶対値より小さくはなれない．すなわち，

$$\|\boldsymbol{A}\| \geqq \max_{i,j}(|A_{ij}|). \tag{4.12}$$

以下断わりがなければ $p=2$ のノルム(ベクトルはユークリッドノルム，行列はスペクトルノルム)を用いる．行列についても直交変換不変性

$$\|\boldsymbol{UAV}\|_2 = \|\boldsymbol{A}\|_2 \quad \text{ただし} \quad \boldsymbol{U}, \boldsymbol{V} \text{は直交行列} \tag{4.13}$$

が成立する．

§4.2.2 特 異 値

実対称行列 $\boldsymbol{A}(=\tilde{\boldsymbol{A}})$ に対しては，固有値分解

$$\boldsymbol{A} = \boldsymbol{UD}\tilde{\boldsymbol{U}} \tag{4.14}$$

が定義される．ここで $\boldsymbol{U}$ は直交行列，$\boldsymbol{D}$ は対角行列である．$\boldsymbol{D}$ の対角成分を固有値，対応する $\boldsymbol{U}$ の列ベクトルを固有ベクトルと呼ぶ．式(4.14)はまた

$$\tilde{\boldsymbol{U}}\boldsymbol{AU} = \boldsymbol{D} \tag{4.15}$$

とも書かれ，これを行列 $\boldsymbol{A}$ の対角化と呼ぶ．

固有値分解を一般の $(n\times m)$ 実行列 $\boldsymbol{A}$ にいわば拡張したものが，特異値分解

$$\boldsymbol{A} = \boldsymbol{UD}\tilde{\boldsymbol{V}} \tag{4.16}$$

である．ここで $\boldsymbol{U}$ は $(n\times n)$ の直交行列，$\boldsymbol{V}$ は $(m\times m)$ の直交行列，$\boldsymbol{D}$ は $(n\times m)$ の非負の“対角”行列である．式(4.16)はまた

$$\tilde{\boldsymbol{U}}\boldsymbol{AV} = \boldsymbol{D} \tag{4.17}$$

とも書ける．これをシンボリックに示したのが図4.1である．以下 $n \geqq m$ と考える．$\boldsymbol{A}$ を線形最小二乗法のヤコビアン行列とすれば，n はデータ数，m はパ

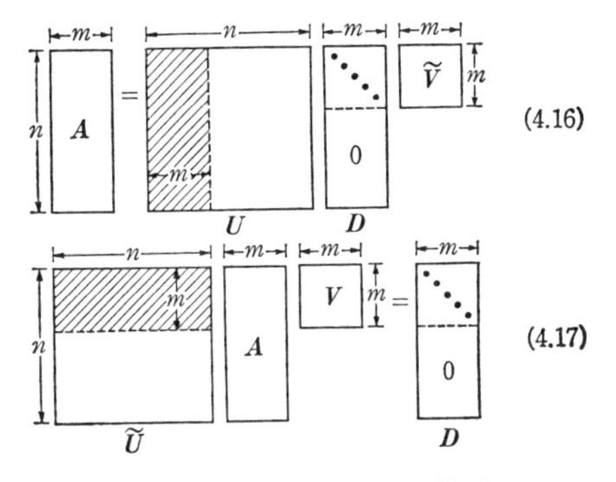

図 4.1 特異値分解($r=m$ の場合)

ラメータ数に対応する.

$\boldsymbol{D}$ の対角要素を行列 $\boldsymbol{A}$ の**特異値**と呼ぶ. 対角要素は大きさの順に並べるのが普通である. すなわち,

$$\mu_1 \geqq \mu_2 \geqq \mu_3 \geqq \cdots \geqq \mu_m. \tag{4.18}$$

対角要素のうち 0 でないものの個数 r は, 行列 $\boldsymbol{A}$ の**ランク** (rank, 階数)に等しい. $r=m$ のとき, すなわちすべての特異値が正のとき, $\boldsymbol{A}$ はフルランク (full-rank, 最大階数)であるという. $r<m$ の場合, $\boldsymbol{A}$ は**特異** (singular) である, もしくは**ランク落ち** (rank deficiency) があるという. このとき, 0 でない最小特異値は μ_r である. 実際の数値計算では丸め誤差があるので, ある小さな数 ε_{T} を定めて, $\varepsilon_{\mathrm{T}}\mu_1$ より小さな特異値は 0 とみなす. ただし, ε_{T} は計算機イプシロン ε_{M} に近い数をとる. このときの r を有効ランクという.

容易にわかるように, スペクトルノルムについては $\|\boldsymbol{A}\|_2=\mu_1$ である.

正規方程式の係数行列のように, $\boldsymbol{B}=\tilde{\boldsymbol{A}}\boldsymbol{A}$ (3.48) の形をした実対称行列 $\boldsymbol{B}$ の固有値分解と, $\boldsymbol{A}$ の特異値分解との間には簡単な関係がある. すなわち

$$\boldsymbol{B} = \tilde{\boldsymbol{A}}\boldsymbol{A} = (\boldsymbol{V}\tilde{\boldsymbol{D}}\tilde{\boldsymbol{U}})(\boldsymbol{U}\boldsymbol{D}\tilde{\boldsymbol{V}}) = \boldsymbol{V}\tilde{\boldsymbol{D}}\boldsymbol{D}\tilde{\boldsymbol{V}}. \tag{4.19}$$

$\tilde{\boldsymbol{D}}\boldsymbol{D}$ は $\boldsymbol{A}$ の特異値の二乗を要素とする対角行列であるから, 上式は $\boldsymbol{B}$ の固有値分解である. したがって, $\boldsymbol{B}$ の固有値は $\boldsymbol{A}$ の特異値の二乗である. また上式より,

$$\mathrm{trace}(\boldsymbol{B}) = \sum_i \sum_j A_{ij}{}^2 = \mathrm{trace}(\boldsymbol{V}\tilde{\boldsymbol{D}}\boldsymbol{D}\tilde{\boldsymbol{V}}) = \mathrm{trace}(\tilde{\boldsymbol{D}}\boldsymbol{D}) = \sum_j \mu_j{}^2. \tag{4.20}$$

式(4.20)では，任意の正方行列 $\boldsymbol{M}_1, \boldsymbol{M}_2$ に対し $\mathrm{trace}(\boldsymbol{M}_1\boldsymbol{M}_2)=\mathrm{trace}(\boldsymbol{M}_2\boldsymbol{M}_1)$ が成立することを用いた．フロベニウスノルムの定義(4.11)より

$$\|\boldsymbol{A}\|_{\mathrm{F}}{}^2 = \mathrm{trace}(\boldsymbol{B}) = \sum_j \mu_j{}^2 \geqq \mu_1{}^2. \tag{4.21}$$

したがって，スペクトルノルムはフロベニウスノルムを越えない，

$$\|\boldsymbol{A}\|_2 \leqq \|\boldsymbol{A}\|_{\mathrm{F}}. \tag{4.22}$$

一般に対称行列 $\boldsymbol{B}$ が，0でない任意のベクトル $\boldsymbol{x}$ に対して $\tilde{\boldsymbol{x}}\boldsymbol{B}\boldsymbol{x}>0$ を満たすとき，**正定値**(positive definite)であるという．正規方程式の係数行列 $\boldsymbol{B}$ は，

$$\tilde{\boldsymbol{x}}\boldsymbol{B}\boldsymbol{x} = \tilde{\boldsymbol{x}}\tilde{\boldsymbol{A}}\boldsymbol{A}\boldsymbol{x} = \|\boldsymbol{A}\boldsymbol{x}\|^2 \geqq 0 \tag{4.23}$$

であるから，$\boldsymbol{A}$ がフルランクであれば正定値である．正定値行列の固有値はすべて正であり，逆もまた成り立つ．

§4.2.3 条 件 数[32)]

一般の$(n\times m)$長方行列 $\boldsymbol{A}$ によって，m 元ベクトル $\boldsymbol{x}$ は，n 元ベクトル $\boldsymbol{y}=\boldsymbol{A}\boldsymbol{x}$ に写像される．$n\geqq m$ かつ $\boldsymbol{A}$ がフルランクの場合に，$\boldsymbol{x}$ の変化 $\delta\boldsymbol{x}$ が $\boldsymbol{y}$ に及ぼす変化 $\delta\boldsymbol{y}=\boldsymbol{A}\delta\boldsymbol{x}$ を考える．変化の相対的な大きさをノルムの比で測ると，$\boldsymbol{x}, \boldsymbol{y}$ がゼロベクトルでないとして

$$\frac{\|\delta\boldsymbol{y}\|}{\|\boldsymbol{y}\|}\bigg/\frac{\|\delta\boldsymbol{x}\|}{\|\boldsymbol{x}\|} = \frac{\|\boldsymbol{A}\delta\boldsymbol{x}\|}{\|\delta\boldsymbol{x}\|}\bigg/\frac{\|\boldsymbol{A}\boldsymbol{x}\|}{\|\boldsymbol{x}\|} \leqq \max_{\|\boldsymbol{u}\|=1}\|\boldsymbol{A}\boldsymbol{u}\|\bigg/\min_{\|\boldsymbol{v}\|=1}\|\boldsymbol{A}\boldsymbol{v}\|. \tag{4.24}$$

上式の右辺を行列 $\boldsymbol{A}$ の**条件数**(condition number)とよび，行列 $\boldsymbol{A}$ に関係した計算の安定性の尺度を与える．スペクトルノルムを用いた場合の条件数 $\kappa(\boldsymbol{A})$ は最大特異値と最小特異値の比である．すなわち

$$\kappa(\boldsymbol{A}) \equiv \mu_1/\mu_m. \tag{4.25}$$

条件数は線形方程式を解く際に丸め誤差が解の誤差として拡大される程度を表わす．条件数が大きい場合，とくに計算機イプシロンの逆数 $\varepsilon_{\mathrm{M}}{}^{-1}$ と同程度もしくはそれ以上である場合，その方程式は**悪条件**であるという．

n 元連立一次方程式

$$\boldsymbol{A}\boldsymbol{x} = \boldsymbol{b} \tag{4.26}$$

を考える．ただし $\boldsymbol{A}$ は$(n\times n)$正則行列とする．この方程式をある方法で解いたところ，丸め誤差のために

$$(\boldsymbol{A}+\delta\boldsymbol{A})(\boldsymbol{x}+\delta\boldsymbol{x}) = \boldsymbol{b}+\delta\boldsymbol{b} \tag{4.27}$$

の解を求めたことになったとする．$\boldsymbol{A}$ の誤差 $\delta\boldsymbol{A}$ と $\boldsymbol{b}$ の誤差 $\delta\boldsymbol{b}$ とが解 $\boldsymbol{x}$ の誤

差 $\delta\boldsymbol{x}$ にどう伝播するか調べよう．その前に，

$$\kappa(\boldsymbol{A}) = \|\boldsymbol{A}\|\,\|\boldsymbol{A}^{-1}\| \tag{4.28}$$

に注意する．$\boldsymbol{A}$ の特異値分解(4.16)より $\boldsymbol{A}^{-1}$ の特異値分解 $\boldsymbol{A}^{-1}=\boldsymbol{V}\boldsymbol{D}^{-1}\tilde{\boldsymbol{U}}$ が得られ，これから $\|\boldsymbol{A}^{-1}\|=\mu_n{}^{-1}$．これを(4.25)に代入して(4.28)を得る．

まず $\delta\boldsymbol{b}$ の影響を考える．$\boldsymbol{A}(\boldsymbol{x}+\delta\boldsymbol{x})=\boldsymbol{b}+\delta\boldsymbol{b}$ より

$$\delta\boldsymbol{x} = \boldsymbol{A}^{-1}\delta\boldsymbol{b}. \tag{4.29}$$

したがって，それぞれの大きさをノルムによって評価すれば，(4.10)より

$$\|\delta\boldsymbol{x}\| \leqq \|\boldsymbol{A}^{-1}\|\,\|\delta\boldsymbol{b}\| \tag{4.30}$$

が成立し，他方(4.26)より

$$\|\boldsymbol{A}\|\,\|\boldsymbol{x}\| \geqq \|\boldsymbol{b}\|. \tag{4.31}$$

(4.30)と(4.31)を組合わせて

$$\frac{\|\delta\boldsymbol{x}\|}{\|\boldsymbol{x}\|} \leqq (\|\boldsymbol{A}\|\,\|\boldsymbol{A}^{-1}\|)\frac{\|\delta\boldsymbol{b}\|}{\|\boldsymbol{b}\|} = \kappa(\boldsymbol{A})\frac{\|\delta\boldsymbol{b}\|}{\|\boldsymbol{b}\|} \tag{4.32}$$

を得る．すなわち，解 $\boldsymbol{x}$ の相対誤差は右辺 $\boldsymbol{b}$ の相対誤差の条件数倍として評価できる．

$\delta\boldsymbol{A}$ の影響については

$$(\boldsymbol{A}+\delta\boldsymbol{A})(\boldsymbol{x}+\delta\boldsymbol{x}) = \boldsymbol{b} \tag{4.33}$$

より，$(\boldsymbol{A}+\delta\boldsymbol{A})$ も正則と仮定して

$$\begin{aligned}\delta\boldsymbol{x} &= [(\boldsymbol{A}+\delta\boldsymbol{A})^{-1}-\boldsymbol{A}^{-1}]\boldsymbol{b} = [\boldsymbol{A}^{-1}\{\boldsymbol{A}-(\boldsymbol{A}+\delta\boldsymbol{A})\}(\boldsymbol{A}+\delta\boldsymbol{A})^{-1}]\boldsymbol{b} \\ &= -\boldsymbol{A}^{-1}\delta\boldsymbol{A}(\boldsymbol{A}+\delta\boldsymbol{A})^{-1}\boldsymbol{b} = -\boldsymbol{A}^{-1}\delta\boldsymbol{A}(\boldsymbol{x}+\delta\boldsymbol{x})\end{aligned} \tag{4.34}$$

が導かれ，これから

$$\|\delta\boldsymbol{x}\| \leqq \|\boldsymbol{A}^{-1}\|\,\|\delta\boldsymbol{A}\|\,\|\boldsymbol{x}+\delta\boldsymbol{x}\|. \tag{4.35}$$

すなわち

$$\frac{\|\delta\boldsymbol{x}\|}{\|\boldsymbol{x}+\delta\boldsymbol{x}\|} \leqq (\|\boldsymbol{A}\|\,\|\boldsymbol{A}^{-1}\|)\frac{\|\delta\boldsymbol{A}\|}{\|\boldsymbol{A}\|} = \kappa(\boldsymbol{A})\frac{\|\delta\boldsymbol{A}\|}{\|\boldsymbol{A}\|}. \tag{4.36}$$

上式は行列 $\boldsymbol{A}$ の誤差の影響も条件数に比例することを示す．

§4.2.4 正規方程式と条件数

線形最小二乗問題は正規方程式(3.26′)を解くことによって解が求められる．重みつきヤコビアン $\boldsymbol{A}'$ と重みつき測定値ベクトル $\boldsymbol{y}'$ とを

$$\boldsymbol{A}' \equiv \boldsymbol{W}^{1/2}\boldsymbol{A},\ \ \boldsymbol{y}' \equiv \boldsymbol{W}^{1/2}\boldsymbol{y} \tag{4.37}$$

と定義すれば，正規方程式は

$$\tilde{\boldsymbol{A}}'\boldsymbol{A}'\boldsymbol{x} = \tilde{\boldsymbol{A}}'\boldsymbol{y}' \tag{4.38}$$

と表わすことができる．本章では，以下簡単のため $\boldsymbol{A}'$ を $\boldsymbol{A}, \boldsymbol{y}'$ を $\boldsymbol{y}$ と書くことにする．式(4.19)と(4.25)より

$$\kappa(\tilde{\boldsymbol{A}}\boldsymbol{A}) = [\kappa(\boldsymbol{A})]^2 \tag{4.39}$$

が導かれる．すなわち，正規方程式(4.38)の解 $\boldsymbol{x}$ への丸め誤差の影響は $\boldsymbol{A}$ の条件数の二乗で与えられる．ヤコビアン $\boldsymbol{A}$ の条件が悪いときには正規方程式の条件はますます悪くなる．

一例として，小さな δ に対し

$$\boldsymbol{A} = \begin{pmatrix} 1 & 1 \\ \delta & 0 \\ 0 & \delta \end{pmatrix} \tag{4.40}$$

の場合を与える．$\boldsymbol{A}$ の条件数は δ^{-1} のオーダーである．一方，正規方程式の係数行列 $\boldsymbol{B}$ は

$$\boldsymbol{B} = \tilde{\boldsymbol{A}}\boldsymbol{A} = \begin{pmatrix} 1+\delta^2 & 1 \\ 1 & 1+\delta^2 \end{pmatrix} \tag{4.41}$$

となり，条件数は δ^{-2} のオーダーとなる．δ^2 が計算機イプシロン ε_{M} より小さければ行列 $\boldsymbol{B}$ は特異と判定される．

他方，$\boldsymbol{A}$ の QR 分解を用いた解法(3.50)では $\tilde{\boldsymbol{Q}}\boldsymbol{Q}=\boldsymbol{I}$ を用いて，

$$\kappa(\boldsymbol{Q}) = 1 \tag{4.42}$$

$$\kappa(\boldsymbol{R}) = \kappa(\boldsymbol{QR}) = \kappa(\boldsymbol{A}) \tag{4.43}$$

であるから，$\boldsymbol{R}$ が正則であれば $\boldsymbol{y}$ の誤差の影響は，

$$\frac{\|\delta\boldsymbol{x}\|}{\|\boldsymbol{x}\|} \leqq \kappa(\boldsymbol{A})\cdot\frac{\|\delta\boldsymbol{y}\|}{\|\boldsymbol{y}\|} \tag{4.44}$$

となり，$\boldsymbol{A}$ の条件数の1乗で評価できる．

$\boldsymbol{A}$ の誤差の影響の評価はかなり複雑である．それは誤差 $\delta\boldsymbol{A}$ が $\boldsymbol{A}$ の列ベクトルで張られた空間の外にずれる可能性があるからである．証明は別書[42,54]にゆずり，ここでは結論のみを与える．

$$\frac{||\delta \boldsymbol{x}||}{||\boldsymbol{x}||} \leqq \frac{\kappa(\boldsymbol{A})}{\sqrt{1-\alpha}}\left[1+\frac{\kappa(\boldsymbol{A})}{\sqrt{1-\alpha}}\cdot\frac{||\boldsymbol{v}||}{||\boldsymbol{A}||\,||\boldsymbol{x}||}\right]\cdot\frac{||\delta\boldsymbol{A}||}{||\boldsymbol{A}||}$$

$$\fallingdotseq \left[\kappa(\boldsymbol{A})+\kappa(\boldsymbol{A})^2\frac{||\boldsymbol{v}||}{||\boldsymbol{A}||\,||\boldsymbol{x}||}\right]\frac{||\delta\boldsymbol{A}||}{||\boldsymbol{A}||}. \tag{4.45}$$

ここで $\boldsymbol{v}$ は残差 $\boldsymbol{y}-\boldsymbol{A}\boldsymbol{x}$ であり，$\alpha\equiv(\sqrt{2}+1)||\boldsymbol{R}^{-1}||\,||\delta\boldsymbol{A}||<1$ と仮定する．この式から，$||\boldsymbol{v}||\ll||\boldsymbol{A}||\,||\boldsymbol{x}||$ ならば $\kappa(\boldsymbol{A})$ に比例するが，残差が大きい場合には $\kappa(\boldsymbol{A})^2$ に比例する成分をもつことがわかる．

§4.3 一 般 逆 行 列[15,36)]

線形最小二乗法は，**一般逆行列**（generalized inverse 擬逆行列ともいう）を用いて統一的に理解することができる．正則な正方行列 $\boldsymbol{M}$ には逆行列 $\boldsymbol{M}^{-1}$ が一意的に定義され $\boldsymbol{M}\boldsymbol{M}^{-1}=\boldsymbol{M}^{-1}\boldsymbol{M}=\boldsymbol{I}$ の性質をもつ．逆行列を長方行列や正則でない正方行列にまで拡張したものが一般逆行列である．

§4.3.1 最小二乗解を与える一般逆行列

$n\times m$ のヤコビアン行列 $\boldsymbol{A}$ をもつ線形最小二乗問題

$$S(\boldsymbol{x})\equiv||\boldsymbol{A}\boldsymbol{x}-\boldsymbol{y}||^2=\text{最小} \tag{4.46}$$

の解が，$\boldsymbol{A}$ によって定まる $m\times n$ 行列 $\boldsymbol{G}$ によって任意の $\boldsymbol{y}$ に対して

$$\boldsymbol{x}=\boldsymbol{G}\boldsymbol{y} \tag{4.47}$$

によって与えられるための条件を求めよう．$\boldsymbol{G}\boldsymbol{y}$ は最小二乗解であるから任意の $\boldsymbol{z}$ に対し

$$S(\boldsymbol{z})-S(\boldsymbol{G}\boldsymbol{y})=||\boldsymbol{A}\boldsymbol{z}-\boldsymbol{y}||^2-||\boldsymbol{A}(\boldsymbol{G}\boldsymbol{y})-\boldsymbol{y}||^2\geqq 0 \tag{4.48}$$

が成立しなければならない．$\boldsymbol{z}=\boldsymbol{G}\boldsymbol{y}+\boldsymbol{w}$ とおくと，上式より

$$||\boldsymbol{A}\boldsymbol{w}||^2+2\tilde{\boldsymbol{y}}(\tilde{\boldsymbol{G}}\tilde{\boldsymbol{A}}-\boldsymbol{I})\boldsymbol{A}\boldsymbol{w}\geqq 0. \tag{4.49}$$

もし $\tilde{\boldsymbol{G}}\tilde{\boldsymbol{A}}\boldsymbol{A}=\boldsymbol{A}$ ならば上式が成立することは明らかである．次に逆を証明する．もし $\tilde{\boldsymbol{G}}\tilde{\boldsymbol{A}}\boldsymbol{A}\neq\boldsymbol{A}$ ならば，$\boldsymbol{u}\equiv\tilde{\boldsymbol{A}}(\boldsymbol{A}\boldsymbol{G}-\boldsymbol{I})\boldsymbol{y}\neq\boldsymbol{0}$ となるような $\boldsymbol{y}$ が少なくとも一つ存在する．このとき，$\boldsymbol{w}=\alpha\boldsymbol{u}$（$\alpha$ は定数）として (4.49) の左辺に代入すれば

$$\alpha^2||\boldsymbol{A}\boldsymbol{u}||^2+2\alpha||\boldsymbol{u}||^2 \tag{4.50}$$

となり，α を適当な負の値にとることによりこれを負とすることができる．したがって $\boldsymbol{x}=\boldsymbol{G}\boldsymbol{y}$ が常に最小二乗解を与えるための必要十分条件は

$$\tilde{\boldsymbol{G}}\tilde{\boldsymbol{A}}\boldsymbol{A}=\boldsymbol{A} \tag{4.51}$$

である．このような $\boldsymbol{G}$ を**最小二乗解を与える一般逆行列**とよび，$\boldsymbol{A}_l^-$ と記す．

次に，条件(4.51)が

$$\boldsymbol{AGA}=\boldsymbol{A} \quad かつ \quad (\widetilde{\boldsymbol{AG}})=\boldsymbol{AG} \tag{4.52}$$

と同値であることを証明する．まず(4.52)を仮定すれば

$$\tilde{\boldsymbol{G}}\tilde{\boldsymbol{A}}\boldsymbol{A}=(\widetilde{\boldsymbol{AG}})\boldsymbol{A}=\boldsymbol{AGA}=\boldsymbol{A} \tag{4.53}$$

であるから(4.51)が得られる．逆に(4.51)が成立すれば，$\boldsymbol{P}=\boldsymbol{AG}$ に対し

$$\tilde{\boldsymbol{P}}\boldsymbol{P}=(\tilde{\boldsymbol{G}}\tilde{\boldsymbol{A}})(\boldsymbol{AG})=(\tilde{\boldsymbol{G}}\tilde{\boldsymbol{A}}\boldsymbol{A})\boldsymbol{G}=\boldsymbol{AG}=\boldsymbol{P} \tag{4.54}$$

および

$$\tilde{\boldsymbol{P}}\boldsymbol{P}=(\tilde{\boldsymbol{G}}\tilde{\boldsymbol{A}})(\boldsymbol{AG})=\tilde{\boldsymbol{G}}(\tilde{\boldsymbol{A}}\boldsymbol{AG})=\tilde{\boldsymbol{G}}\tilde{\boldsymbol{A}}=\tilde{\boldsymbol{P}} \tag{4.55}$$

が成立し，

$$\boldsymbol{P}=\tilde{\boldsymbol{P}}=\boldsymbol{P}^2,\ \boldsymbol{PA}=\tilde{\boldsymbol{P}}\boldsymbol{A}=\tilde{\boldsymbol{G}}\tilde{\boldsymbol{A}}\boldsymbol{A}=\boldsymbol{A}, \tag{4.56}$$

すなわち(4.52)が得られる．

$\boldsymbol{A}$ の列ベクトルを $\boldsymbol{a}_i(i=1,2,\cdots,m)$ とすると，上式は $\boldsymbol{Pa}_i=\boldsymbol{a}_i$ を示している．$\boldsymbol{a}_i$ の任意の線形結合 $\boldsymbol{v}=\sum_{i=1}^{m}\alpha_i\boldsymbol{a}_i$ についても

$$\boldsymbol{Pv}=\boldsymbol{v} \tag{4.57}$$

が成立する．次に $\boldsymbol{a}_i(i=1,2,\cdots,m)$ のすべてと直交するベクトル $\boldsymbol{u}$ を考える．$\tilde{\boldsymbol{a}}_i\boldsymbol{u}=0$ であるから

$$\boldsymbol{Pu}=\tilde{\boldsymbol{P}}\boldsymbol{u}=\tilde{\boldsymbol{G}}\tilde{\boldsymbol{A}}\boldsymbol{u}=0 \tag{4.58}$$

$\boldsymbol{P}$ が(4.57)と(4.58)を満たすとき，$\boldsymbol{P}$ は $\boldsymbol{A}$ の列ベクトルの張る部分空間への射影演算子であるという．

$\boldsymbol{A}$ のランクが m であれば，$\boldsymbol{G}=(\tilde{\boldsymbol{A}}\boldsymbol{A})^{-1}\tilde{\boldsymbol{A}}$ であって一意的であり，この場合は $\boldsymbol{GA}=\boldsymbol{I}_m$ となる．

ランクが m より小である場合には($n<m$ の場合も含めて)，最小二乗解は一意的でない．この場合，$\boldsymbol{Gy}$ が一つの最小二乗解を与えるとき，一般の最小二乗解が $\boldsymbol{Gy}+(\boldsymbol{I}-\boldsymbol{GA})\boldsymbol{z}$ で与えられることを証明する．ただし $\boldsymbol{z}$ は任意の m 元ベクトルである．

まず，$\boldsymbol{A}\{\boldsymbol{Gy}+(\boldsymbol{I}-\boldsymbol{GA})\boldsymbol{z}\}=\boldsymbol{AGy}$ であるから，これが最小二乗解 $\boldsymbol{Gy}$ と同じ二乗和を与えることは明らかである．

逆に，任意の最小二乗解 $\boldsymbol{x}$ に対し，$\boldsymbol{z}=\boldsymbol{x}-\boldsymbol{Gy}$ とおけば，

$$\|A(Gy+z)-y\|^2-\|AGy-y\|^2 = \|Az\|^2+2\tilde{z}\tilde{A}(AGy-y) = \|Az\|^2 = 0. \tag{4.59}$$

したがって $Az=0$ となる．このことを用いて，x は

$$x = Gy+z = Gy+(I-GA)z \tag{4.60}$$

の形に書ける．

§4.3.2　Moore-Penrose の一般逆行列

上に述べたように，ランクがmより小さい場合，最小二乗解は不定であるが，解 x のノルム $\|x\|$ が最小という条件を加えれば，一意的な解を求めることができる．任意の y に対し $x=Gy$ がノルム最小の最小二乗解を与える必要十分条件は，(4.52)に加えて

$$GAG = G, \quad (\widetilde{GA}) = GA \tag{4.61}$$

が成立することである．Gy のノルムが一般最小二乗解(4.60)のノルムより小さいためには，

$$\|Gy+(I-GA)z\|^2-\|Gy\|^2 = \|(I-GA)z\|^2+2\tilde{y}\tilde{G}(I-GA)z \geqq 0 \tag{4.62}$$

が成立することが必要十分であり，これから

$$\tilde{G}GA = \tilde{G} \tag{4.63}$$

が得られ，§4.3.1 の議論と同様にして(4.61)が導かれる．(4.52)と(4.61)の 4 条件を満す G を A の **Moore-Penrose の一般逆行列**とよび，しばしば A^+ と書かれる．

§4.4　修正 Gram-Schmidt 法[42,54]

§4.4.1　古典的 Gram-Schmidt 法

まずはじめに，Gram-Schmidt の直交化を用いて行列 A を QR 分解する方法を示そう．m 個のベクトル $a_1, a_2, \cdots, a_m$ から互いに直交するノルム 1 のベクトル $q_1, q_2, \cdots, q_m$ を構成するには，Gram-Schmidt の直交化 (Gram-Schmidt orthogonalization) という方法が知られている．その手続きは以下のとおりである．まず q_1 としては，a_1 を正規化したものをとる．

$$\begin{aligned} R_{11} &= \|a_1\| \\ q_1 &= a_1/R_{11}. \end{aligned} \tag{4.64}$$

次に $\boldsymbol{q}_2$ としては，$\boldsymbol{a}_2$ から $\boldsymbol{a}_1$ に平行な成分を除いたものを正規化する．

$$\begin{aligned} R_{12} &= \tilde{\boldsymbol{q}}_1\boldsymbol{a}_2 \\ R_{22} &= \|\boldsymbol{a}_2-\boldsymbol{q}_1R_{12}\| \\ \boldsymbol{q}_2 &= (\boldsymbol{a}_2-\boldsymbol{q}_1R_{12})/R_{22}. \end{aligned} \tag{4.65}$$

さらに $\boldsymbol{q}_3$ としては，$\boldsymbol{a}_3$ から $\boldsymbol{a}_1$ と $\boldsymbol{a}_2$ に平行な成分を除いたものを正規化する．

$$\begin{aligned} R_{13} &= \tilde{\boldsymbol{q}}_1\boldsymbol{a}_3 \\ R_{23} &= \tilde{\boldsymbol{q}}_2\boldsymbol{a}_3 \\ R_{33} &= \|\boldsymbol{a}_3-\boldsymbol{q}_1R_{13}-\boldsymbol{q}_2R_{23}\| \\ \boldsymbol{q}_3 &= (\boldsymbol{a}_3-\boldsymbol{q}_1R_{13}-\boldsymbol{q}_2R_{23})/R_{33}. \end{aligned} \tag{4.66}$$

以下同様に続ける．結局，$\boldsymbol{q}_k(2\leqq k\leqq m)$ に対して，

$$\begin{aligned} R_{jk} &= \tilde{\boldsymbol{q}}_j\boldsymbol{a}_k \qquad (1\leqq j\leqq k-1) \\ R_{kk} &= \|\boldsymbol{a}_k-\sum_{j=1}^{k-1}\boldsymbol{q}_jR_{jk}\| \\ \boldsymbol{q}_k &= \left(\boldsymbol{a}_k-\sum_{j=1}^{k-1}\boldsymbol{q}_jR_{jk}\right)/R_{kk} \end{aligned} \tag{4.67}$$

と書ける．$\boldsymbol{q}_i$ が正規直交基底をなしていること，すなわち

$$\tilde{\boldsymbol{q}}_i\boldsymbol{q}_j = \delta_{ij} \tag{4.68}$$

は自明であろう．$(n\times m)$ 行列 $\boldsymbol{A}$ の列ベクトルを $\boldsymbol{a}_1, \boldsymbol{a}_2, \cdots, \boldsymbol{a}_m$ とすれば，$\boldsymbol{q}_1, \boldsymbol{q}_2$ $\cdots, \boldsymbol{q}_m$ を列ベクトルとする行列 $\boldsymbol{Q}$ とは

$$\boldsymbol{A} = \boldsymbol{QR} \tag{4.69}$$

の関係がある．$\boldsymbol{q}_i$ が正規直交系をなしていることから，

$$\tilde{\boldsymbol{Q}}\boldsymbol{Q} = \boldsymbol{I}_m \tag{4.70}$$

となる．$\boldsymbol{A}$ と $\boldsymbol{Q}$ を同一行列に重ね書きしながら古典的 Gram-Schmidt 法を用

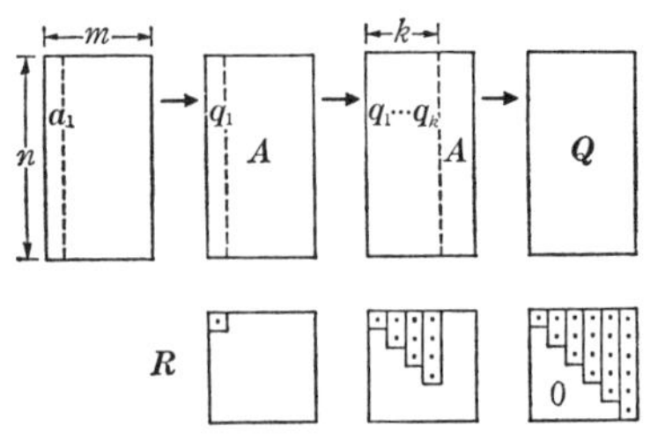

図 4.2　古典的 Gram-Schmidt 直交化法

いた場合，図 4.2 のようになる．

§4.4.2 修正 Gram-Schmidt 法

Björk[42] は，Gram-Schmidt 法を修正して，上三角行列 $\boldsymbol{R}$ の要素を列ごとではなく各行ごとに計算すると丸め誤差が小さくなることを見出した．これを修正 Gram-Schmidt 法という．すなわち，$\boldsymbol{a}_1$ を正規化して $\boldsymbol{q}_1$ とすることは前と同じだが，同時に $\boldsymbol{a}_2, \cdots, \boldsymbol{a}_m$ から $\boldsymbol{a}_1$ に平行な成分をあらかじめ引いておく．すなわち

$$\begin{aligned} &R_{11} = \|\boldsymbol{a}_1\|, \ \ \boldsymbol{q}_1 = \boldsymbol{a}_1/R_{11}, \\ &R_{1j} = \tilde{\boldsymbol{q}}_1\boldsymbol{a}_j, \ \ \boldsymbol{a}_j^{(1)} = \boldsymbol{a}_j - \boldsymbol{q}_1 R_{1j} \qquad (2 \leqq j \leqq m). \end{aligned} \tag{4.71}$$

以上の操作で $\boldsymbol{a}_2^{(1)}, \cdots, \boldsymbol{a}_m^{(1)}$ は $\boldsymbol{q}_1$ と直交している．

次に $\boldsymbol{a}_2^{(1)}$ を正規化し，$\boldsymbol{a}_3^{(1)}, \cdots, \boldsymbol{a}_m^{(1)}$ から $\boldsymbol{a}_2^{(1)}$ に平行な成分を引く，

$$\begin{aligned} &R_{22} = \|\boldsymbol{a}_2^{(1)}\|, \ \ \boldsymbol{q}_2 = \boldsymbol{a}_2^{(1)}/R_{22} \\ &R_{2j} = \tilde{\boldsymbol{q}}_2\boldsymbol{a}_j^{(1)}, \ \ \boldsymbol{a}_j^{(2)} = \boldsymbol{a}_j^{(1)} - \boldsymbol{q}_2 R_{2j}. \qquad (3 \leqq j \leqq m) \end{aligned} \tag{4.72}$$

こうして作った $\boldsymbol{a}_3^{(2)}, \cdots, \boldsymbol{a}_m^{(2)}$ は $\boldsymbol{q}_1$ と $\boldsymbol{q}_2$ に直交している．以下も同様である．修正 **Gram-Schmidt** 法を $\boldsymbol{A}$ と $\boldsymbol{Q}$ を重ね書きしながら実行すると図 4.3 のようになる．

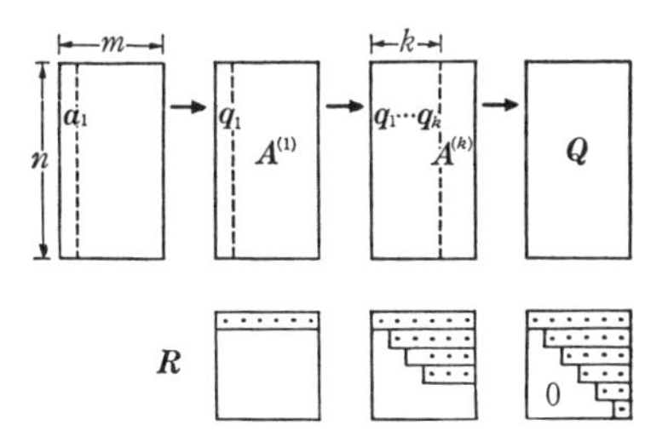

図 4.3 修正 Gram-Schmidt 法

誤差の振舞いを調べるために，$\boldsymbol{q}_2$ が $\boldsymbol{q}_1$ に平行な成分をわずかに含み，$\boldsymbol{q}_2 + \varepsilon\boldsymbol{q}_1$ であったとする．古典的 Gram-Schmidt 法では，$\boldsymbol{q}_2$ と $\boldsymbol{a}_3$ との内積 R_{23} を求める計算は

$$(\tilde{\boldsymbol{q}}_2 + \varepsilon\tilde{\boldsymbol{q}}_1)\boldsymbol{a}_3 = \tilde{\boldsymbol{q}}_2\boldsymbol{a}_3 + \varepsilon\tilde{\boldsymbol{q}}_1\boldsymbol{a}_3 \tag{4.73}$$

となり，第 2 項の誤差を生じる．ところが修正 Gram-Schmidt 法では，R_{23} を求めるのに $\boldsymbol{q}_2$ と $\boldsymbol{a}_3^{(1)} = \boldsymbol{a}_3 - R_{13}\boldsymbol{q}_1$ との内積を計算するので，

$$(\tilde{\boldsymbol{q}}_2 + \varepsilon\tilde{\boldsymbol{q}}_1)(\boldsymbol{a}_3 - R_{13}\boldsymbol{q}_1) = \tilde{\boldsymbol{q}}_2\boldsymbol{a}_3 + \varepsilon\tilde{\boldsymbol{q}}_1\boldsymbol{a}_3 - \varepsilon R_{13} = \tilde{\boldsymbol{q}}_2\boldsymbol{a}_3 \tag{4.74}$$

となり，ちょうど誤差が互いに打消す．これが修正 Gram-Schmidt 法で丸め誤差が小さくなる理由である．とくに $|R_{23}| \ll |R_{13}|$ の場合にはこの効果が大きい．他の要素についても同様である．

§4.4.3　解の計算

ヤコビアン $\boldsymbol{A}$ の QR 分解が与えられれば，(3.55)に示したように，

$$\boldsymbol{Rx} = \boldsymbol{z} \equiv \tilde{\boldsymbol{Q}}\boldsymbol{y} \tag{4.75}$$

を解いて最小二乗解を求めることができる．

上式の右辺の $\tilde{\boldsymbol{Q}}\boldsymbol{y}$ を計算する場合，ただ $\boldsymbol{Q}$ の転置行列をベクトル $\boldsymbol{y}$ に掛けるのではなく，$\boldsymbol{Q}$ の列ベクトル $\boldsymbol{q}_i$ を $\boldsymbol{y}$ に掛けるごとに，$\boldsymbol{y}$ から平行な成分 $(\tilde{\boldsymbol{q}}_i\boldsymbol{y})\boldsymbol{y}$ を引いておく．これにより，修正 Gram-Schmidt 法において $\boldsymbol{q}_i$ の直交性の破れの影響が小さくなるのと同じ理由により，誤差を小さくすることができる．直交性の破れは $\varepsilon_{\mathrm{M}}\kappa(\boldsymbol{A})$ の程度であるが，条件数 $\kappa(\boldsymbol{A})$ が大きい場合には無視できない．

次に方程式 $\boldsymbol{Rx}=\boldsymbol{z}$ を解く．$\boldsymbol{R}$ は上三角行列であるから，次のように後退代入によって解を求めることができる．

$$\begin{aligned} x_m &= z_m/R_{mm} \\ x_{m-1} &= (z_{m-1} - R_{m-1,m}x_m)/R_{m-1,m-1} \\ &\vdots \\ x_1 &= \left(z_1 - \sum_{j=2}^{m} R_{1j}x_j\right)/R_{11} \end{aligned} \tag{4.76}$$

こうして線形最小二乗法の解 $\boldsymbol{x}$ が求められた．

§4.4.4　解の反復改良

QR 分解が求められていれば，**反復改良** (iterative improvement) を用いて，パラメータの推定値 $\boldsymbol{x}$ の精度を高めることができる[32)]．すなわち，残差ベクトル $\boldsymbol{v}=\boldsymbol{y}-\boldsymbol{Ax}$ を新たな右辺として

$$\boldsymbol{R}\delta\boldsymbol{x} = \tilde{\boldsymbol{Q}}\boldsymbol{v} \tag{4.77}$$

を解けば，$\boldsymbol{x}+\delta\boldsymbol{x}$ は改良された解になっている．もし $\boldsymbol{x}$ がすでに十分精度のよい解となっていれば，上式の右辺は0となるはずである．このような改良を $\delta\boldsymbol{x}$ が充分小さくなるまで反復すれば，高精度の解 $\boldsymbol{x}$ を求めることができる．

ただし，$\boldsymbol{Ax}$ や $\tilde{\boldsymbol{Q}}\boldsymbol{v}$ の計算に現われる積和はすべて倍精度で計算することが重要である．積和だけを倍精度にすることにより，反復改良による解 $\boldsymbol{x}$ の誤差

は $\boldsymbol{A}$ や $\boldsymbol{y}$ の入力誤差に由来する誤差と同程度になる．入力誤差とは，$\boldsymbol{A}$ や $\boldsymbol{y}$ を計算機中の有限桁の数値で表現したために生じる誤差のことである．

§4.4.5　ピボット選択とランク落ち

§4.4.2 では $\boldsymbol{a}_1, \boldsymbol{a}_2, \cdots, \boldsymbol{a}_m$ の順に直交化の操作を行なうように説明したが，丸め誤差の影響を小さくして精度を保つには直交化する順序が重要である．$\boldsymbol{a}_j^{(k-1)} (k \leqq j \leqq m)$ のうちノルム最大なものを選ぶ方法もしばしば用いられるが，$\boldsymbol{A}$ の列ベクトル $\boldsymbol{a}_1, \boldsymbol{a}_2, \cdots, \boldsymbol{a}_m$ のノルムがもともと異なっている場合にはよい方法ではない．むしろ直交化の途中におけるノルムの相対減少量によって列を選ぶほうがよい．

最初のステップで $\boldsymbol{a}_1, \boldsymbol{a}_2, \cdots, \boldsymbol{a}_m$ の（ユークリッド）ノルムを計算し，$N_1, \cdots, N_m$ に記憶しておく．その中で最大のノルムの列ベクトルを選択し，これを第1列と入れ替える．このような操作を**ピボット選択**(pivoting)という．列全体を移動するのは大変なので，選択した列番号を別に記憶するだけで実際の入れかえは行なわない．入れ替えた後では，N_1 が最大ノルムとなっている．ここで(4.71)の処理を行なう．行列 $\boldsymbol{R}$ は，$\boldsymbol{A}$ や $\boldsymbol{Q}$ と異なりピボット選択の順番に従って，実際に上三角行列となるよう記憶する．

次のステップでは，$j=2, 3, \cdots, m$ の中で $\|\boldsymbol{a}_j^{(1)}\|/N_j$ が最大値を取る列 j を求め，これを第2列と置きかえる．この列は，$\boldsymbol{a}_1$ に平行な成分の割合が最も少なかった列であるから，新しい軸 $\boldsymbol{q}_2$ をこれから求めるのに適している．こうして(4.72)の処理を行なう．

以下同様にして，k 回目のステップでは，$j=k, k+1, \cdots, m$ の中で，$\|\boldsymbol{a}_j^{(k-1)}\|/N_j$ が最大の列を第 k 列と置き換えて直交化を行なう．その際の相対ノルムの最大値がほとんど0，すなわちある正数 ε_{R} より小さければランク落ちと判定し $\boldsymbol{A}$ の有効ランク r を $(k-1)$ とする．ただし ε_{R} は，計算機イプシロン ε_{M} に近いある数である．このような場合には，$\boldsymbol{a}_j^{(k-1)}$ は，$\boldsymbol{a}_j$ の丸め誤差と同程度であるから，もはや意味のある情報は含んでいないものと考えられる．

もしランク落ちが起こらなかった場合には，行列 $\boldsymbol{A}$ の各列ノルムを1にスケーリングした行列 $\bar{\boldsymbol{A}}$ の条件数 $\kappa(\bar{\boldsymbol{A}})$ を，最後の相対ノルム $\|\boldsymbol{a}_m^{(m-1)}\|/N_m$ の逆数によって評価できる（§4.4.7 参照）．通常 $\kappa(\bar{\boldsymbol{A}}) \leq \kappa(\boldsymbol{A})$ であり，注意深く計算を行なえば丸め誤差の影響は実質的に $\kappa(\bar{\boldsymbol{A}})$ によって決定される．

ランク落ちと判定した場合には，それまでピボットとして選択されなかった列，すなわちピボットとして選択された列と直交する成分の割合が ε_{R} 以下の列は0とみなし，それらの列に対応するパラメータの値は変化させない．すなわち，(4.75)のかわりに

$$\boldsymbol{R}^{*}\boldsymbol{x} = \tilde{\boldsymbol{Q}}\boldsymbol{y} \tag{4.78}$$

を解く．ここで $\boldsymbol{R}^{*}$ は，$\boldsymbol{R}$ の r 行 r 列までの部分三角行列を取り出し，他は0と置いた行列である．$\boldsymbol{x}$ の $r+1$ 番目以降の成分は0とする．$\boldsymbol{R}^{-}$ を，この部分三角行列の逆行列に0を付加したものと定義すると，

$$\boldsymbol{x} = \boldsymbol{R}^{-}\tilde{\boldsymbol{Q}}\boldsymbol{y} = \boldsymbol{G}\boldsymbol{y} \tag{4.79}$$

を計算することになる．そこで，$\boldsymbol{G}=\boldsymbol{R}^{-}\tilde{\boldsymbol{Q}}$ の一般逆行列としての性質を調べよう．図4.4から分かるように，$\boldsymbol{R}\boldsymbol{R}^{-}$ は対角行列で r 番目までの対角項は1，あとは0である．これに対し，$\boldsymbol{R}^{-}\boldsymbol{R}$ は $i \leqq r, j > r$ に対する (i,j) 成分が残り，対角行列にも対称行列にもならない．従って，

$$\boldsymbol{AGA} = (\boldsymbol{QR})(\boldsymbol{R}^{-}\tilde{\boldsymbol{Q}})(\boldsymbol{QR}) = \boldsymbol{QRR}^{-}\boldsymbol{R} = \boldsymbol{QR} = \boldsymbol{A} \tag{4.80 a}$$

$$\boldsymbol{GAG} = (\boldsymbol{R}^{-}\tilde{\boldsymbol{Q}})(\boldsymbol{QR})(\boldsymbol{R}^{-}\tilde{\boldsymbol{Q}}) = \boldsymbol{R}^{-}\boldsymbol{RR}^{-}\tilde{\boldsymbol{Q}} = \boldsymbol{R}^{-}\tilde{\boldsymbol{Q}} = \boldsymbol{G} \tag{4.80 b}$$

$$\boldsymbol{AG} = (\boldsymbol{QR})(\boldsymbol{R}^{-}\tilde{\boldsymbol{Q}}) = \boldsymbol{Q}(\boldsymbol{RR}^{-})\tilde{\boldsymbol{Q}} = (\widetilde{\boldsymbol{AG}}) \tag{4.80 c}$$

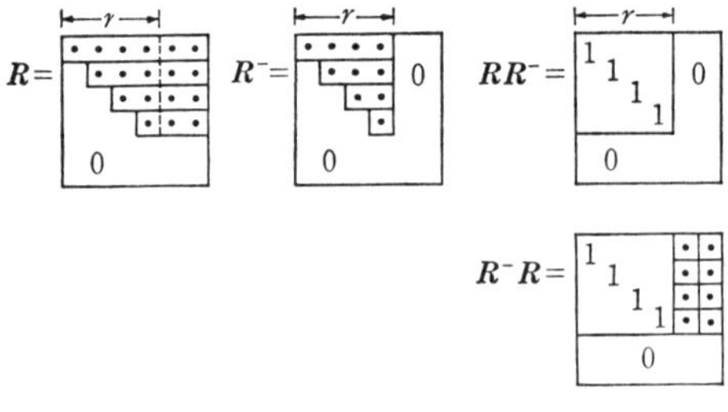

図4.4　ランク落ちの場合の $\boldsymbol{R}$ 行列

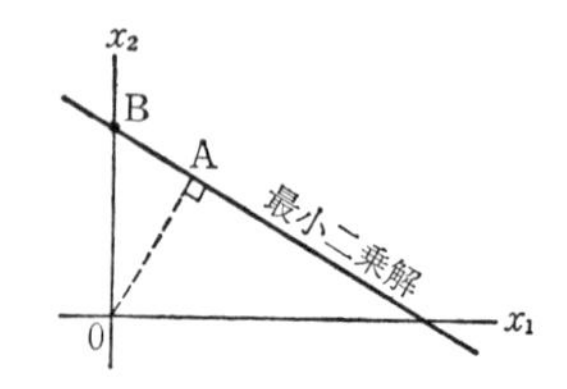

図4.5　ランク落ちの場合のパラメータの決定
A：最小二乗最小ノルム解，B：QR 分解の場合

$$GA = (R^{-}\tilde{Q})(QR) = R^{-}R \neq \widetilde{(R^{-}R)} = \widetilde{(GA)} \qquad (4.80\,\mathrm{d})$$

§4.3 での考察と対応させて考えれば，GA が対称でないことから，こうして求めた x は最小二乗解ではあるが最小ノルム解ではないことがわかる(図 4.5)．

§4.4.6　誤差行列の計算

決定したパラメータの誤差行列 $\Sigma_{\hat{x}}$ は，ランク落ちがなければ正規方程式の係数行列の逆行列に等しい．従って(重みつき)ヤコビアン行列の QR 分解が与えられれば，

$$\Sigma_{\hat{x}} = (\tilde{A}A)^{-1} = (\tilde{R}\tilde{Q}QR)^{-1} = (\tilde{R}R)^{-1} = R^{-1}\tilde{R}^{-1} \qquad (4.81)$$

となり，上三角行列 R のみから計算できる．ここで逆行列 R^{-1} も同じく上三角行列であり，後退代入法により簡単に求めることができる．すなわち

$$\sum_{j=i}^{k} R_{ij}R^{-1}{}_{jk} = \delta_{ik} \qquad (ただし\ i \leqq k) \qquad (4.82)$$

であるから，$i=m, m-1, \cdots, 1$ と逆順で

$$\begin{aligned} R^{-1}{}_{ii} &= 1/R_{ii} \\ R^{-1}{}_{ij} &= -R^{-1}{}_{ii} \sum_{k=i+1}^{j} R_{ik}R^{-1}{}_{kj} \qquad j=i+1, i+2, \cdots, m \end{aligned} \qquad (4.83)$$

を計算すればよい．この計算は R と R^{-1} を同一配列の上三角部分に重ね書きしながら実行することができる．なお，このアルゴリズムは Householder 法でも Cholesky 法でも全く同じである．

§3.7 で論じた計算値の推定誤差行列 $\Sigma_{\hat{y}}$ は，QR 分解を用いて簡単に計算することができる．ここでは A と $A'=W^{1/2}A$ とを区別して

$$\begin{aligned} \Sigma_{\hat{y}} &= A\Sigma_{\hat{x}}\tilde{A} = (W^{-1/2}QR)R^{-1}\tilde{R}^{-1}(\tilde{R}\tilde{Q}W^{-1/2}) \\ &= W^{-1/2}Q\tilde{Q}W^{-1/2}. \end{aligned}$$

とくに，$\Sigma_{\hat{y}}$ の対角成分($\hat{y}_i$ の分散)に注目すれば，W^{-1} の対応する対角成分(y_i の分散)に Q の第 i 行のノルムの 2 乗を掛けたものである．Q の列ベクトルは正規直交であるから

$$(\Sigma_{\hat{y}})_{ii} \leqq (W^{-1})_{ii} = (\Sigma_{y})_{ii}$$

が証明される．このように，QR 分解を用いれば，計算値の推定誤差行列が求められる．ただし次に述べる Householder 法では，Q の具体的な形を $w^{(k)}$ からあらためて計算しない限りこの方法は使えない．

§4.4.7 条件数の推定

相対ノルムによるピボット選択によって，列をスケーリングした行列 $\bar{\boldsymbol{A}}$ の条件数が $\bar{\kappa}=N_m/\|\boldsymbol{a}_m{}^{(m-1)}\|$ によって評価できることを示す．正確に言うと，$\bar{\boldsymbol{A}}$ の条件数は

$$\bar{\kappa} \leqq \kappa(\bar{\boldsymbol{A}}) \leqq \frac{\sqrt{m}}{3}(4^m+6m-1)^{1/2}\bar{\kappa} < \sqrt{m}\,2^{m-1}\bar{\kappa} \qquad (4.84)$$

によって上下限が与えられる．実際には上限に近づくことは稀である．

列のスケーリングによってピボット選択は影響を受けないので，列ベクトルのノルムははじめから1であるとしてよい．この場合，$\bar{\boldsymbol{A}}=\boldsymbol{A}$ の条件数は $\boldsymbol{R}$ の条件数に等しく，$R_{11}=1$，$R_{mm}=1/\bar{\kappa}$ となる．まず

$$\|\boldsymbol{R}\| \geqq 1 \qquad (4.85)$$

はすぐ言える．またピボット選択のアルゴリズムにより

$$R_{ii}{}^2 \geqq \sum_{j=i}^{k} R_{jk}{}^2 \qquad k>i \qquad (4.86)$$

が成り立っているから，

$$\|\boldsymbol{R}\|_{\mathrm{F}}{}^2 = \sum_k \left(\sum_j R_{jk}{}^2\right) \leqq m \qquad (4.87)$$

したがって，(4.85)式と(4.87)式を用いて，

$$1 \leqq \|\boldsymbol{R}\| \leqq \sqrt{m} \qquad (4.88)$$

が証明される．

逆行列 $\boldsymbol{R}^{-1}$ については，$\|\boldsymbol{R}^{-1}\| \geqq |R_{mm}|^{-1}=\bar{\kappa}$ は明らかである．証明は略すが $\|\boldsymbol{R}^{-1}\|_{\mathrm{F}}$ についてはピボット選択のアルゴリズムから

$$\|\boldsymbol{R}^{-1}\|_{\mathrm{F}} \leqq \frac{1}{3}(4^m+6^m-1)^{1/2}\bar{\kappa} \qquad (4.89)$$

と評価できる[35)]．$\kappa(\boldsymbol{A})=\kappa(\boldsymbol{R})=\|\boldsymbol{R}\|\,\|\boldsymbol{R}^{-1}\|$ であるから，以上の結果を組み合わせて(4.84)を得る．

§4.5 Householder 法[35,45)]

§4.5.1 Householder 変換

n 次元空間において，あるベクトル $\boldsymbol{a}$ を別の方向の同じノルムのベクトル $\boldsymbol{b}$ に変換する直交変換には種々あるが，次のような **Householder** 変換（鏡映変換

とも言う)を用いることができる.

まず $\boldsymbol{a}$ と $\boldsymbol{b}$ を結ぶ方向ベクトル $\boldsymbol{w}$ を計算する. すなわち

$$\boldsymbol{w} \equiv (\boldsymbol{b}-\boldsymbol{a})/\|\boldsymbol{b}-\boldsymbol{a}\|. \tag{4.90}$$

ただし, $\|\boldsymbol{a}\|=\|\boldsymbol{b}\|$ であるから

$$\begin{aligned}\|\boldsymbol{b}-\boldsymbol{a}\|^2 &= (\tilde{\boldsymbol{b}}-\tilde{\boldsymbol{a}})(\boldsymbol{b}-\boldsymbol{a}) = \tilde{\boldsymbol{b}}\boldsymbol{b}+\tilde{\boldsymbol{a}}\boldsymbol{a}-2\tilde{\boldsymbol{b}}\boldsymbol{a} \\ &= 2(\tilde{\boldsymbol{a}}-\tilde{\boldsymbol{b}})\boldsymbol{a} \end{aligned} \tag{4.91}$$

変換行列 $\boldsymbol{P}$ は $\boldsymbol{w}$ を用いて

$$\boldsymbol{P} = \boldsymbol{I}-2\boldsymbol{w}\tilde{\boldsymbol{w}} \tag{4.92}$$

と表わすことができる. $\boldsymbol{P}$ は次の性質を持つ.

$$\begin{aligned}\boldsymbol{Pa} &= \boldsymbol{a}-2\boldsymbol{w}(\tilde{\boldsymbol{w}}\boldsymbol{a}) = \boldsymbol{a}-2(\boldsymbol{b}-\boldsymbol{a})[(\tilde{\boldsymbol{b}}-\tilde{\boldsymbol{a}})\boldsymbol{a}]/\|\boldsymbol{b}-\boldsymbol{a}\|^2 \\ &= \boldsymbol{a}+(\boldsymbol{b}-\boldsymbol{a}) = \boldsymbol{b}, \end{aligned} \tag{4.93}$$

$$\boldsymbol{Pb} = \boldsymbol{a}, \tag{4.94}$$

$$\boldsymbol{P}^2 = (\boldsymbol{I}-2\boldsymbol{w}\tilde{\boldsymbol{w}})(\boldsymbol{I}-2\boldsymbol{w}\tilde{\boldsymbol{w}}) = \boldsymbol{I}-4\boldsymbol{w}\tilde{\boldsymbol{w}}+4\boldsymbol{w}(\tilde{\boldsymbol{w}}\boldsymbol{w})\tilde{\boldsymbol{w}} = \boldsymbol{I}. \tag{4.95}$$

このように, $\boldsymbol{P}$ は $\boldsymbol{a}$ を $\boldsymbol{b}$ に, $\boldsymbol{b}$ を $\boldsymbol{a}$ に変換する. 鏡映変換という名はここからきている(図 4.6).

行列 $\boldsymbol{P}$ は n 元ベクトル $\boldsymbol{w}$ によって完全に指定することができる. $\boldsymbol{P}$ をあるベクトル $\boldsymbol{c}$ に掛ける場合にも, P を具体的に作って掛けるのではなく

$$\boldsymbol{Pc} = \boldsymbol{c}-2\boldsymbol{w}(\tilde{\boldsymbol{w}}\boldsymbol{c}) \tag{4.96}$$

によって $\boldsymbol{w}$ から直接計算できる. Householder 変換の応用において行列 $\boldsymbol{P}$ をそのまま使うことはほとんどない.

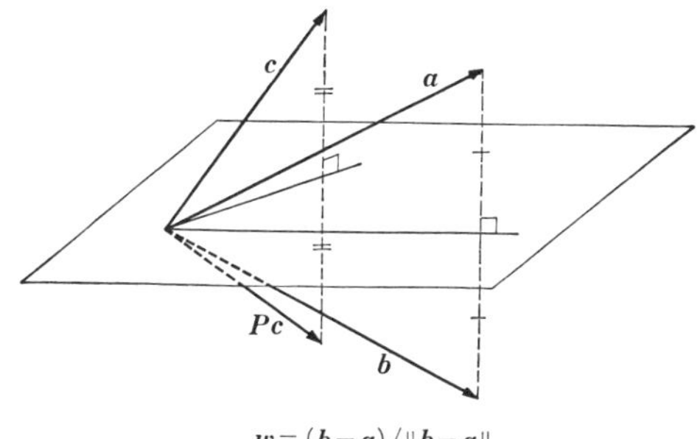

$\boldsymbol{w}=(\boldsymbol{b}-\boldsymbol{a})/\|\boldsymbol{b}-\boldsymbol{a}\|$
$\boldsymbol{P}=\boldsymbol{I}-2\boldsymbol{w}\tilde{\boldsymbol{w}}$

図 **4.6** Householder 変換

§4.5.2　Householder 変換を用いた QR 分解

この変換を用いて(重みつき)ヤコビアン行列 $\boldsymbol{A}$ を上三角行列に変換することができる．あるベクトル $\tilde{\boldsymbol{a}}=(a_1, a_2, \cdots, a_n)$ を第1成分しかないベクトル $\tilde{\boldsymbol{b}}=(b_1, 0, 0\cdots, 0)$ に変換することを考えよう．

ノルムは等しくなければならないから

$$b_1 = \pm\|\boldsymbol{a}\| \tag{4.97}$$

である．符号は，$(\boldsymbol{b}-\boldsymbol{a})$の引算で桁落ちが起こらないように，$a_1$ と異なる符号にとっておくのがよい．

$$\tilde{\boldsymbol{a}}-\tilde{\boldsymbol{b}} = (a_1-b_1, a_2, \cdots, a_k)$$
$$\|\boldsymbol{a}-\boldsymbol{b}\|^2 = \|\boldsymbol{a}\|^2-2a_1b_1+b_1{}^2 = 2b_1(b_1-a_1) \tag{4.98}$$

であるから，$\boldsymbol{a}$ から第1成分だけを変更した $\boldsymbol{a}'=\boldsymbol{a}-\boldsymbol{b}$ と b_1 だけを知れば

$$\boldsymbol{I}_n-2\boldsymbol{w}\tilde{\boldsymbol{w}} = \boldsymbol{I}_n+\boldsymbol{a}'\tilde{\boldsymbol{a}}'/(b_1a'_1) \tag{4.99}$$

によって変換ができる．この方法は $\boldsymbol{a}$ の第1成分にしか手を加えないので，正規化して $\boldsymbol{w}$ を求める方法より計算も早く，誤差の入る恐れも少ない．以下ノルムは1でないが $\boldsymbol{a}'$ のことを Householder 変換ベクトル $\boldsymbol{w}$ と呼ぶことにする．

ヤコビアン $\boldsymbol{A}$ を Householder 変換により QR 分解する方法を示す．まずピボット選択を行なわない場合を説明する．

はじめに，$\boldsymbol{A}$ の第1列ベクトル$(a_{11}, a_{21}, a_{31}, \cdots, a_{n1})$を $\boldsymbol{a}$ として，上の方法により b_1 と $\boldsymbol{w}^{(1)}$(すなわち $\boldsymbol{a}'$)を求める．$\boldsymbol{w}^{(1)}$ は$(a_{11}\pm\|\boldsymbol{a}\|, a_{21}, \cdots, a_{n1})$である．変換 $\boldsymbol{P}^{(1)}=\boldsymbol{I}-\boldsymbol{w}^{(1)}\tilde{\boldsymbol{w}}^{(1)}/(\tilde{\boldsymbol{b}}\boldsymbol{w}^{(1)})$を左から $\boldsymbol{A}$ に掛ければ，$\boldsymbol{A}$ の第1列は$(b_1, 0, 0, \cdots, 0)$となり，第2列以降も変化を受ける．これを $\boldsymbol{A}^{(1)}$ と名づける．以下の変換では，第1行は不変で，これが行列 $\boldsymbol{R}$ の第1行となる．

次に，$\boldsymbol{A}^{(1)}$ の第2列ベクトルの第2成分以下$(0, a_{22}{}^{(1)}, a_{32}{}^{(1)}, \cdots, a_{n2}{}^{(1)})$を $\boldsymbol{a}$ として同様に $\boldsymbol{w}^{(2)}=(0, a_{22}{}^{(1)}\pm\|\boldsymbol{a}\|, a_{32}{}^{(1)}, \cdots, a_{n2}{}^{(1)})$によって変換 $\boldsymbol{P}^{(2)}$ を定義する．$\boldsymbol{A}^{(2)}\equiv\boldsymbol{P}^{(2)}\boldsymbol{A}^{(1)}$ とおけば，$\boldsymbol{A}^{(2)}$ の第1列は不変，第2列は$(a_{21}{}^{(1)}, b_1, 0, \cdots, 0)$となり，第3列以降も変化を受ける．

この操作をm列まで繰り返すと，$\boldsymbol{A}$ は上三角行列 $\boldsymbol{R}$ に変換される(図4.7)．$\boldsymbol{w}^{(1)}, \boldsymbol{w}^{(2)}, \cdots$ は，行列 $\boldsymbol{A}$ の上に重ね書きすることも可能である．ただし，$\boldsymbol{w}^{(i)}$ の第 i 成分$(=a_{ii}{}^{(i-1)}\pm\|\boldsymbol{a}\|)$は $\boldsymbol{R}$ と重なるので別の記憶場所を用意する．こうして，$\boldsymbol{A}$ は上三角行列 $\boldsymbol{R}$ と，m 個の Householder 変換行列の積に分解される．

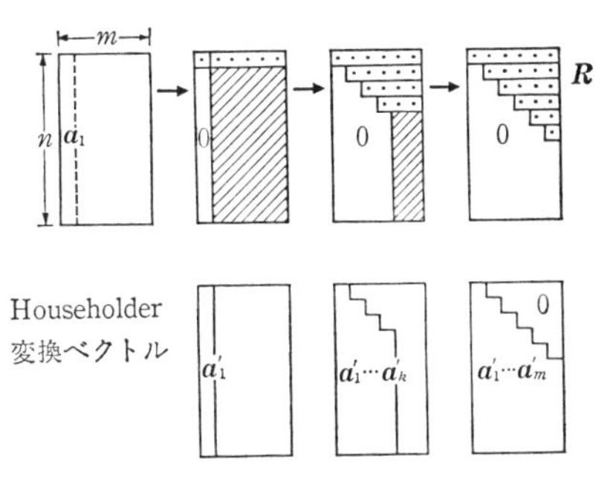

図 **4.7**　Houeholder 法の論理的図式
対角成分を別にすれば，$\boldsymbol{R}$ と $\boldsymbol{a}'_i$ を重ねることもできる.

$$\boldsymbol{A}=\boldsymbol{P}^{(1)}\boldsymbol{P}^{(2)}\cdots\boldsymbol{P}^{(m)}\begin{pmatrix}\boldsymbol{R}\\ \boldsymbol{0}\end{pmatrix}=\boldsymbol{Q}\begin{pmatrix}\boldsymbol{R}\\ \boldsymbol{0}\end{pmatrix} \tag{4.100}$$

$\boldsymbol{P}$ の性質から $\tilde{\boldsymbol{Q}}\boldsymbol{Q}=\boldsymbol{Q}\tilde{\boldsymbol{Q}}=\boldsymbol{I}$ は自明であろう．ただし，$\boldsymbol{Q}$ という行列は実際にはどこにも記憶されていないことに注意してほしい.

修正 Gram-Schmidt 法と Householder 法の 2 種の QR 分解法について述べたが，実は両者は数学的には同値である．$\boldsymbol{Q}$ の j 列と，$\boldsymbol{R}$ の j 行の符号を同時に反転する自由度を除いて両者は等しい．証明は簡単なので読者にまかせる.

§4.5.3　ピボット選択とランク落ち

前節では 1 列目から順に変換するように記述したが，実際には丸め誤差の影響を小さくするために，**ピボット選択**を行なうとよい．修正 Gram-Schmidt 法と同様に，$\|\boldsymbol{a}_j^{(k-1)}\|/N_j\,(j=k,k+1,\cdots,m)$ のうち最大のものを k 列目と置き換え，変換を行なう．$\boldsymbol{a}_j^{(k-1)}$ は，第 j 列ベクトルの第 k 番目以下の成分から成るベクトルである．修正 Gram-Schmidt 法の場合と同じように，$\boldsymbol{R}$ は変換を行なった論理的な順番に従って上三角行列となるように記憶し，配列 $\boldsymbol{A}$ は実際に数値を入れかえることはせずインデックスを用いて論理的に入れかえを記憶すればよい．k 回目のピボット選択の際，見出された最大ノルム比 $\max\limits_{k\leq j\leq m}\|a_j^{(k-1)}\|/N_j$ が ε_{R} より小さければランク落ちと判定し，有効ランクを $k-1$ とする.

§4.5.4　解 の 計 算

修正 Gram-Schmidt 法と同様に，まず

$$\boldsymbol{z}\equiv\tilde{\boldsymbol{Q}}\boldsymbol{y}=\boldsymbol{P}^{(m)}\boldsymbol{P}^{(m-1)}\cdots\boldsymbol{P}^{(1)}\boldsymbol{y} \tag{4.101}$$

を計算し，$\boldsymbol{Rx}=\boldsymbol{z}$ を解く．ピボット選択の処置，反復改良法も修正 Gram-

Schmidt 法と全く同様である．

§4.6　特異値分解法[35,48]

§4.6.1　特異値分解と最小二乗法

特異値分解の定義は§4.2.2で与えた．特異値分解を数値計算によって直接実行し，それによって最小二乗解を得ようとするのが**特異値分解法**である．重みつきヤコビアン行列 $\boldsymbol{A}$ の特異値分解 $\boldsymbol{A}=\boldsymbol{U}\boldsymbol{D}\tilde{\boldsymbol{V}}$ が与えられたとき，Moore-Penrose の一般逆行列 $\boldsymbol{G}$ は

$$\boldsymbol{G} = \boldsymbol{V}\boldsymbol{D}^{+}\tilde{\boldsymbol{U}} \tag{4.102}$$

によって与えられることを示す．ここで $\boldsymbol{D}^{+}$ は $(m\times n)$ の対角行列で，$\boldsymbol{D}$ の対角要素を $\mu_1, \mu_2, \cdots, \mu_m$ としたとき，$\boldsymbol{D}^{+}$ の対角要素は $1/\mu_1, 1/\mu_2, \cdots, 1/\mu_m$ である．$\boldsymbol{A}$ がフルランクでなく，ランクが $r(<m)$ であれば，$\mu_{r+1}=\mu_{r+2}=\cdots=\mu_m=0$ であるが，その場合，対応する $\boldsymbol{D}^{+}$ の対角要素は0とおく．すると，

$$\boldsymbol{AGA} = (\boldsymbol{U}\boldsymbol{D}\tilde{\boldsymbol{V}})(\boldsymbol{V}\boldsymbol{D}^{+}\tilde{\boldsymbol{U}})(\boldsymbol{U}\boldsymbol{D}\tilde{\boldsymbol{V}}) = \boldsymbol{U}\boldsymbol{D}\boldsymbol{D}^{+}\boldsymbol{D}\tilde{\boldsymbol{V}} = \boldsymbol{U}\boldsymbol{D}\tilde{\boldsymbol{V}} = \boldsymbol{A} \tag{4.103 a}$$

$$\boldsymbol{GAG} = (\boldsymbol{V}\boldsymbol{D}^{+}\tilde{\boldsymbol{U}})(\boldsymbol{U}\boldsymbol{D}\tilde{\boldsymbol{V}})(\boldsymbol{V}\boldsymbol{D}^{+}\tilde{\boldsymbol{U}}) = \boldsymbol{V}\boldsymbol{D}^{+}\boldsymbol{D}\boldsymbol{D}^{+}\tilde{\boldsymbol{U}} = \boldsymbol{V}\boldsymbol{D}^{+}\tilde{\boldsymbol{U}} = \boldsymbol{G} \tag{4.103 b}$$

$$\boldsymbol{AG} = \boldsymbol{U}\boldsymbol{D}\boldsymbol{D}^{+}\tilde{\boldsymbol{U}} = (\widetilde{\boldsymbol{AG}}) \tag{4.103 c}$$

$$\boldsymbol{GA} = \boldsymbol{V}\boldsymbol{D}^{+}\boldsymbol{D}\tilde{\boldsymbol{V}} = (\widetilde{\boldsymbol{GA}}) \tag{4.103 d}$$

より，$\boldsymbol{G}$ が $\boldsymbol{A}$ の Moore-Penrose の一般逆行列であることが証明された．従って

$$\hat{\boldsymbol{x}} = \boldsymbol{V}\boldsymbol{D}^{+}\tilde{\boldsymbol{U}}\boldsymbol{y} \tag{4.104}$$

は最小二乗最小ノルム解を与える．

パラメータの誤差行列 $\boldsymbol{\Sigma}_{\hat{x}}$ は，

$$\boldsymbol{\Sigma}_{\hat{x}} = (\tilde{\boldsymbol{A}}\boldsymbol{A})^{-1} = \boldsymbol{V}(\tilde{\boldsymbol{D}}\boldsymbol{D})^{-1}\tilde{\boldsymbol{V}} \tag{4.105}$$

によって与えられる．ランク落ちがある場合には，$(\tilde{\boldsymbol{D}}\boldsymbol{D})^{-1}$ のかわりに $(\tilde{\boldsymbol{D}}\boldsymbol{D})^{+}$ とすればよい．これにより制限されたパラメータ空間内での誤差が与えられる．

$\boldsymbol{y}$ の推定値 $\hat{\boldsymbol{y}}$ の誤差行列は，$\boldsymbol{W}^{1/2}$ をかけていない $\boldsymbol{A}$ (3.45) を用いて

$$\begin{aligned}\boldsymbol{\Sigma}_{\hat{y}} &= \boldsymbol{A}\boldsymbol{\Sigma}_{\hat{x}}\tilde{\boldsymbol{A}} = (\boldsymbol{W}^{-1/2}\boldsymbol{U}\boldsymbol{D}\tilde{\boldsymbol{V}})\boldsymbol{V}(\tilde{\boldsymbol{D}}\boldsymbol{D})^{-1}\tilde{\boldsymbol{V}}(\boldsymbol{V}\tilde{\boldsymbol{D}}\tilde{\boldsymbol{U}}\boldsymbol{W}^{-1/2}) \\ &= \boldsymbol{W}^{-1/2}\boldsymbol{U}[\boldsymbol{D}(\tilde{\boldsymbol{D}}\boldsymbol{D})^{-1}\tilde{\boldsymbol{D}}]\tilde{\boldsymbol{U}}\boldsymbol{W}^{-1/2} = \boldsymbol{W}^{-1/2}\boldsymbol{U}\boldsymbol{P}\tilde{\boldsymbol{U}}\boldsymbol{W}^{-1/2}\end{aligned}$$

ただし $\boldsymbol{P} \equiv \boldsymbol{D}(\tilde{\boldsymbol{D}}\boldsymbol{D})^{-1}\tilde{\boldsymbol{D}}$ は，対角行列で，1 から r までの対角成分は 1，他は 0 である．$\boldsymbol{U}$ が具体的に求まっていれば，これから $\boldsymbol{\Sigma}_{\hat{y}}$ を計算できる．

§4.6.2 二重対角化

実際の特異値分解の数値解法は大きく二つの段階に分けて行なわれる．まず行列 $\boldsymbol{A}$ を **Householder** 変換により二重対角行列(対角要素と上対角要素以外が 0 の行列)に変換する．次に，二重対角行列の形を保ちながら，直交変換により上対角要素をしだいに減少させて対角行列に近づけて行く．なおこの際，直交行列 $\boldsymbol{V}$ は具体的に作るが，$\boldsymbol{U}$ は右辺 $\boldsymbol{y}$ に掛けて行き，行列として残さなくてもよい．

§4.4 では，$\boldsymbol{A}$ の列ベクトルに対する Householder 変換によって $\boldsymbol{A}$ を上三角行列に変換したが，ここでは，列と行に対する Householder 変換を交互に使うことにより，二重対角化を実行する．なおピボット選択は行なわない．

まずはじめに，$\boldsymbol{A}$ の第 1 列が (1,1) 成分だけとなるように変換を行なう．次に (1,1) 成分はそのままで (1,2) 成分以右が (1,2) 成分だけとなるように $\boldsymbol{A}$ の行ベクトルに対して変換を行なう．次には第 2 列について，(2,1) 成分はそのままで (2,2) 成分以下が (2,2) 成分だけとなるよう変換する．以下同様にして，二重対角化が $(2m-2)$ 回の Householder 変換によって実現する(図 4.8)．なお，同時に列に対する変換は $\boldsymbol{y}$ に，行に対する変換は $\boldsymbol{V}$ に($\boldsymbol{V}$ の初期値は $\boldsymbol{I}_m$)も施しておく．以下，対角要素を q_i，上対角要素を e_i($e_1=0$ と定義する)として表す．二重対角行列の下の 0 を切り捨て，$m \times m$ の正方行列 $\boldsymbol{G}$ として扱う．

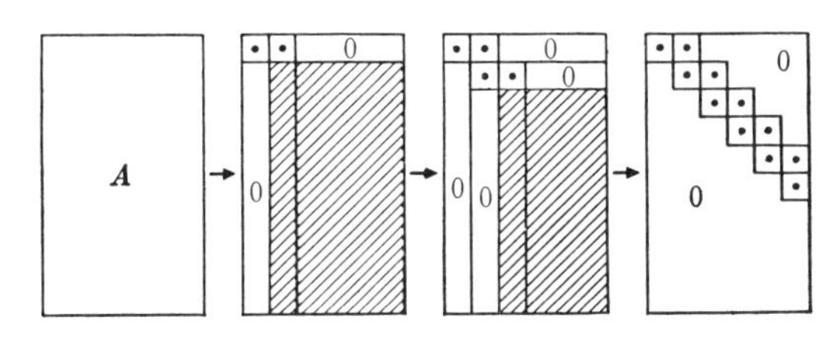

図 4.8　Householder 変換による二重対角化

§4.6.3 *QR* 法による対角化

第 2 段階では上対角要素が減少するように直交変換を繰り返す．ここで直交変換としては，$(k-1)$ 軸と k 軸の間の角 θ_k の回転(Givens 変換)

$$
\boldsymbol{S}_k = \begin{bmatrix} 1 & & & & & & \\ & \ddots & & & & & \\ & & 1 & & & & \\ & & & \cos\theta_k & \sin\theta_k & & \\ & & & -\sin\theta_k & \cos\theta_k & & \\ & & & & & 1 & \\ & & & & & & \ddots \\ & & & & & & & 1 \end{bmatrix} \begin{matrix} \\ \\ \\ \longleftarrow (k-1) \\ \longleftarrow k \\ \\ \\ \\ \end{matrix} \tag{4.106}
$$

を用いる．$\tilde{\boldsymbol{S}}_k$ を左から $\boldsymbol{G}$ に掛けると，$\boldsymbol{G}$ の $(k-1)$ 行と k 行とが互いに混じり合う．一方，θ_k のかわりに φ_k とおいたものを $\boldsymbol{T}_k$ と定義し，$\boldsymbol{T}_k$ を右から掛ければ，$\boldsymbol{G}$ の $(k-1)$ 列と k 列とが混合する．a, b に対し，$\tan\theta = b/a$ とすれば

$$
\begin{pmatrix} \cos\theta & \sin\theta \\ -\sin\theta & \cos\theta \end{pmatrix} \begin{pmatrix} a \\ b \end{pmatrix} = \begin{pmatrix} \pm\sqrt{a^2+b^2} \\ 0 \end{pmatrix} \tag{4.107}
$$

であるから，θ を適当にとることにより，非対角要素を 0 に変換することができる．しかしこの変換により，一般には新たに別の非対角要素が値を持つことになる．

このアルゴリズムで基本となるのは $\boldsymbol{G}$ から $\bar{\boldsymbol{G}}$ への変換

$$
\bar{\boldsymbol{G}} = \tilde{\boldsymbol{S}}_m \tilde{\boldsymbol{S}}_{m-1} \cdots \tilde{\boldsymbol{S}}_2 \boldsymbol{G} \boldsymbol{T}_2 \boldsymbol{T}_3 \cdots \boldsymbol{T}_m \tag{4.108}
$$

である．まず始めは $\boldsymbol{T}_2$ であるが，この回転角 φ_2 は後で決めることにする．T_2 を右から掛けたので，$\boldsymbol{G}$ の第 1 列と第 2 列が変化し，今まで 0 だった (2, 1) 要素が値をもつ．これは余分なので，$\tilde{\boldsymbol{S}}_2$ を左から掛けて (2, 1) 要素が 0 となるようにすることができる．しかし，$\tilde{\boldsymbol{S}}_2$ を左から掛けたので，第 1 行と第 2 行が変化し，今まで 0 だった (1, 3) 要素が値を持つ．次に (1, 3) 成分を消すために $\boldsymbol{T}_3$ を右から掛けると，今度は (3, 2) 要素が生じる．こうして次々操作を続けて行く

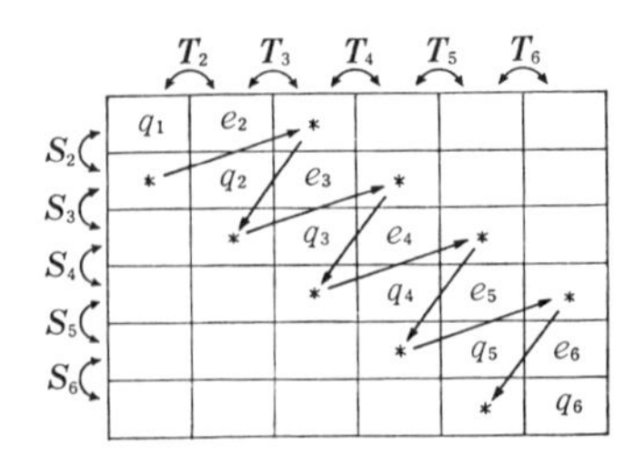

図 4.9　追い込みによる消去の順序

と，最後に$(m, m-1)$成分を消すために左から$\tilde{\boldsymbol{S}}_m$を掛けることになるが，幸い$(m+1)$列は存在しないので，これでもとと同じ二重対角行列の形に戻ることになる(図4.9)．また$\boldsymbol{G}$に対する変換に対応して，変換$\boldsymbol{T}_k$は$\boldsymbol{V}$に左から掛け，$\boldsymbol{S}_k$は$\boldsymbol{y}$に右から掛ける．

このプロセスを追い込み(chasing)と言うが，問題は上対角要素が小さくなるようにφ_2を決めることである．3重対角対称行列$\boldsymbol{M}=\tilde{\boldsymbol{G}}\boldsymbol{G}$を考えれば，追い込みの操作により

$$\bar{\boldsymbol{M}} = \tilde{\boldsymbol{T}}\boldsymbol{M}\boldsymbol{T} \qquad \text{ただし} \quad \boldsymbol{T} = \boldsymbol{T}_2\boldsymbol{T}_3\cdots\boldsymbol{T}_m \tag{4.109}$$

と変化するが，Golubはこの$\boldsymbol{M}\to\bar{\boldsymbol{M}}$の変換が，ちょうど移動量$s$の原点移動を含む$QR$アルゴリズム(4.8参照)，すなわち

$$\begin{aligned} &\boldsymbol{M}-s\boldsymbol{I} = \boldsymbol{T}_s\boldsymbol{R}_s \qquad \tilde{\boldsymbol{T}}_s\boldsymbol{T}_s = \boldsymbol{I}, \qquad \boldsymbol{R}_s \text{は上三角行列} \\ &\boldsymbol{R}_s\boldsymbol{T}_s+s\boldsymbol{I} = \bar{\boldsymbol{M}}_s = \tilde{\boldsymbol{T}}_s\boldsymbol{M}\boldsymbol{T}_s \end{aligned} \tag{4.110}$$

による変換と同一にできることを示した．それには，$\boldsymbol{T}_2$の第1列$(\cos\varphi_2, \sin\varphi_2, 0, 0\cdots)$が$\boldsymbol{M}-s\boldsymbol{I}$の第1列に比例していればよい．原点移動$s$は$\boldsymbol{M}$の最右下の$(2\times2)$の小行列

$$\begin{pmatrix} q_{m-1}{}^2+e_{m-1}{}^2 & q_{m-1}e_m \\ q_{m-1}e_m & q_m{}^2+e_m{}^2 \end{pmatrix} \tag{4.111}$$

の小さいほうの固有値をとる．この方法による収束は極めてよく，ほとんど3次収束に近い．

§4.6.4　行列の分割

実際の計算では，できるだけ小さな行列に分割したほうが収束が速いので，前節で述べた一連のGivens変換による追い込みを行なう前に，必ずすべてのq_iとe_iを調べて0と見なしてよい要素がないかどうかチェックする．

もし$e_i=0$であれば，二つの互いに独立な2重対角行列に分割できる．すなわち

$$\boldsymbol{G} = \begin{pmatrix} \boldsymbol{G}_1 & \boldsymbol{0} \\ \boldsymbol{0} & \boldsymbol{G}_2 \end{pmatrix} \tag{4.112}$$

となる．ここで$\boldsymbol{G}_1$と$\boldsymbol{G}_2$はそれぞれ二重対角行列である．あとは$\boldsymbol{G}_1$と$\boldsymbol{G}_2$をそれぞれ独立に対角化すればよい．

もし一番下の対角項q_mが0とみなせる場合には，列の間の回転により$e_m=$

0とすることができる．まず$(m-1)$列とm列との回転で$e_m=0$となるが$(m-2,m)$要素が生じる．これを$(m-2)$列とm列との回転で0とするが，$(m-3,m)$要素が生じる．こうして次々消して行き，最後に1列とm列の回転で，$(1,m)$要素を消すと，二重対角行列に戻る．この場合$q_m=e_m=0$であるから，特異値0が含まれる．

対角項q_iが0である場合は，そのままでは分割できないが，左からGivens変換を行ない，$e_{i+1}=0$とすることができる．i行と$i+1$行の回転によりe_iすなわち$(i,i+1)$要素を消すと，新たに$(i,i+2)$要素が生じる．(i,i)要素が0なので$(i+1,i)$要素は0のままである．次にi行と$i+2$行の回転により，$(i,i+2)$要素を消し，かわりに$(i,i+3)$要素が生じる．こうして次々消して行き，最後にi行とm行の間で回転して(i,m)要素を消すと，二重対角行列に戻り，かつ$q_i=e_{i+1}=0$となっているので，二つの二重対角行列に分解できる．以上の操作がうまく行くためには，$q_{i+1},\cdots,q_m$に0のものがあってはならない．つまり，$q_m,q_{m-1},\cdots,q_1$の順に0のものをさがして，最初に見つかった0の対角要素について上の処理を行なえばよい．

二つに分割した上のほうの二重対角行列$\boldsymbol{G}_1$の一番下の対角要素(q_i)は0であるから，すでに説明したように，列の間の回転で$e_i=0$とすることができる．

§4.6.5 実際のアルゴリズム

二重対角化後の実際の処理は次のとおりである[35]．まず$q_m=0$なら，$e_m=0$に変換する．次に，$e_m,q_{m-1},e_{m-1},q_{m-2},\cdots$の順に0とみなせる要素を探す．もし$q_{i-1}=0$ならば，$e_i=0$となるように変換する(はじめから$e_i=0$ならそのまま)．これによって$\boldsymbol{G}$は$i$から$m$までが分割された．もし0のものがなければ$i=1$とする．これで分割ができたので，$i$から$m$までの部分行列に対して追い込みを実行する．もし$i=m$，すなわち$e_m=0$ならば，1×1の部分行列がすでに対角化されているので，$q_m=|q_m|$として対角化を終了する．追い込みの後にはe_kは前より小さくなっているので，再び上記と同じように0を探し，もっと小さな分割ができないかを調べる．もし2×2の部分二重対角行列が分離できれば，対角化は1回で終了する．いずれにしても，追い込みのアルゴリズムは，最後の非対角要素が優先的に小さくなるよう設計されているので，高々10回も追い込みを実行すれば，十分な精度で$e_m=0$となる．

$e_m=0$ となったら，次は$(m-1)\times(m-1)$の二重対角行列として，まったく同じ処理を行ない，$e_{m-1}=0$ とする．同様にして，$e_{m-2}=e_{m-3}=\cdots=e_2=0$ となって対角化は完了し，特異値は $q_m, q_{m-1}, \cdots, q_1$ に求まっている．

最後に，特異値を並べかえて $q_1\geqq q_2\geqq\cdots\geqq q_m$ とし，これに対応して直交行列 $\boldsymbol{V}$ も入れかえる．これでアルゴリズムは完了する．

§4.7 Cholesky 法[38)]

§4.7.1 正規方程式を用いる解法

この節では，正規方程式を経由する最小二乗法について述べる．正規方程式(3.27′)の係数行列 $\boldsymbol{B}$ は対称かつ正定値であるから，Gauss の消去法などよりも，この性質を積極的に利用した **Cholesky 法**のほうが，精度もよく計算速度も速い．また．特異値分解に対応するものとして固有値分解についても述べる．

§4.2.4 で述べたように，数値計算の誤差を小さく保つためには，正規方程式は用いないほうがよい．ヤコビアン行列 $\boldsymbol{A}$ がメモリーに入りきらないほど大きい場合や，測定値の重み行列が対角的でない場合(つまり測定値の間の相関を直接取り扱う場合)以外は用いないほうがよい．少くともヤコビアン1個を記憶するメモリーが取れれば，(反復改良なしの)QR 分解法を実行することができる．

§4.7.2 Cholesky 分解

§4.4 および §4.5 で述べたように，重みつきヤコビアン行列 $\boldsymbol{A}$ は $\boldsymbol{A}=\boldsymbol{QR}$ と分解できるから，正規方程式(3.27)の係数行列 $\boldsymbol{B}$ も，三角行列の積の形

$$\boldsymbol{B}=\tilde{\boldsymbol{A}}\boldsymbol{A}=\tilde{\boldsymbol{R}}\tilde{\boldsymbol{Q}}\boldsymbol{QR}=\tilde{\boldsymbol{R}}\boldsymbol{R} \tag{4.113}$$

に分解できるはずである．$\boldsymbol{B}$ から直接 $\boldsymbol{R}$ を求めることを Cholesky 分解という．

$$B_{ij}=\sum_{k=1}^{i}R_{ki}R_{kj} \qquad (i\leqq j) \tag{4.114}$$

が成立するためには，理論的には

$$R_{11}=\sqrt{B_{11}},\ \ R_{1j}=B_{1j}/R_{11} \qquad (j=2,\cdots,m)$$
$$R_{ii}=\left(B_{ii}-\sum_{k=1}^{i-1}R_{ki}{}^{2}\right)^{1/2},\ \ R_{ij}=\left(B_{ij}-\sum_{k=1}^{i-1}R_{ki}R_{kj}\right)/R_{ii}$$
$$(i=2,\cdots,m,\ \ j=i,\cdots,m) \tag{4.115}$$

により $\boldsymbol{R}$ を求めることができる.

§4.7.3 解の計算

正規方程式(3.27)は，Cholesky 分解(4.113)を用いて，次のように解ける. まずはじめに

$$\tilde{\boldsymbol{R}}\boldsymbol{z} = \boldsymbol{b} \tag{4.116}$$

を用いて，ベクトル $\boldsymbol{z}$ を求める. $\tilde{\boldsymbol{R}}$ は下三角行列であるから，前進代入によって解ける. 次に

$$\boldsymbol{R}\boldsymbol{x} = \boldsymbol{z} \tag{4.117}$$

を $\boldsymbol{x}$ について後退代入で解く. 反復改良を行う場合は，残差を $\boldsymbol{b}$ とおいて，上と同じ演算により修正量 $\delta\boldsymbol{x}$ を求める.

三角行列 $\boldsymbol{R}$ は，QR 分解の $\boldsymbol{R}$ 行列と全く同等であるから，§4.4.7 と同様に誤差行列を計算することができる.

§4.7.4 ピボット選択とランク落ち

QR 分解(4.4 と 4.5)では相対ノルム減少量によってピボット選択を行なったが，Cholesky 分解でもこれに対応したピボット選択を行なう. $\boldsymbol{A}$ にランク落ちがある場合には，最小ノルム解に近くなるようなパラメータの組合わせが選べる.

まず第1列を

$$R_{11} = \sqrt{B_{11}},\ \ R_{1j} = B_{1j}/R_{11} \qquad j = 2, 3, \cdots, m \tag{4.118}$$

によって求めた後，B_{ij} から行列 $R_{1i}R_{1j}$ を引き，

$$B_{ij}{}^{(1)} = B_{ij} - R_{1i}R_{1j} \tag{4.119}$$

をつくる. $i=2, \cdots, m$ の対角要素のうち $B_{ii}{}^{(1)}/B_{ii}$ が最大のものを行・列の交換により $B_{22}{}^{(1)}$ に置きかえ，次には

$$R_{22} = \sqrt{B_{22}{}^{(1)}},\ \ R_{2j} = B_{2j}{}^{(1)}/R_{11} \qquad j = 3, 4, \cdots, m \tag{4.120}$$

として R の第2行を求める. このようにして，最初の対角要素の値からの相対減少率の最も少い対角要素を選ぶ. 残っている対角要素のうち $B_{ii}{}^{(k)}/B_{ii}$ の最大値が ε_{R} 以下になったら，ランクを $r=k-1$ と判定する. ε_{R} は ε_{M} に近いある数である.

§4.8 固有値分解法[37,41]

§4.8.1 固有値分解と正規方程式

正規方程式(3.27′)を解くのに，行列 $\boldsymbol{B}$ の固有値分解 $\boldsymbol{B}=\boldsymbol{V}\boldsymbol{E}\tilde{\boldsymbol{V}}$ を用いる方法がある．ここで $\boldsymbol{V}$ は $m\times m$ 直交行列，$\boldsymbol{E}$ は固有値 $\lambda_1, \lambda_2, \cdots, \lambda_m$ を対角要素に持つ対角行列である．上の分解ができれば，直交行列により，解は

$$\hat{\boldsymbol{x}} = \boldsymbol{V}\boldsymbol{E}^{+}\tilde{\boldsymbol{V}}\boldsymbol{b} \tag{4.121}$$

によって与えられる．ここで $\boldsymbol{E}^{+}$ は対角行列 $\boldsymbol{E}$ の一般逆行列であり，0でない固有値のみ逆数をとったものである．これにより，最小ノルム最小二乗解が得られる．特異値分解の場合と同様に，最大固有値の ε_{R} 倍より小さな固有値は0とみなす．求めたパラメータ $\hat{\boldsymbol{x}}$ の誤差行列は

$$\boldsymbol{\Sigma}_{\hat{x}} = \boldsymbol{B}^{+} = \boldsymbol{V}\boldsymbol{E}^{+}\tilde{\boldsymbol{V}} \tag{4.122}$$

によって与えられる．

固有値分解の意義は，誤差行列 $\boldsymbol{\Sigma}_{\hat{x}}$ の主軸変換を計算していることである．行列 $\boldsymbol{V}$ の各列ベクトルは，互いに独立な誤差を持つパラメータの一次結合を示し，対応する固有値 λ_i は，その一次結合の誤差の -2 乗を与える．したがって $\boldsymbol{B}$ の固有値を大きい順に並べれば，誤差行列の主軸を短い順に(すなわち小さな誤差で求まった順に)並べたことになる．固有値0に対応する一次結合は，与えられた測定量からは決定できないパラメータの組み合わせを表す．

固有値を求める計算は必ず反復法となり，計算時間は Cholesky 法よりかなり多く要するが，行列 $\boldsymbol{B}$ にランク落ちが起っている場合に，必要な情報を得ることができる．

§4.8.2 Householder 変換による三重対角化

実対称行列の固有値問題には，従来 Jacobi 法が用いられてきた．現在では，まず三重対角行列，すなわち対角要素とその上下の要素以外は0である行列に変換し，次にこれを三重対角の形を保ちながら対角行列に近づけて行くという2段階の方法が発展し，多くの場合 Jacobi 法より精度・計算時間の点で有利である．その一つとして，ここでは **Householder-$\boldsymbol{QR}$ 法**について述べる．

特異値分解では，行列 $\boldsymbol{A}$ を二重対角行列に変換したが，$\boldsymbol{B}$ は対称行列なので，行と列に同一の Householder 変換を施し，対称性を保ちながら変形する．

まず第1行と第1列を考える．行への変換と列への変換が互いに相手を乱し

てはならない．すなわち，ベクトル$(b, B_{12}, \cdots, B_{1m})$を$(b, B_{12}', 0, \cdots 0)$に変換するものでなければならない．ただし$b$は任意の数，$B_{12}'^2 = B_{12}^2 + B_{13}^2 + \cdots + B_{1m}^2$である．この変換をすべての行と列に作用さそることにより，第1行と第1列は，第3要素以下がすべて0に変換される．

次に，第2列，第2行以下のみについて考え，B_{22}をそのままにして，ベクトル$(b_1, b_2, B_{23}, \cdots, B_{2m})$を$(b_1, b_2, B_{23}', 0, \cdots, 0)$に変換するHouseholder変換を，第2行・第2列以下に作用させる．以下同様である．用いたHouseholder変換は，すべて単位行列I_mに掛け$\boldsymbol{V}$を求めるために記憶しておく(図4.10)．

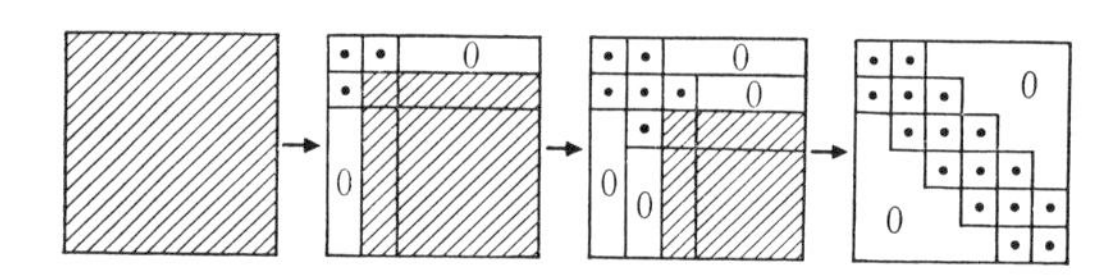

図4.10　Householder変換による三重対角化

§4.8.3　原点移動を含む*QR*法

三重対角行列を対角化する方法には，バイセクション法(スツルム法)，LR法，QR法など種々ある[37-41]が，ここでは**インプリシットな原点移動**(implicit origin shift)を含む***QR*法**について述べる．

QR法は，任意の対称行列$\boldsymbol{B}$(実は非対称でもよいが)に対して，直交行列$\boldsymbol{Q}$と，上三角行列$\boldsymbol{R}$へ分解$\boldsymbol{B} = \boldsymbol{QR}$が与えられると，$\boldsymbol{Q}$による$\boldsymbol{B}$の直交変換$\boldsymbol{B}' = \tilde{\boldsymbol{Q}}\boldsymbol{BQ} = \boldsymbol{RQ}$により，$\boldsymbol{B}$より対角行列に近い$\boldsymbol{B}'$が求まることを用いる．この$QR$分解は，4.4, 4.5で用いたものと本質的に同じであるが，$\boldsymbol{B}$は正方行列なので，$\boldsymbol{Q}$は直交行列となる．$\boldsymbol{B}$が三重対角であれば，$\boldsymbol{B}'$も同じく三重対角形となる．

非対角要素B_{ij}'の小さくなり方は，$\boldsymbol{B}$の固有値λを用いて，λ_i/λ_jにほぼ比例することが知られている．そこで$\boldsymbol{B}$の一つの固有値の近似値λ_0が求められれば，$\boldsymbol{B}$のかわりに$\boldsymbol{B} - \lambda_0 \boldsymbol{I}$に対して$QR$法を用いることにより，収束を加速できる．この固有値に関係する非対角要素の小さくなり方は$(\lambda_i - \lambda_0)/(\lambda_j - \lambda_0)$となり，$\lambda_i \sim \lambda_0$ならば急速に0に近づく．これを原点移動という．しかし$\lambda_0 \boldsymbol{I}$を実際に引くと，桁落ちのため精度を損うことがあるので，インプリシットな原点移動法では，求めようとする固有値に対応する対角項からλ_0を引くだけで，他の対角項からの引算は実際には行なわない．

与えられた三重対角行列 $\boldsymbol{T}$ を次のように書く．

$$\boldsymbol{T}=\begin{bmatrix} d_1 & e_1 & & & \\ e_1 & d_2 & e_2 & & \\ & e_2 & d_3 & \ddots & \\ & & \ddots & d_{m-1} & e_{m-1} \\ & & & e_{m-1} & d_m \end{bmatrix} \tag{4.123}$$

まず，m 番目の(最小の)固有値の近似値として，右下の 2×2 の部分行列の固有値を，2次方程式を解いて求め，小さい方を λ_0 とする．次に，m 行と $m-1$ 行のみを変換する直交行列 $\boldsymbol{P}_m$

$$\boldsymbol{P}_m=\begin{bmatrix} 1 & & & & \\ & \ddots & & 0 & \\ & & 1 & & \\ & 0 & & c & s \\ & & & -s & c \end{bmatrix} \tag{4.124}$$

を求めるのであるが，この $\boldsymbol{P}_m$ の第m行 $(0,0,\cdots,-s,c)$ が，QR 分解

$$\boldsymbol{T}-\lambda_0\boldsymbol{I}=\boldsymbol{QR} \tag{4.125}$$

の $\boldsymbol{Q}$ の第m行と等しくなるようにとる．このためには $c/s=(d_m-\lambda_0)/e_{m-1}$ にとればよい．$\boldsymbol{P}_m$ を両側から掛けた行列 $\boldsymbol{T}^{(m)}=\tilde{\boldsymbol{P}}_m\boldsymbol{T}\boldsymbol{P}_m$ は，$(m-2,m)$ および $(m,m-2)$ 要素を持っており，三重対角形ではない．そこで，Givens 変換を用いて三重対角形に戻す．特異値分解の追い込み(§4.6.3)と同じであるが，左右から同一の変換を掛ける点が異なる．

まず，$m-1$ 行と $m-2$ 行(列も同じ)の回転に対応する変換

$$\boldsymbol{T}^{(m-1)}=\tilde{\boldsymbol{P}}_{m-1}\boldsymbol{T}^{(m)}\boldsymbol{P}_{m-1} \tag{4.126}$$

により，$(m-2,m)$ 要素を消去した行列 $\boldsymbol{T}^{(m-1)}$ をつくる．その代り，$\boldsymbol{T}^{(m-1)}$ は $(m-3,m-1)$ 要素が新たに値をもつ．これを $\boldsymbol{P}_{m-2}$ で消す．このような変換を次々に行ない，最後に $(1,3)$ 要素を $\boldsymbol{P}_2$ によって消せば三重対角に戻る．

以上の変換の積を $\boldsymbol{P}=\boldsymbol{P}_m\boldsymbol{P}_{m-1}\cdots\boldsymbol{P}_3\boldsymbol{P}_1$ とすれば，$\boldsymbol{T}'=\tilde{\boldsymbol{P}}\boldsymbol{T}\boldsymbol{P}$ により，新しい

三重対角行列 $\boldsymbol{T}'$ が求められる．はじめに $\boldsymbol{P}_m$ の第m行を，(4.124)式の $\boldsymbol{Q}$ の第m行に等しくなるようにしてあるので，$\boldsymbol{P}$ は $\boldsymbol{Q}$ と等しくなる．$\boldsymbol{T}'$ は三重対角行列であるが，前に述べたように，$\boldsymbol{T}$ よりも対角行列に近くなっており，少くとも $(m-1, m)$ 要素は0に近いと期待される．もし不十分であれば同じ手順を繰り返す．ついに $(m-1, m)$ 要素が無視できる大きさになれば，固有値の一つ λ_m が得られ，対角化すべき行列は $(m-1)$ 次元に縮小された．そこで縮小された行列に順次 QR 法を適用すれば，ついには対角行列が得られる．この方法では固有値が小さいほうから求める．以上の変換はすべて $\boldsymbol{V}$ にも作用させて固有ベクトルを求める．

§4.9　SALSにおける線形解法の構成[60)]

§4.9.1　線形最小二乗法のまとめ

最小二乗法標準プログラムSALSには，以上に述べた5種の線形最小二乗法を組み込んだ．これらをまとめると表4.1のようになる．以下には，これらの解法に関するプログラムの制御の具体的なことを述べる．

線形解法を制御するのは，SALSのLLSコマンド中の3種のコントロールデータ

LINSOL　　線形最小二乗法の選択
LIMP　　線形最小二乗法中の反復改良の指定
LRANK　　ランク落ちが検出された場合の処置の指定

である．通常の場合，ユーザはPROBLEMコマンド中のLALGO(アルゴリズムの選択)を指定するだけで，これらのコントロール・データは自動的に設定される(§9.3参照)．

§4.9.2　正規方程式を立てない線形解法の管理

SALSにおいては正規方程式を立てずヤコビアンの直接分解を用いる3種の解法が，サブルーチンZLLSAによって管理される．図4.11にZLLSAの処理の流れ図を示す．中間結果の印刷など詳しい点は省略した．

主な機能は次のとおりである．

1)　線形解法の指定(LINSOL)に従って線形解法サブルーチンを呼び出す．

表 4.1

LINSOL	1	2	3	4	5
解法名	修正 Gram-Schmidt 法	Householder 法	特異値分解法	Cholesky 法	固有値分解法
分解過程	$\boldsymbol{A}=\boldsymbol{QR}$	$\boldsymbol{A}=\boldsymbol{P}^{(1)}\boldsymbol{P}^{(2)}\boldsymbol{P}^{(m)}\begin{bmatrix}\boldsymbol{R}\\ \boldsymbol{O}\end{bmatrix}$ $=\boldsymbol{QR}$	$\boldsymbol{A}=\boldsymbol{UD}\tilde{\boldsymbol{V}}$	$\boldsymbol{B}=\tilde{\boldsymbol{R}}\boldsymbol{R}$	$\boldsymbol{B}=\boldsymbol{VE}\tilde{\boldsymbol{V}}$
解の計算	$\boldsymbol{Rx}=\tilde{\boldsymbol{Q}}\boldsymbol{y}$		$\boldsymbol{x}=\boldsymbol{VD}^{+}\tilde{\boldsymbol{U}}\boldsymbol{y}$	$\tilde{\boldsymbol{R}}\boldsymbol{z}=\boldsymbol{b}$ $\boldsymbol{Rx}=\boldsymbol{z}$	$\boldsymbol{x}=\boldsymbol{VE}^{-1}\tilde{\boldsymbol{V}}\boldsymbol{b}$
誤差行列	$\boldsymbol{\Sigma}_{\hat{x}}=\boldsymbol{R}^{-1}\tilde{\boldsymbol{R}}^{-1}$		$\boldsymbol{\Sigma}_{\hat{x}}=\boldsymbol{V}(\tilde{\boldsymbol{D}}\boldsymbol{D})^{-1}\tilde{\boldsymbol{V}}$	$\boldsymbol{\Sigma}_{\hat{x}}=\boldsymbol{R}^{-1}\tilde{\boldsymbol{R}}^{-1}$	$\boldsymbol{\Sigma}_{\hat{x}}=\boldsymbol{VE}^{-1}\tilde{\boldsymbol{V}}$
直交化パラメータ $\boldsymbol{x}'$	$\boldsymbol{\Sigma}_{\hat{x}}=\boldsymbol{V\Sigma}_{D}\tilde{\boldsymbol{V}}$ $\boldsymbol{x}'=\tilde{\boldsymbol{V}}\boldsymbol{x}$		$\boldsymbol{\Sigma}_{D}=(\tilde{\boldsymbol{D}}\boldsymbol{D})^{-1}$ $\boldsymbol{x}'=\tilde{\boldsymbol{V}}\boldsymbol{x}$	$\boldsymbol{\Sigma}_{\hat{x}}=\boldsymbol{V\Sigma}_{D}\tilde{\boldsymbol{V}}$ $\boldsymbol{x}'=\tilde{\boldsymbol{V}}\boldsymbol{x}$	$\boldsymbol{\Sigma}_{D}=\boldsymbol{E}^{-1}$ $\boldsymbol{x}'=\tilde{\boldsymbol{V}}\boldsymbol{x}$
定義	$\boldsymbol{Q}$:列ベクトルが直交 $\boldsymbol{R}$:上三角行列 $\boldsymbol{V}$:直交行列 $\boldsymbol{\Sigma}_{D}$:対角行列	$\boldsymbol{P}^{(i)}$:Householder 変換 $\boldsymbol{Q}$, $\boldsymbol{R}$, $\boldsymbol{V}$, $\boldsymbol{\Sigma}_{D}$ } 同左	$\boldsymbol{U}$:直交行列 $\boldsymbol{D}$:対角(長方)行列 $\boldsymbol{V}$:直交行列	$\boldsymbol{R}$:上三角行列 $\boldsymbol{V}$:直交行列 $\boldsymbol{\Sigma}_{D}$:対角行列	$\boldsymbol{V}$:直交行列 $\boldsymbol{E}$:対角行列

$\boldsymbol{A}$: 重みつきヤコビアン行列((4.37)の $\boldsymbol{A}'$)
$\boldsymbol{B}$: 正規方程式の係数行列

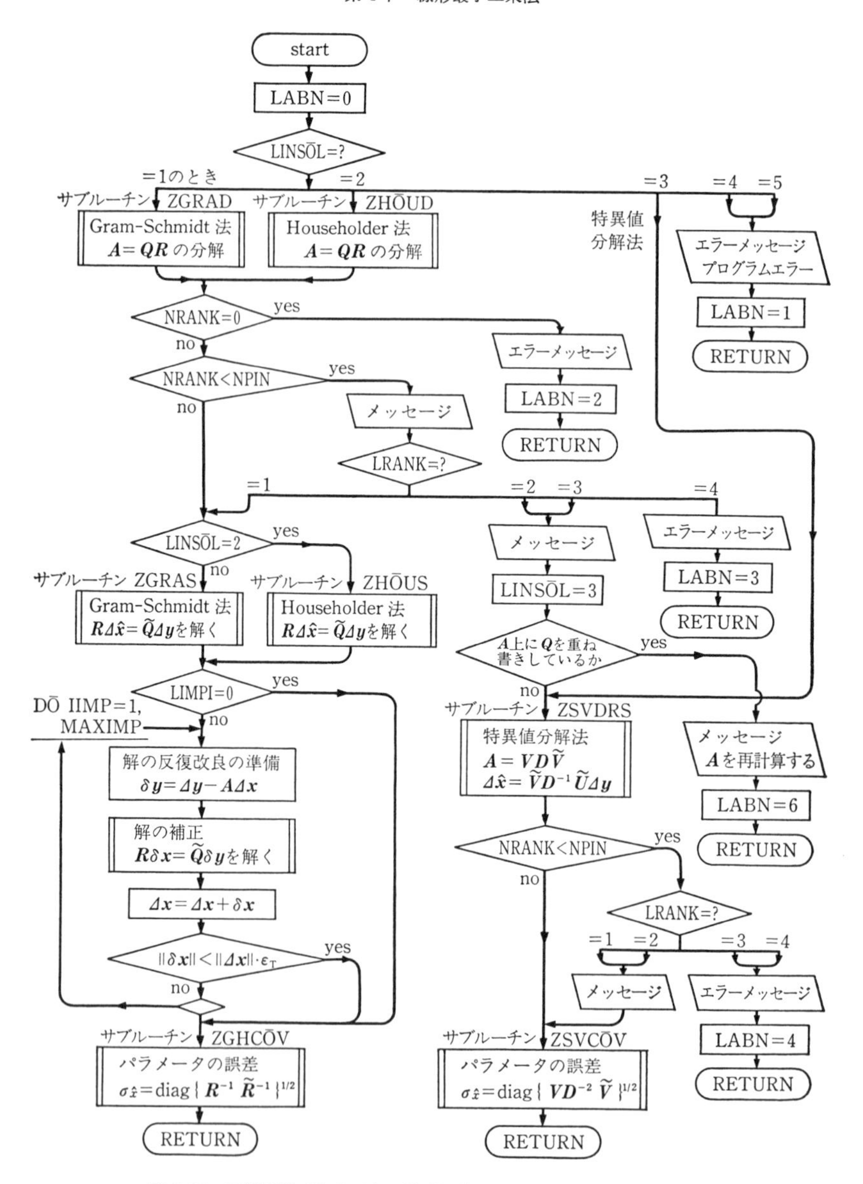

図 4.11　正規方程式を立てない線形解法の管理(サブルーチン ZLLSA)

LINSOL ＝1のとき，修正 Gram-Schmidt 法

＝2のとき，Householder 法

＝3のとき，特異値分解法

2) すべての解法において有効ランク(NRANK)を判定しており，ランク落ち(NRANK＜NPIN)と判定された場合は，LRANK の指定に従って処理する．

LRANK ＝1のとき，その解法で続行．ピボットとして選ばれなかったパラメータを固定して，ランクと等しい次元の部分空間の中で解を求める．

＝2のとき，特異値分解法に切り替えて続行．

＝3のとき，特異値分解法に切り替え，なおランク落ちが生じた場合は，診断情報を出力して停止する．

＝4のとき，診断情報を出力して直ちに停止する．

(特異値分解法の場合は1と2，3と4は同じ)

3) 反復改良の指定(LIMP＞0)がされていれば，QR 分解の結果を利用して，解の反復改良を行ない，丸め誤差の影響をできるだけ小さくおさえる．ε_t は計算機イプシロン ε_M に近い数．

4) パラメータの誤差 σ_x を計算する．LINSOL＝1, 2 では上三角行列 $\boldsymbol{R}$ と同じ位置に $\boldsymbol{R}^{-1}$ をつくる．この段階では，誤差行列 $\boldsymbol{\Sigma}_{\hat{x}}$ 全体の計算は行なわない．$\boldsymbol{\Sigma}_{\hat{x}}$ は，誤差行列の出力が要求された時に，計算する．

§4.9.3 正規方程式の解法の管理

正規方程式を解くための2種の解法は，サブルーチン ZLLSB によって管理される．図 4.12 に ZLLSB の処理の流れ図を示す．

主な機能は次のとおりである．

1) 線形解法の指定(LINSOL)に従って線形解法サブルーチンを呼び出す．

LINSOL ＝4のとき，Cholesky 法

＝5のとき，固有値分解法

2) 両解法において有効ランク(NRANK)を判定しており，ランク落ち(NRANK＜NPIN)と判定された場合には，LRANK の指定に従って処理する．

LRANK ＝1のとき，その解法で続行．ピボットとして選ばれなかったパラメータを固定し，ランクと等しい次元の部分空間の中で解を

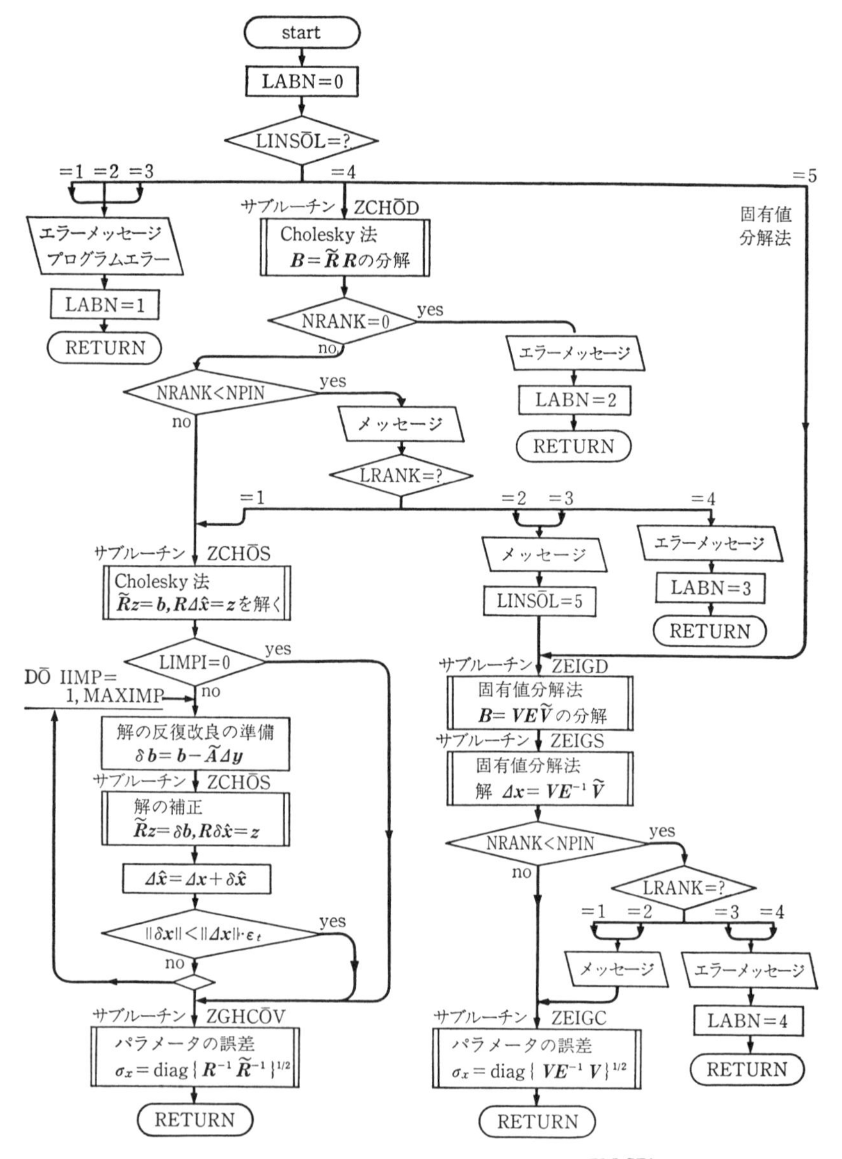

図4.12　正規方程式の解法の管理(サブルーチン ZLLSB)

求める.

＝2のとき，固有値分解法に切り替えて続行.

＝3のとき，固有値分解法に切り替え，なおランク落ちが生じた場合は，診断情報を出力して停止する.

＝4のとき，診断情報を出力して直ちに停止する.

(固有値分解の場合は，1と2，3と4は同じ)

3)　反復改良の指定(LIMP＞0)がされていれば，Cholesky法の分解を用いて線形解法の解の反復改良を行ない，丸め誤差の影響をできるだけ小さくする.

4)　パラメータの誤差σ_xを計算．LINSOL＝4は上三角行列$\boldsymbol{R}$と同じ位置に$\boldsymbol{R}^{-1}$をつくる．この段階では誤差行列$\boldsymbol{\Sigma}_{\hat{x}}$全体の計算は行われない.

§4.10　SALSにおける線形解法の性能

線形最小二乗法の性能を評価することは簡単ではないが，Wamplerのテストを SALS(2.4版)に適用した結果を以下に示し，メーカー提供のプログラムと比較する.

Wampler[56)]は，既存の20余種の最小二乗法プログラムを同一の例題についてテストし，種々の解法の精度を検討した．例としては，次のような5次式へのあてはめを用いた.

(例1)　$y_i = \sum_{j=1}^{6} x_j q_i^{j-1}$　　パラメータの真値　$x_j^0 = 1.0$

(例2)　$y_i = \sum_{j=1}^{6} x_j q_i^{j-1}$　　$x_j^0 = 10^{-(j-1)}$

(例3)　$y_i = \sum_{j=1}^{6} x_j q_i^{j-1} + \varepsilon_i$　　$x_j^0 = 1.0$

ここで横座標q_iは$0, 1, 2, \cdots, 20$の21点をとる．“測定値”y_iは例1，例2では誤差がなく，例3では標準偏差1000の正規誤差ε_iを持たせてある．したがって，例3の解の真値は上記の真値とは異なる.

この問題はヤコビアン行列の条件数が6.4×10^6であり，単精度16進浮動小数計算($\varepsilon_M = 16^{-5} \doteqdot 10^{-6}$)では限界に近いケースである．ただし問題として見た場合，あまりに人工的であり，下手なモデル化の例となっている．たとえばq_iをシフトして$-10\sim10$とすれば，ずっと計算しやすい．また，ヤコビアンの各列のスケールが非常に異なっている点も，計算に難しさを加えている．各列をノルム1にスケールすれば，条件数は6.4×10^2程度である．

この問題を，SALS 2.4版と，多項式あてはめプログラムLESM2[58]で解いた結果を表4.2に示す．解の精度は正解桁数で示した．正解桁数とは $-\log_{10}|(x_j-x_j^0)/x_j^0|$ によって与える．2.0とは，1%の誤差があることを示し，-2.0とは，得られた解が正解の100倍となっていることを示す．LESM2は，正規方

表4.2　最小二乗法の性能比較

(例1)

アルゴリズム	反復回数	正解桁数 x_1	x_2	x_3	x_4	x_5	x_6	平均	残差二乗和
修正 Gram-Schmidt 法	—	1.9	1.5	1.9	2.8	4.0	5.7	3.0	1.995E−02
同上（反復改良）	2	7.2	*	7.2	*	7.2	*	7.2	2.523E−04
Householder 法	—	0.2	0.2	0.7	1.5	2.8	4.5	1.6	8.269E−01
同上（反復改良）	3	*	*	*	*	*	*	*	0.0
特異値分解法[1]	—	0.0	0.0	0.1	0.7	1.8	3.4	1.0	3.655E+02
Cholesky 分解法	—	−3.0	−3.3	−2.9	−2.0	−0.8	0.9	−1.8	6.002E+06
同上（反復改良）	16	−2.8	−3.1	−2.7	−1.8	−0.6	1.2	−1.6	2.295E+06
固有値分解法[2]	—	0.0	−0.3	0.0	0.0	0.9	2.4	0.5	3.018E+05
LESM 2（単精度）	—	−2.9	−3.2	−2.7	−1.8	0.6	1.1	−1.7	2.482E+06
同上（倍精度）	—	7.4	7.1	7.5	8.4	9.7	11.4	8.6	8.505E−15

* は完全正解．
1) 有効ランクを3として計算されている（例2，例3も同じ）．
2) 有効ランクを4として計算されている（例2，例3も同じ）．

(例2)

アルゴリズム	反復回数	正解桁数 x_1	x_2	x_3	x_4	x_5	x_6	平均	残差二乗和
修正 Gram-Schmidt 法	—	6.1	4.5	3.8	3.6	3.8	4.4	4.4	2.205E−10
同上（反復改良）	1	6.1	4.7	4.0	3.8	4.0	4.6	4.5	1.921E−10
Householder 法	—	4.8	4.0	3.5	3.5	3.8	4.5	4.0	2.066E−09
同上（反復改良）	2	6.1	4.7	4.0	3.8	4.0	4.6	4.5	1.921E−10
特異値分解法	—	0.0	0.0	0.1	−1.0	−1.0	−0.4	−0.4	8.838E+00
Cholesky 分解法	—	2.4	1.1	0.6	0.4	0.7	1.4	1.1	7.311E−05
同上（反復改良）	16	2.7	1.4	0.8	0.7	1.0	1.7	1.4	1.994E−05
固有値分解法	—	0.0	0.0	0.1	−1.0	−1.0	−0.4	−0.4	8.850E+00
LESM 2（単精度）	—	1.7	0.5	0.0	0.1	1.3	0.8	0.5	1.097E−03
同上（倍精度）	—	11.5	10.1	9.6	9.4	9.7	10.3	10.1	8.119E−23

(例3)

アルゴリズム	反復回数	正解桁数 x_1	x_2	x_3	x_4	x_5	x_6	平均	残差二乗和[2]
修正 Gram-Schmidt 法	—	$\gtrsim 3\sim5$[1]							15.197
同上 (反復改良)	1								15.197
Householder 法	—								15.197
同上 (反復改良)	2								15.197
特異値分解法	—	0.0	0.0	0.0	0.1	−0.1	2.2	0.3	26.581
Cholesky 分解法	—	0.4	0.1	−0.2	−0.3	−0.8	1.1	0.0	19.33
同上 (反復改良)	16	0.3	−0.1	−0.3	−0.5	−1.0	0.9	−0.1	24.45
固有値分解法	—	0.0	0.0	0.0	0.1	−0.2	2.0	0.3	26.82

1) 正解が分からないので，相互のばらつきから推定.
2) 標準偏差で正規化した.

程式を立て，これをガウス法で解くプログラムである．計算は，筑波大学情報学類のM170システムの最適化FORTRANを用いて実行した.

当然のことながら，正規方程式を用いた解法は正解桁数が負で，全くメチャクチャな解を与えている．QR分解に基づく解法では，反復改良の効果が著しい．これは，例1，例2では，真値で残差二乗和が0となるからであろう．参考のために示したように，LESM2を倍精度(有効数字15～16桁)で実行しても，例1の場合正解桁は8.6であるから，SALSでは単精度でこれに近い結果を得ている．修正Gram-Schmidt法とHouseholder法との間には優劣はつけにくい.

今後の改良点としては，反復改良の打ち切りのアルゴリズムについて考慮する必要がある．現在はノルムの比で判定を行なっているが，$\boldsymbol{x}$の各成分のスケールに違いがある場合には少し工夫が必要であろう.

第5章　非線形最小二乗法

§5.1　非線形最小二乗法のアルゴリズム[30,55]

モデル関数が決定しようとしているパラメータに対して線形でない場合には，**非線形最小二乗法**(nonlinear least squares method)が用いられる．本章では，種々のアルゴリズムを概観した後，SALS で用いられる3種のアルゴリズムについて詳しく解説する．

§5.1.1　一般的最小化[33,34]

最小二乗法とは，§3.2で述べたように，重み付きの残差二乗和

$$S(\boldsymbol{x})=\sum_{i=1}^{n}w_i[y_i-f_i(\boldsymbol{x})]^2 \tag{5.1}$$

を最小にする $\boldsymbol{x}$ を見出すことであるから，単にm変数関数 $S(\boldsymbol{x})$ の最小値を求める問題(最小化または最適化という)と見なすこともできる．一般的な最小化については，Davidon-Fletcher-Powell の可変計量法，共役傾斜法，シンプレックス法などさまざまな方法が知られており，非線形最小二乗法の解法としても用いることができる．しかし，一般的には，$S(\boldsymbol{x})$ が(5.1)のような二乗和の形をしていることを積極的に活用した方法のほうが，収束も早く精度もよい．

最も単純な最小化のアルゴリズムとして，**最急降下法**(method of steepest descent, 最大傾斜法ともいう)が知られている．これは，反復の各回において S の減少が局所的に最大となる方向にそって探索する方法である．$\boldsymbol{x}$ から方向 $\boldsymbol{d}$ にわずか動いたとき，S の変化は

$$S(\boldsymbol{x}+\delta\cdot\boldsymbol{d})=S(\boldsymbol{x})+\delta\left(\sum_{j}d_j\frac{\partial S}{\partial x_j}\right)+O(\delta^2) \tag{5.2}$$

であるから，方向ベクトル $\boldsymbol{d}$ を最急降下方向 $\boldsymbol{g}$

$$d_j = g_j \equiv -\frac{\partial S}{\partial x_j} \tag{5.3}$$

に取れば，距離当り最も大きく S が減少する．したがって，反復の各回において，出発値 $\boldsymbol{x}^{(k)}$ においてSの偏微分を計算して最急降下方向 $\boldsymbol{g}$ を求め，$\boldsymbol{x}^{(k)}$ から方向 $\boldsymbol{g}$ の直線上に極小点を探し $\boldsymbol{x}^{(k+1)}$ とする．

最急降下法は一見もっともらしく見えるが，実際にはよい結果は得られない．最急降下方向 $\boldsymbol{g}$ は，局所的には最良の方向であるが，大局的には必ずしもよい方向でないからである．しかし後の節で述べるように，補助的な情報として最急降下方向を用いることがある．

§5.1.2 Newton 法系の方法[47,55]

$S(\boldsymbol{x})$ が $\boldsymbol{x}=\hat{\boldsymbol{x}}$ で極小値を取れば，

$$\left.\frac{\partial S}{\partial x_j}\right|_{\boldsymbol{x}=\hat{\boldsymbol{x}}} = 0 \qquad (j=1,2,\cdots,m) \tag{5.4}$$

を満たす．(5.4)を満たす点をSの停留点(stationary point)とよぶ．停留点が極小点かどうかは，2階以上の偏微分行列によって決まるが，連立非線形方程式(5.4)の解が求まれば，極小かどうかの判定は困難でない．

非線形方程式を解く方法としては**Newton 法**(Newton-Raphson 法ともいう)が知られている．(5.4)に適用すれば，k 番目の近似値 $\boldsymbol{x}^{(k)}$ に対し，

$$\sum_{k=1}^{m}\frac{\partial^2 S}{\partial x_j \partial x_k}\Delta x_k = -\frac{\partial S}{\partial x_j} \qquad (j=1,2,\cdots,m) \tag{5.5}$$

を $\Delta\boldsymbol{x}$ について解くことにより，次の近似値

$$\boldsymbol{x}^{(k+1)} = \boldsymbol{x}^{(k)} + \Delta\boldsymbol{x} \tag{5.6}$$

が得られる．$\Delta\boldsymbol{x}$ を修正ベクトルとよぶ．(5.1)を代入すれば

$$-\frac{\partial S}{\partial x_j} = 2\sum_i \frac{\partial f_i}{\partial x_j} w_i [y_i - f_i(\boldsymbol{x})] \tag{5.7}$$

$$\frac{\partial^2 S}{\partial x_j \partial x_k} = 2\sum_i \left[\frac{\partial f_i}{\partial x_j} w_i \frac{\partial f_i}{\partial x_k} - \frac{\partial^2 f_i}{\partial x_j \partial x_k} w_i \{y_i - f_i(\boldsymbol{x})\}\right] \tag{5.8}$$

となる．(5.8)を，$m\times m$ 行列とみて，**ヘシアン行列**(Hessian)とよぶ．

Newton 法は，ヘシアン行列が極小点付近で正定値である場合，解 $\hat{\boldsymbol{x}}$ の近傍から出発すれば，二次収束する．すなわち，ある定数 β が存在し，

$$\|\boldsymbol{x}^{(k+1)}-\hat{\boldsymbol{x}}\| \leqq \beta\|\boldsymbol{x}^{(k)}-\hat{\boldsymbol{x}}\|^2 \tag{5.9}$$

が成立する．この反復法は，よい近似値を初期値に選べれば収束は非常に速い．

その反面，極小点のまわりの収束領域が非常に狭いことが多く，また反復の各ステップで $f_i(\boldsymbol{x})$ の2階偏微分を計算する必要があり，このままでは実用的でない．しかし，Newton法は，各種の非線形最小二乗法の基礎となるものであり，すべての実用的な数値解法は，この方法の変種あるいは改良型とみなすことができる．

反復の際，$f_i(\boldsymbol{x}^{(k)})$ および1階偏微分 $\partial f_i/\partial x_k$ のみを直接計算し，これらの情報からヘシアン行列を推定する方法を，一般に準Newton法とよぶ．この方法の中には，ヘシアン行列そのものを推定するGill-Murray法[47]，ヘシアン行列の逆行列を推定するBFGS法，(5.8)の右辺の第1項は1階微分のみなので直接計算して第2項のみを推定するBiggs法等がある．これらについては文献[55]に詳しい．

§5.1.3 Gauss-Newton法系の方法

これに対し，(5.8)の右辺第2項を無視して(5.5)を解く方法を，**Gauss-Newton法**という．この方法は，残差 $(\boldsymbol{y}-\boldsymbol{f}(\boldsymbol{x}))$ が小さいとき，または $\boldsymbol{f}$ の2階微分が小さく線形に近い場合には有効であろうと予想される．ただし，残差が真の解に対し0にならない限り二次収束性はもたない．1階偏微分を(3.49)のようにヤコビアン行列 $\boldsymbol{A}$ で表せば，2階微分を無視した(5.5)は

$$(\tilde{\boldsymbol{A}}\boldsymbol{W}\boldsymbol{A})\Delta\boldsymbol{x} = \tilde{\boldsymbol{A}}\boldsymbol{W}(\boldsymbol{y}-\boldsymbol{f}(\boldsymbol{x})) \tag{5.10}$$

の形に書け，正規方程式と同じ形をとる．以下本章では，$\boldsymbol{W}^{1/2}\boldsymbol{A}$ を $\boldsymbol{A}$, $\boldsymbol{W}^{1/2}\boldsymbol{y}$ を $\boldsymbol{y}$, $\boldsymbol{W}^{1/2}\boldsymbol{f}(\boldsymbol{x})$ を $\boldsymbol{f}(\boldsymbol{x})$ と記し，重み行列を消去した形を用いる．したがって，(5.10)は

$$\tilde{\boldsymbol{A}}\boldsymbol{A}\Delta\boldsymbol{x} = \tilde{\boldsymbol{A}}(\boldsymbol{y}-\boldsymbol{f}(\boldsymbol{x})) = \tilde{\boldsymbol{A}}\boldsymbol{v} \equiv \boldsymbol{b} \tag{5.11}$$

となる．前章で示したように，正規方程式(5.11)を直接用いずに，$\boldsymbol{A}$ の直接分解を用いたほうが精度よく $\Delta\boldsymbol{x}$ を求めることができる．

Gauss-Newton法の変形としては，Marquardt法[49,50]，Powellの最小二乗法[34,52]，Powellのハイブリッド法[53]などがある．後二者においては，ヤコビアン $\boldsymbol{A}$ も直接計算せず，反復過程における $\boldsymbol{f}$ の情報を用いて逐次推定するのが特徴であり，関数値しか与えられない場合には有用である．

以下では，Gauss-Newton 法，Marquardt 法，およびハイブリッド法について詳しく解説する．

§5.2　Gauss-Newton 法[60]

§5.2.1　縮小因子による安定化

Gauss-Newton 法は，初期値 $\boldsymbol{x}^{(0)}$ が真の解から大きく離れていたり，$\boldsymbol{f}(\boldsymbol{x})$ の非線形性が大きい場合には，安定性が悪い．残差二乗和 $S(\boldsymbol{x})$ が反復の各ステップで減少することは保証されていない．このため，種々の安定化が必要である．

安定化の一つの方法として，修正ベクトルに**縮小因子** $\alpha(0<\alpha\leqq 1)$ を導入し，(5.6)のかわりに

$$\boldsymbol{x}^{(k+1)}=\boldsymbol{x}^{(k)}+\alpha\varDelta\boldsymbol{x} \tag{5.12}$$

とおく．α を充分小さくとれば，丸め誤差を無視できる範囲で必ず

$$S(\boldsymbol{x}^{(k+1)})\leqq S(\boldsymbol{x}^{(k)}) \tag{5.13}$$

とすることができる．なぜなら，

$$\begin{aligned}\frac{\partial}{\partial\alpha}S(\boldsymbol{x}^{(k)}+\alpha\varDelta\boldsymbol{x})\bigg|_{\alpha=0}&=\varDelta\tilde{\boldsymbol{x}}\frac{\partial S}{\partial\boldsymbol{x}}\bigg|_{\boldsymbol{x}=\boldsymbol{x}^{(k)}}=-2\varDelta\tilde{\boldsymbol{x}}\tilde{\boldsymbol{A}}(\boldsymbol{y}-\boldsymbol{f})\\&=-2\varDelta\tilde{\boldsymbol{x}}\tilde{\boldsymbol{A}}\boldsymbol{A}\varDelta\boldsymbol{x}=-2\|\boldsymbol{A}\varDelta\boldsymbol{x}\|^2\leqq 0\end{aligned} \tag{5.14}$$

であるから，$\varDelta\boldsymbol{x}$ は $\boldsymbol{x}^{(k)}$ の十分な近傍では $S(\boldsymbol{x})$ を減少させる方向を向いている．このことを $\varDelta\boldsymbol{x}$ は“谷向き”であるという．

問題は α のとり方である．α を小さくすれば安定になるが，収束は遅くなる．SALS では $\alpha=2^{-l}(l=0,1,\cdots)$ を用い，(5.13)が成立するまで α を半分にしてゆく．反復の次のステップでは，前回の最終の α が 1/2 以下ならその 2 倍を出発値として用いる．これにより，非線形性が大きい場合には α が小さく，線形に近づくにつれて α が大きくなるよう調節される．無限ループに入らないよう α に下限を設け，下限でも(5.13)が成立しない場合にはその回の反復は失敗とし，失敗の回数がある上限を越えたら異常終了とする．

§5.2.2　収束判定

非線形方程式の反復法による解法では，反復の停止則，すなわち**収束規準** (convergence criterion)が問題である．判定条件を厳しくすれば精度の高い解

が求まるかというと必ずしもそうは言えず，丸め誤差による精度以上を要求すると無限ループに入ってしまうことがある．逆に判定条件をゆるくしすぎると真の解に到達しない前に反復が打切られてしまう．

SALSでは，前回から今回への，二乗和の減少量 $\varDelta S=S(\boldsymbol{x}^{(k-1)})-S(\boldsymbol{x}^{(k)})$ と，縮小因子を掛けない修正ベクトル $\varDelta \boldsymbol{x}$ によって収束を判定している．すなわち

$$\begin{cases} \varDelta S \leqq (1+S(\boldsymbol{x}^{(k)}))*\varepsilon_f \\ |\varDelta x_j| \leqq \varepsilon_{x_j} \qquad j=1,2,\cdots,m \end{cases} \tag{5.15}$$

のすべてが成立した場合に収束したとする．ε_f や ε_{x_j} は利用者が一々与えることもできるが，SALSの標準は

$$\begin{aligned} \varepsilon_f &= \max\{\sqrt{\varepsilon_{\mathrm{M}}}, 10^{-4}\} \qquad && \varepsilon_{\mathrm{M}}\text{は計算機イプシロン} \\ \varepsilon_{x_j} &= \max\{\varepsilon_x \hat{\sigma}_{x_j}, \varepsilon_{\mathrm{M}}|x_j|\} \qquad && \varepsilon_x\text{は利用者が与える(標準値}\,10^{-3}) \end{aligned} \tag{5.16}$$

である．$\hat{\sigma}_{x_j}$ は，この段階での各パラメータの推定標準偏差である．§4.4.6で述べたように，線形最小二乗法では必ず $\hat{\sigma}_{x_j}$(つまり誤差行列の対角要素)だけは計算するようにしている．

また事実上収束していても，実際には丸め誤差のため二乗和が前よりわずか増加することもありうる．そこで，

$$S(\boldsymbol{x}^{(k)}) < S(\boldsymbol{x}^{(k)}+\alpha\varDelta \boldsymbol{x}) \leqq (1+\varepsilon_f)S(\boldsymbol{x}^{(k)}) \tag{5.17}$$

が成立している場合は，警告メッセージを出した後に，二乗和が減少した場合と同じ扱いをしている．

図5.1に，SALSにおけるGauss-Newton法の処理の概要を示す．変数DAMPは縮小因子 α のことである．線形解法は，ヤコビアンの直接分解による解法(§4.4, §4.5, §4.6)と，正規方程式による解法(§4.7, §4.8)で大きく分かれている．フローチャートには，本節で説明しなかったパラメータの束縛や種々の打ち切り条件も記してある．

§5.3 修正Marquardt法[46,49,50,60]

§5.3.1 Marquardt法

前節では，Gauss-Newton法を安定化するために縮小因子を用いた．これに対して，Levenberg[49] とMarquardt[50] は，正規方程式(5.11)の係数行列の対

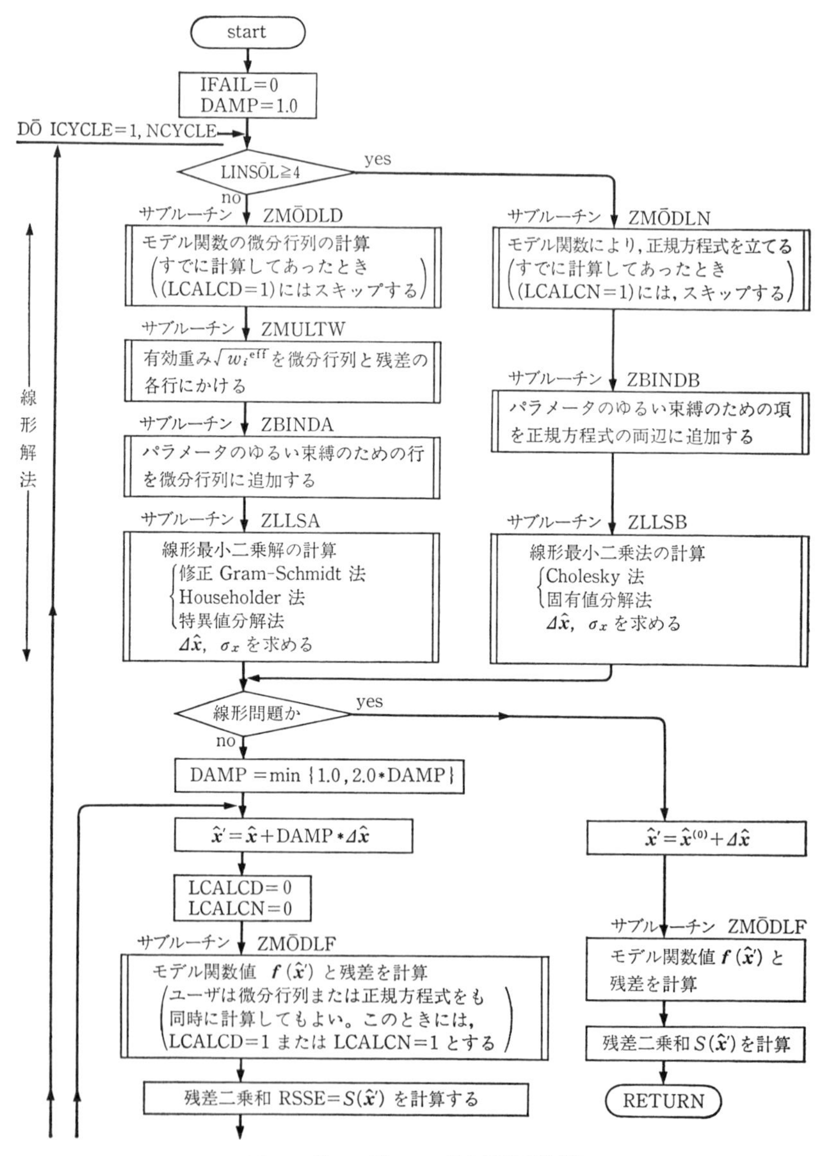

図 5.1　Gauss-Newton 法の処理の概要①

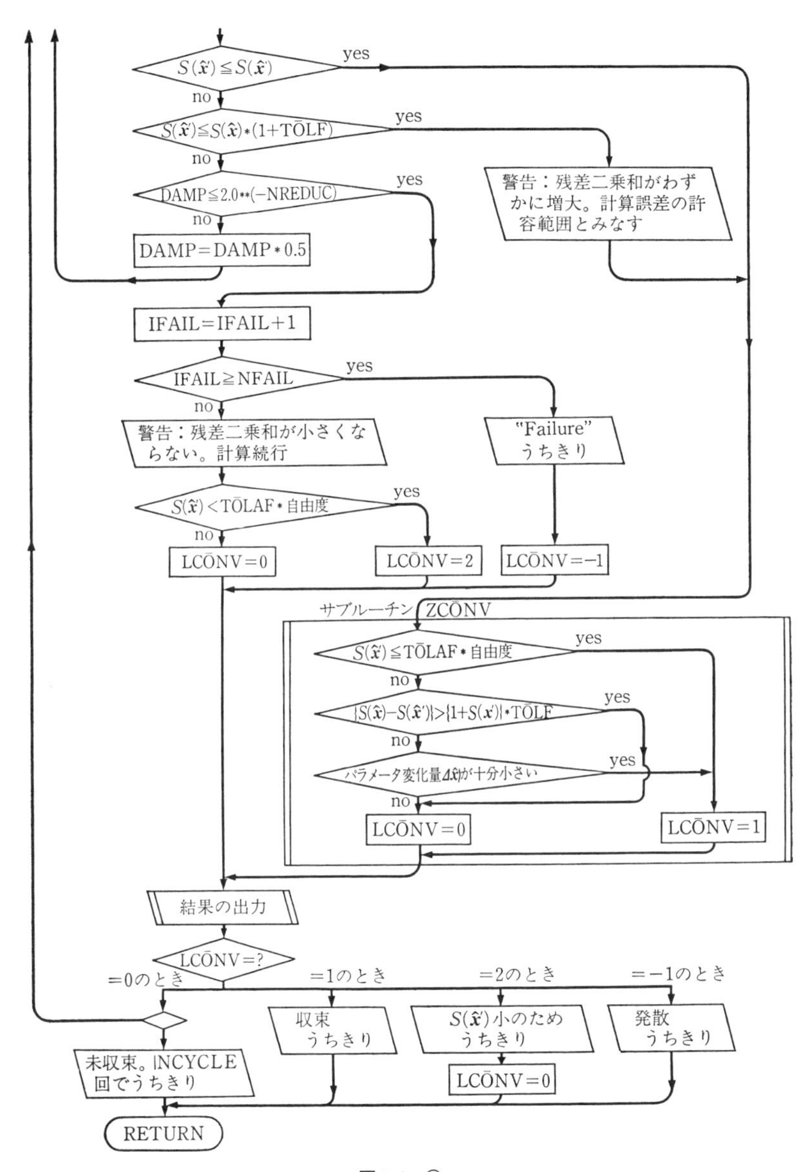

S(x̂′)≦S(x̂)
yes
no
S(x̂′)≦S(x̂)*(1+TŌLF)
yes
no
DAMP≦2.0**(−NREDUC)
yes
no
DAMP=DAMP*0.5
警告：残差二乗和がわずかに増大。計算誤差の許容範囲とみなす
IFAIL=IFAIL+1
IFAIL≧NFAIL
yes
no
警告：残差二乗和が小さくならない。計算続行
"Failure" うちきり
S(x̂′)<TŌLAF*自由度
yes
no
LCŌNV=0
LCŌNV=2
LCŌNV=−1
サブルーチン ZCŌNV
S(x̂′)≦TŌLAF*自由度
yes
no
{S(x̂)−S(x̂′)}>{1+S(x̂′)}*TŌLF
yes
no
パラメータ変化量Δx̂が十分小さい
yes
no
LCŌNV=0
LCŌNV=1
結果の出力
LCŌNV=?
=0のとき
=1のとき
=2のとき
=−1のとき
収束 うちきり
S(x̂)小のため うちきり
発散 うちきり
LCŌNV=0
未収束。INCYCLE 回でうちきり
RETURN

図 5.1 ②

角要素に付加項を加えて，修正ベクトル $\boldsymbol{\Delta x}$ を

$$(\tilde{\boldsymbol{A}}\boldsymbol{A}+\lambda\boldsymbol{I})\boldsymbol{\Delta x}=\boldsymbol{b} \tag{5.18}$$

から計算することを提案した．$\boldsymbol{I}$ は単位行列，λ は0または正の数である．したがって

$$\boldsymbol{\Delta x}=(\tilde{\boldsymbol{A}}\boldsymbol{A}+\lambda\boldsymbol{I})^{-1}\boldsymbol{b} \tag{5.19}$$

となる．$\lambda=0$ ならば Gauss-Newton 法そのものであり，$\lambda\gg\|\tilde{\boldsymbol{A}}\boldsymbol{A}\|$ ならば

$$\boldsymbol{\Delta x}\doteqdot\lambda^{-1}\boldsymbol{b} \tag{5.20}$$

となる．これは S の最急降下方向(5.3)に他ならない．したがって，この方法は Gauss-Newton 法と最急降下法との折衷である．解から遠く離れ，非線形性の影響が大きい場合には λ を大きくし，解に近づくにつれて λ を小さくすれば安定にかつ早く解を求めることができる．これを **Marquardt 法**という．

ここで $\boldsymbol{\Delta x}$ を λ の関数 $\boldsymbol{\Delta x}(\lambda)$ として，その性質を調べる．まず，λ が増大するにつれて，$\|\boldsymbol{\Delta x}(\lambda)\|$ が減少することを示す．(5.18)を λ について微分すれば

$$\boldsymbol{\Delta x}(\lambda)+(\tilde{\boldsymbol{A}}\boldsymbol{A}+\lambda\boldsymbol{I})\frac{d\boldsymbol{\Delta x}(\lambda)}{d\lambda}=0 \tag{5.21}$$

$$\therefore\ \frac{d\boldsymbol{\Delta x}(\lambda)}{d\lambda}=-(\tilde{\boldsymbol{A}}\boldsymbol{A}+\lambda\boldsymbol{I})^{-1}\boldsymbol{\Delta x} \tag{5.22}$$

となる．したがって，

$$\frac{d}{d\lambda}\|\boldsymbol{\Delta x}(\lambda)\|^2=2\Delta\tilde{\boldsymbol{x}}\frac{d\boldsymbol{\Delta x}}{d\lambda}=-2\Delta\tilde{\boldsymbol{x}}(\tilde{\boldsymbol{A}}\boldsymbol{A}+\lambda\boldsymbol{I})^{-1}\boldsymbol{\Delta x}<0. \tag{5.23}$$

すなわち，$\|\Delta x\|$ は λ が0から増大するにつれて単調に減少することが示された．λ は一種の縮小因子としての働きを持っている．

さらに，λ が増大するにつれて，$\boldsymbol{\Delta x}(\lambda)$ は最急降下方向 $\boldsymbol{g}=\boldsymbol{b}$ に近づく．すなわち，$\boldsymbol{g}$ と $\boldsymbol{\Delta x}(\lambda)$ の成す角を $\phi(\lambda)$ とおくと，

$$\cos\phi(\lambda)=\frac{\tilde{\boldsymbol{g}}\boldsymbol{\Delta x}(\lambda)}{\|\boldsymbol{g}\|\ \|\boldsymbol{\Delta x}(\lambda)\|}. \tag{5.24}$$

これから，Schwarz の不等式(4.5)を用いて

$$\frac{d}{d\lambda}\cos\phi(\lambda)\geqq 0 \tag{5.25}$$

が証明される．証明は読者の演習問題としよう．以上2つの性質により，λ を十分大きくすれば，必ずより小さい二乗和の点が見出せることが保証される．

λが小さい場合，$\|\Delta\boldsymbol{x}(\lambda)\|$は$\lambda$につれてほぼ直線上を動くことが多い．$\tilde{\boldsymbol{A}}\boldsymbol{A}$の固有値分解

$$\tilde{\boldsymbol{A}}\boldsymbol{A}=\boldsymbol{U}\boldsymbol{E}\tilde{\boldsymbol{U}},\quad \boldsymbol{E}=\begin{pmatrix} e_1 & & \boldsymbol{0} \\ & e_2 & \\ & & \ddots \\ \boldsymbol{0} & & e_m \end{pmatrix},\quad \boldsymbol{U}=(\boldsymbol{u}_1,\boldsymbol{u}_2,\cdots\boldsymbol{u}_m) \tag{5.26}$$

を考えると，

$$(\tilde{\boldsymbol{A}}\boldsymbol{A}+\lambda\boldsymbol{I})^{-1}=\boldsymbol{U}\begin{pmatrix} (e_1+\lambda)^{-1} & & \boldsymbol{0} \\ & (e_2+\lambda)^{-1} & \\ & & \ddots \\ \boldsymbol{0} & & (e_m+\lambda)^{-1} \end{pmatrix}\tilde{\boldsymbol{U}} \tag{5.27}$$

であるから，$e_1 \geqq e_2 \geqq \cdots \geqq e_{m-1} \gg e_m$であれば，$\lambda \ll e_{m-1}$を満たす$\lambda$に対しては，

$$\Delta\boldsymbol{x}(\lambda) \fallingdotseq \boldsymbol{u}_m\frac{1}{e_m+\lambda}(\tilde{\boldsymbol{u}}_m\boldsymbol{b})+\sum_{j=1}^{m-1}\boldsymbol{u}_j\frac{1}{e_j}(\tilde{\boldsymbol{u}}_j\boldsymbol{b}) \tag{5.28}$$

が成立する．すなわち，最小固有値が他の固有値から十分離れている場合には，小さなλに対して$\Delta\boldsymbol{x}(\lambda)$は$\boldsymbol{u}_m$に平行な線上を動く．

λを変えたとき$\Delta\boldsymbol{x}$が具体的にどう変るか例を示そう．図5.2は

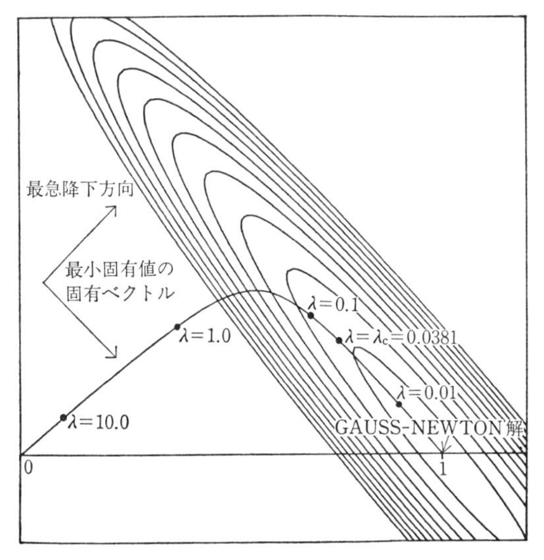

図5.2　Marquardt 法の $\Delta\boldsymbol{x}$ の振舞い

$$\tilde{\boldsymbol{A}}\boldsymbol{A} = \begin{pmatrix} 1.2 & 1.0 \\ 1.0 & 0.9 \end{pmatrix}, \quad \boldsymbol{b} = \begin{pmatrix} 1.2 \\ 1.0 \end{pmatrix} \tag{5.29}$$

の場合の $\Delta\boldsymbol{x}$ の振舞いをグラフにしたものである．等高線は，線形化した模型の残差二乗和 $\bar{S}=\|\boldsymbol{v}-\boldsymbol{A}\Delta\boldsymbol{x}\|^2=\Delta\tilde{\boldsymbol{x}}\tilde{\boldsymbol{A}}\boldsymbol{A}\Delta\boldsymbol{x}-2\tilde{\boldsymbol{b}}\Delta\boldsymbol{x}+$定数を表す．$\|\Delta\boldsymbol{x}\|$ が λ の単調減少関数であること，$\Delta\boldsymbol{x}$ の方向が最急降下方向に近づいてゆくようすがはっきり読み取れる．

これまで正規方程式の形(5.18)で Marquardt のアルゴリズムを説明したが，数値計算の誤差を小さくおさえるには，正規方程式を用いないほうがよい．そのためには，ヤコビアン行列 $\boldsymbol{A}$ の下に $(m\times m)$ の正方行列を付け加え，残差ベクトル $\boldsymbol{v}$ の下にも m 個の 0 成分を加えて

$$\boldsymbol{A}' = \begin{bmatrix} \boldsymbol{A} \\ \sqrt{\lambda}\,\boldsymbol{I} \end{bmatrix}, \quad \boldsymbol{v}' = \begin{bmatrix} \boldsymbol{v} \\ \boldsymbol{0} \end{bmatrix} \tag{5.30}$$

とし，これらを新しいヤコビアン行列と残差ベクトルであるとして，今までとまったく同様に扱えばよい．$\boldsymbol{A}'$ の行の数は $(n+m)$ で，あたかもデータが m 個増えた形になっている．

§5.3.2　λパラメータの調節法

λ の調節法について，はじめ Levenberg は，λ の関数として残差二乗和 S を最小化することを提案した．このためには何度も異なる λ に対して多量の演算を行なう必要があり，得策ではない．むしろ，ある程度 S の小さい点が見出されたら，その点での $\boldsymbol{A}$ や $\boldsymbol{v}$ の新しい情報を取り入れたほうが，結局早く最小点を見出せるのではないか．このような考察から，Marquardt は次のようなアルゴリズムを提案した．すなわち，S が減少するかどうかを非線形性の目安と考え，$\lambda=0.001$ から出発して S が減少するまで λ を 10 倍する．より小さな S の $\boldsymbol{x}$ が見出せたら，λ を 1/10 倍し，次の出発値とする．このアルゴリズムは単純であるが，意外によく働く．しかし，初期値 0.001 とか因子 10 とかには必ずしも必然性があるわけでなく，別の数を用いる提案も種々なされている．また，最終段階で残差が小さい場合，Gauss-Newton 法は二次収束的に振る舞うが，このアルゴリズムでは λ は決して 0 にはならないので，一次の収束しかしない．

SALS では，Fletcher[46] が以上の難点を克服するために提案した修正 Marquardt 法を採用した．このアルゴリズムの特徴は，次のとおりである．

(1) S の変化を，線形化した模型と比較して λ を増減.

(2) λ の初期値は 0 (つまり Gauss-Newton 法から出発).

(3) λ の臨界値 λ_c を $\|\Delta\boldsymbol{x}(\lambda_c)\| \sim 1/2\|\Delta x(0)\|$ となるよう設定し，

$$\begin{cases} \lambda=0 \text{ から } \lambda \text{ を増加させる場合は } \lambda_c \text{ を基準とし,} \\ \lambda=\lambda_c \text{ より } \lambda \text{ を減少させる必要がある場合は } \lambda=0 \text{ とする.} \end{cases}$$

(4) λ を減少させる因子は 1/2 とし，λ を増大させる因子は非線形性から決定する．線形化した模型の残差二乗和を

$$\bar{S}(\boldsymbol{x}+\Delta\boldsymbol{x}) = \|\boldsymbol{y}-\boldsymbol{f}(\boldsymbol{x})-\boldsymbol{A}\Delta\boldsymbol{x}\|^2 \tag{5.31}$$

とおけば，(5.19) の $\Delta\boldsymbol{x}$ による $\bar{S}$ の変化は簡単な計算により

$$\begin{aligned} \Delta\bar{S} &= \bar{S}(\boldsymbol{x}+\Delta\boldsymbol{x})-\bar{S}(\boldsymbol{x}) = -\Delta\tilde{\boldsymbol{x}}\boldsymbol{b}-\lambda\|\Delta\boldsymbol{x}\|^2 \\ &= -\Delta\tilde{\boldsymbol{x}}(\tilde{\boldsymbol{A}}\boldsymbol{A}+\lambda\boldsymbol{I})\Delta\boldsymbol{x}-\lambda\|\Delta\boldsymbol{x}\|^2 \leqq 0 \end{aligned} \tag{5.32}$$

である．真の模型は非線形であるから，残差二乗和の変化

$$\Delta S = S(\boldsymbol{x}+\Delta\boldsymbol{x})-S(\boldsymbol{x}) \tag{5.33}$$

は，$\Delta\bar{S}$ と異なっている．そこで，実際の変化 ΔS と，線形化した場合の予想変化量 $\Delta\bar{S}$ との比

$$r = \Delta S/\Delta\bar{S} \tag{5.34}$$

を計算し，r を非線形性の目安として，次の 4 つの場合に分けて λ を調節する.

i) $r \geqq 0.75$　　ほぼ期待どおり．λ を半分にする.

ii) $0.75 > r > 0.25$　　少々期待はずれであるが，λ はそのまま.

iii) $0.25 \geqq r \geqq 0$　　非線形性が大きいので，λ を増大する.

以上の場合は，$\boldsymbol{x} \leftarrow \boldsymbol{x}+\Delta\boldsymbol{x}$ として，ヤコビアン行列を計算し次の反復に移る.

iv) $r<0$　　すなわち $\Delta S>0$．λ を増大し，再び $\Delta\boldsymbol{x}$ を計算しなおす.

λ を増大させる場合，λ に掛ける因子 u は，2〜10 の数を r に関係させて与える．すなわち

$$u = \max(2, \min(2-r, 10)). \tag{5.35}$$

λ の臨界値 λ_c は，修正ベクトルのノルムを半減させる λ として，

$$\lambda_c = 1/\mathrm{trace}((\tilde{\boldsymbol{A}}\boldsymbol{A})^{-1}) \tag{5.36}$$

によって与える．$\tilde{\boldsymbol{A}}\boldsymbol{A}$ の固有値分解 (5.26) より，最小固有値 e_m が他の固有値

から離れていれば，

$$\lambda_c = 1/\left(\sum_{j=1}^{m} e_j^{-1}\right) \lesssim e_m \tag{5.37}$$

他方(5.28)より

$$\|\varDelta\boldsymbol{x}(\lambda_c)\| \gtrsim |\tilde{\boldsymbol{u}}_m\boldsymbol{b}|/(e_m+\lambda_c) \gtrsim |\tilde{\boldsymbol{u}}_m\boldsymbol{b}|/(2e_m) \sim 1/2\|\varDelta\boldsymbol{x}(0)\|. \tag{5.38}$$

したがって，λ_cは$\|\varDelta\boldsymbol{x}\|$を，$\lambda=0$の場合に比べて約半分にする．図5.2に示した例では

$$(\tilde{\boldsymbol{A}}\boldsymbol{A})^{-1} = \frac{1}{0.08}\begin{pmatrix} 0.9 & -1.0 \\ -1.0 & 1.2 \end{pmatrix}, \quad \lambda_c = (2.1/0.08)^{-1} = 0.0381 \tag{5.39}$$

である．図に示したように，$\|\varDelta\boldsymbol{x}(\lambda_c)\|$はたしかに$\|\varDelta\boldsymbol{x}(0)\|$の半分強の大きさとなっている．

§5.3.3　対角付加項のとり方

前節まででは，対角付加項として$\lambda\boldsymbol{I}$を考えたが，ヤコビアン行列$\boldsymbol{A}$の各列のノルムが著しく異なっている場合には，必ずしもよい選択ではない．このような場合には，(5.18)のかわりに

$$(\tilde{\boldsymbol{A}}\boldsymbol{A}+\lambda\boldsymbol{D})\varDelta\boldsymbol{x} = \boldsymbol{b} \tag{5.40}$$

ただし

$$\boldsymbol{D} = \begin{cases} \mathrm{diag}(\tilde{\boldsymbol{A}}\boldsymbol{A}) & \text{または} \\ \boldsymbol{I}+\mathrm{diag}(\tilde{\boldsymbol{A}}\boldsymbol{A}) \end{cases} \tag{5.41}$$

とすればよい．diag($\boldsymbol{M}$)は，行列$\boldsymbol{M}$の対角成分のみから成る対角行列を意味する．この場合，

$$\boldsymbol{x}' = \boldsymbol{D}^{1/2}\boldsymbol{x},\ \ \boldsymbol{A} = \boldsymbol{A}'\boldsymbol{D}^{1/2},\ \ \boldsymbol{b} = \boldsymbol{D}^{1/2}\boldsymbol{b}' \tag{5.42}$$

とおけば，

$$(\boldsymbol{D}^{1/2}\tilde{\boldsymbol{A}}'\boldsymbol{A}'\boldsymbol{D}^{1/2}+\lambda\boldsymbol{D})\varDelta\boldsymbol{x} = \boldsymbol{D}^{1/2}\boldsymbol{b}'. \tag{5.43}$$

したがって，

$$(\tilde{\boldsymbol{A}}'\boldsymbol{A}'+\lambda\boldsymbol{I})\varDelta\boldsymbol{x}' = \boldsymbol{b}' \tag{5.44}$$

となる．すなわち，$\boldsymbol{x}$を行列$\boldsymbol{D}^{1/2}$でスケール変換したうえで，付加項$\lambda\boldsymbol{I}$のMarquardt法を適用したことになっている．つまり，(5.40)のような付加項の場合も$\boldsymbol{x}'$空間で考えれば§5.3.1の議論がそのままあてはまる．λ_cは，

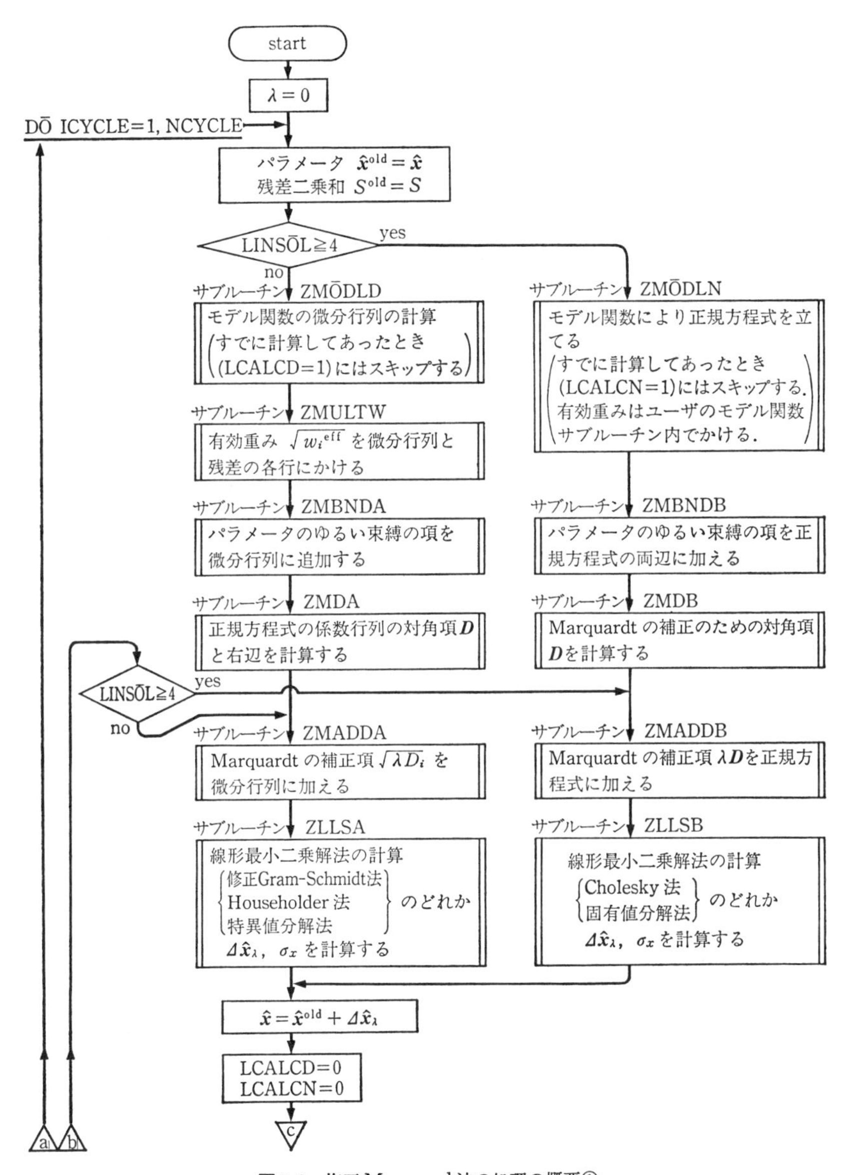

図 5.3　修正 Marquard 法の処理の概要①

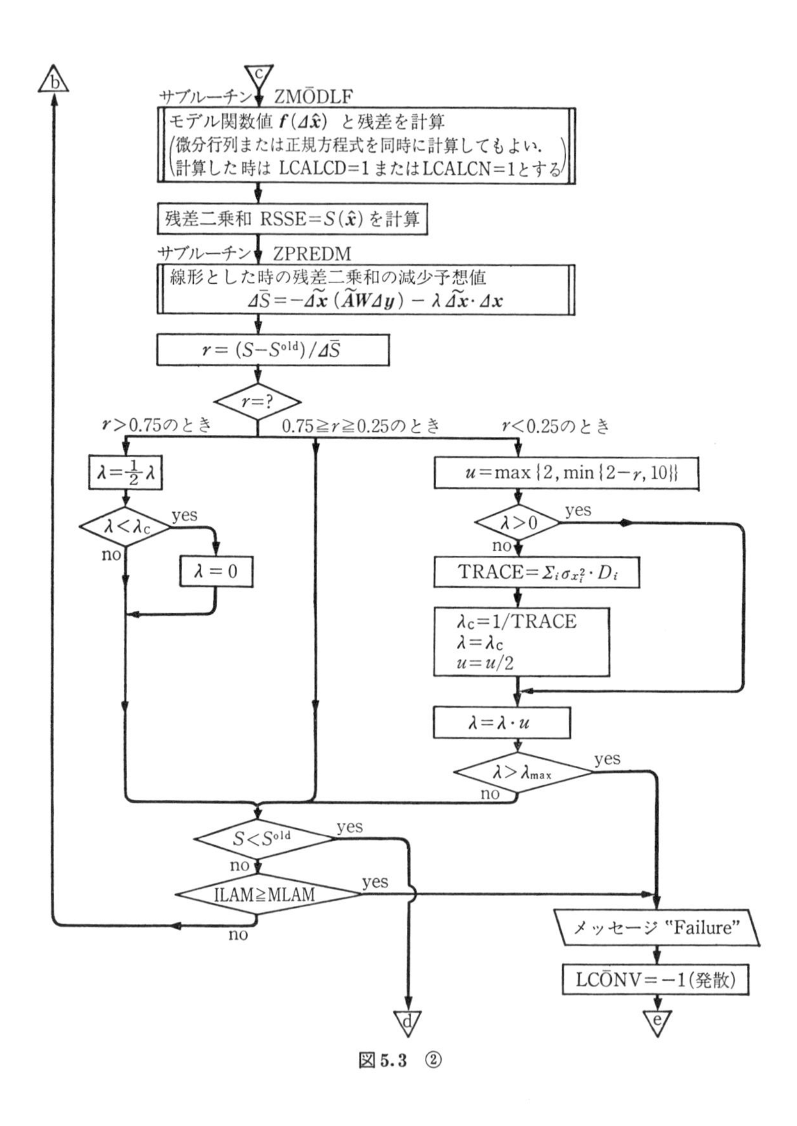

c
b
サブルーチン ZMŌDLF
モデル関数値 f(Δx̂) と残差を計算
(微分行列または正規方程式を同時に計算してもよい.
計算した時は LCALCD=1 または LCALCN=1 とする)
残差二乗和 RSSE=S(x̂) を計算
サブルーチン ZPREDM
線形とした時の残差二乗和の減少予想値
ΔS̄=−Δx̃ (ÃWΔy) − λ Δx̃·Δx
r=(S−S^old)/ΔS̄
r=?
r>0.75のとき
0.75≧r≧0.25のとき
r<0.25のとき
λ=½λ
λ<λc
yes
no
λ=0
u=max{2, min{2−r, 10}}
λ>0
yes
no
TRACE=Σi σxi²·Di
λc=1/TRACE
λ=λc
u=u/2
λ=λ·u
λ>λmax
yes
no
S<S^old
yes
no
ILAM≧MLAM
yes
no
メッセージ "Failure"
LCŌNV=−1(発散)
d
e

図5.3　②

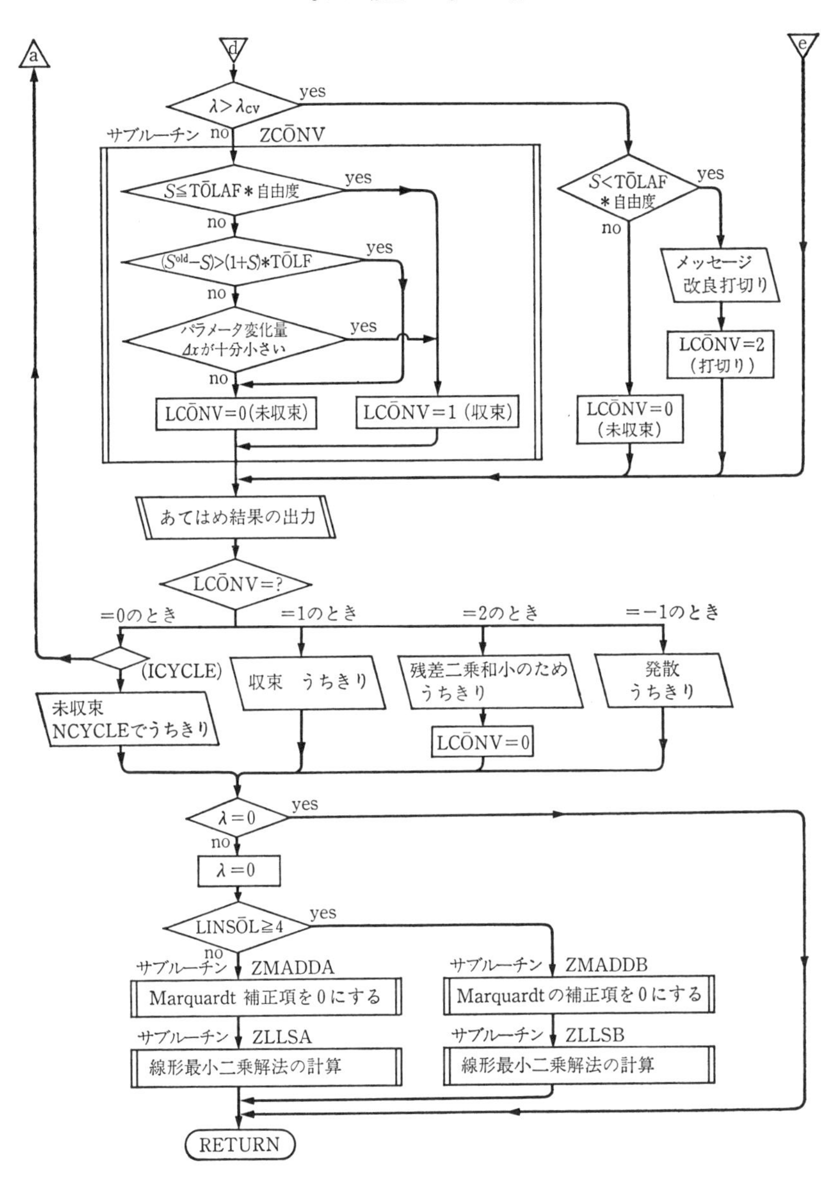
a
d
e
λ>λcv
yes
no
サブルーチン　ZCŌNV
S≦TŌLAF＊自由度
yes
no
(S^old−S)>(1+S)＊TŌLF
yes
no
パラメータ変化量
Δxが十分小さい
yes
no
LCŌNV＝0(未収束)
LCŌNV＝1 (収束)
S<TŌLAF
＊自由度
yes
no
メッセージ
改良打切り
LCŌNV＝2
(打切り)
LCŌNV＝0
(未収束)
あてはめ結果の出力
LCŌNV＝?
＝0のとき
＝1のとき
＝2のとき
＝−1のとき
(ICYCLE)
未収束
NCYCLEでうちきり
収束　うちきり
残差二乗和小のため
うちきり
LCŌNV＝0
発散
うちきり
λ＝0
yes
no
λ＝0
LINSŌL≧4
yes
no
サブルーチン　ZMADDA
Marquardt 補正項を0にする
サブルーチン　ZMADDB
Marquardtの補正項を0にする
サブルーチン　ZLLSA
線形最小二乗解法の計算
サブルーチン　ZLLSB
線形最小二乗解法の計算
RETURN

図5.3　③

$$\lambda_c = 1/\mathrm{trace}((\tilde{\boldsymbol{A}}'\boldsymbol{A}')^{-1}) = 1/\mathrm{trace}((\boldsymbol{D}^{-1/2}\tilde{\boldsymbol{A}}\boldsymbol{A}\boldsymbol{D}^{-1/2})^{-1}$$
$$= 1/\mathrm{trace}((\boldsymbol{D}^{1/2}(\tilde{\boldsymbol{A}}\boldsymbol{A})^{-1}\boldsymbol{D}^{1/2}) = 1/\mathrm{trace}((\tilde{\boldsymbol{A}}\boldsymbol{A})^{-1}\boldsymbol{D}) \qquad (5.45)$$

とすればよい．SALS では，$\boldsymbol{D}=\boldsymbol{I}+\mathrm{diag}(\tilde{\boldsymbol{A}}\boldsymbol{A})$が標準となっている．

§5.3.4 収束判定

収束判定は，Gauss-Newton 法と同様に，各ステップにおいて式(5.15)をチェックする．しかし λ が大きい場合には，$\Delta\boldsymbol{x}$ は縮小されており，いわば Gauss-Newton 法の $\alpha\Delta\boldsymbol{x}$ に対応するものである．したがって非線形性が大きくなると見かけ上変化が少くなることもある．そこで，収束と判定された場合には必ず λ の大きさを調べ，ある値 $\bar{\lambda}$ より大きい場合には警告メッセージを出す．$\bar{\lambda}$ は，λ_c の TOLLAM 倍である．TOLLAM は，SALS の MARQUARDT コマンドのコントロール・データであり，標準値は 10 である．

図 5.3 に，SALS における修正 Marquardt 法の処理の概要を示した．

§5.4 ハイブリッド法[53)]

§5.4.1 ハイブリッド法の原理

Powell[53)] は，最小二乗法および連立非線形方程式のために新しい方法を提案した．それは**ハイブリッド法**(hybrid method)とよばれ，名前のとおり種々の方法を組み合わせたものになっている．ハイブリッド法の特徴は次のとおりである．

(1) 線形に近ければ Gauss-Newton 法，非線形性が大きければ最急降下法に近づく．両者の折衷となっている．

(2) 修正ベクトル $\Delta\boldsymbol{x}$ の長さに上限 d を設け，収束を安定化する．d をステップ幅と呼び，非線形性に応じて調節する．

(3) ヤコビアン $\boldsymbol{A}$ の計算を必要とせず，反復過程における $\boldsymbol{f}(\boldsymbol{x})$ の値を用いて逐次補正していく．この方法は Powell の最小二乗法[34,52)] でも用いられた．

(4) ヤコビアンの逐次補正では，修正ベクトルが部分空間の中に閉じ込められやすいので，線形独立性を常にチェックする．

テストの結果によれば，非線形性の大きい問題でも安定に収束し，これまでたちの悪い非線形最小二乗問題に良いとされていた Powell の最小二乗法を完全に凌駕するものであると Powell 自身も述べている．SALS にも近々このハイブリッド法を組み込む予定である．

§5.4.2 線形化模型の最急降下解

線形化した模型の残差二乗和 $\bar{S}(\boldsymbol{x}+\Delta\boldsymbol{x})$ は，(5.31) で与えられ，正規方程式 (5.11) の解を $\Delta\boldsymbol{x}_{\mathrm{G}}$ と書けば，$\bar{S}$ は $\bar{S}(\boldsymbol{x}+\Delta\boldsymbol{x}_{\mathrm{G}})$ が最小値となる．これを Gauss-Newton 解と呼ぶ．

$\bar{S}$ について，§5.1.1 で述べた最急降下法を用いれば，$\bar{S}(\boldsymbol{x}+\alpha\boldsymbol{b})$ を α について最小化することになる．すなわち，

$$\frac{d}{d\alpha}\bar{S}(\boldsymbol{x}+\alpha\boldsymbol{b}) = \frac{d}{d\alpha}\|\boldsymbol{y}-\boldsymbol{f}(\boldsymbol{x})-\alpha\boldsymbol{A}\boldsymbol{b}\|^2 = -2\tilde{\boldsymbol{b}}\tilde{\boldsymbol{A}}(\boldsymbol{v}-\alpha\boldsymbol{A}\boldsymbol{b})$$
$$= -2(\tilde{\boldsymbol{b}}\boldsymbol{b}-\alpha\tilde{\boldsymbol{b}}\tilde{\boldsymbol{A}}\boldsymbol{A}\boldsymbol{b}) = 0 \tag{5.46}$$

より求められる．したがって，最急降下解 $\Delta\boldsymbol{x}_{\mathrm{S}}$ は，

$$\Delta\boldsymbol{x}_{\mathrm{S}} = (\|\boldsymbol{b}\|^2/\|\boldsymbol{A}\boldsymbol{b}\|^2)\boldsymbol{b} \tag{5.47}$$

によって与えられる．$\Delta\boldsymbol{x}_{\mathrm{G}}$ と $\Delta\boldsymbol{x}_{\mathrm{S}}$ の関係を前章と同じ例により図 5.4 に示す．図からわかるように $\|\Delta\boldsymbol{x}_{\mathrm{G}}\| \geqq \|\Delta\boldsymbol{x}_{\mathrm{S}}\|$ である．一般的な証明は読者の演習とする (Schwarz の不等式 (4.5) を用いよ)．

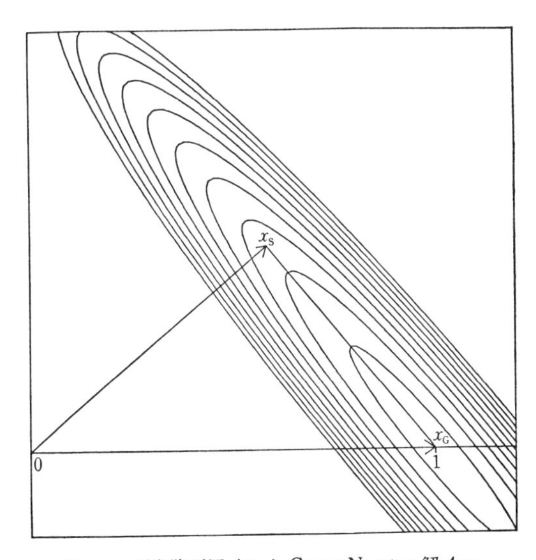

図 5.4 最急降下解 Δx_{S} と Gauss-Newton 解 Δx_{G}

§5.4.3　修正ベクトルとステップ幅

ハイブリッド法の修正ベクトル $\boldsymbol{\Delta x}$ は，$\boldsymbol{\Delta x}_{\mathrm{G}}$ と $\boldsymbol{\Delta x}_{\mathrm{S}}$ をステップ幅 d に基づいて折衷する．$\|\boldsymbol{\Delta x}\|$ は d を越えないように決めるので，d が小さいほど安定になるが，多くの反復回数が必要になる．ハイブリッド法では，問題の非線形性に応じて，d の値を巧妙に調節する．

第 k 回目の反復(初期値 $\boldsymbol{x}^{(k)}$)では，まず $\boldsymbol{\Delta x}_{\mathrm{G}}$ と $\boldsymbol{\Delta x}_{\mathrm{S}}$ を計算し，次の3つの場合に応じて，修正ベクトル $\boldsymbol{\Delta x}$ を決定する(図5.5)．

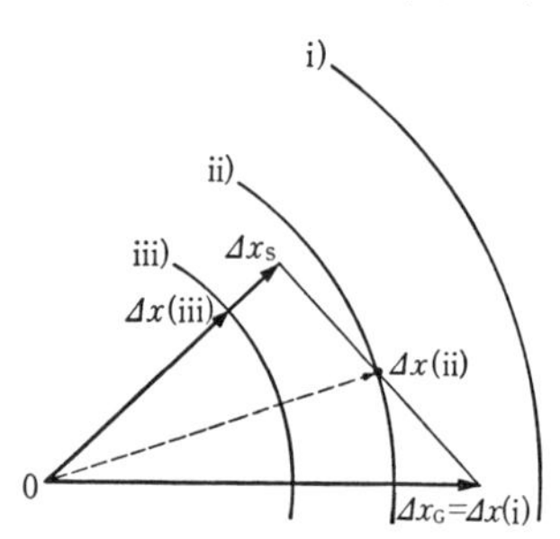

図5.5　ハイブリッド法における修正ベクトル $\boldsymbol{\Delta x}$ の決定．円弧は本文中の3つの場合を示す．

i）　$\|\boldsymbol{\Delta x}_{\mathrm{G}}\| \leqq d$ の場合……$\boldsymbol{\Delta x} = \boldsymbol{\Delta x}_{\mathrm{G}}$，Gauss-Newton 解を採用．

ii）　$\|\boldsymbol{\Delta x}_{\mathrm{S}}\| < d < \|\Delta x_{\mathrm{G}}\|$ の場合……$\boldsymbol{\Delta x}_{\mathrm{S}}$ と $\boldsymbol{\Delta x}_{\mathrm{G}}$ を結んだ線分上で，ちょうど $\|\boldsymbol{\Delta x}\| = d$ となる点をとる．

iii）　$d \leqq \|\boldsymbol{\Delta x}_{\mathrm{S}}\|$ の場合……$\boldsymbol{\Delta x} = d(\boldsymbol{\Delta x}_{\mathrm{S}}/\|\boldsymbol{\Delta x}_{\mathrm{S}}\|)$，つまり最急降下方向に長さ d だけ進む．

こうして定めた $\boldsymbol{\Delta x}$ が過去の修正ベクトルと充分独立であるかを§5.4.5のアルゴリズムによって判定し，もし独立ならば新しい点 $\boldsymbol{x}^{(k)} + \boldsymbol{\Delta x}$ での関数を評価する．もし二乗和 S が減少すれば $\boldsymbol{x}^{(k+1)} = \boldsymbol{x}^{(k)} + \boldsymbol{\Delta x}$ とし，減少しなければ $\boldsymbol{x}^{(k+1)} = \boldsymbol{x}^{(k)}$ としておく．

次に，ステップ幅 d の調節を行なう．非線形性の程度を見るために，修正 Marquardt 法と同じように，線形化した模型の残差二乗和 $\bar{S}$(5.31)の変化

$$\Delta\bar{S} = \|\boldsymbol{v} - \boldsymbol{A}\boldsymbol{\Delta x}\|^2 - \|\boldsymbol{v}\|^2 = \|\boldsymbol{A}\boldsymbol{\Delta x}\|^2 - 2\tilde{\boldsymbol{v}}\boldsymbol{A}\boldsymbol{\Delta x} \leqq 0 \qquad (5.48)$$

と，現実の変化 ΔS との比 $r = \Delta S/\Delta\bar{S}$ を計算し，

i）　$r < 0.1$ であれば，d を半減し，

ii）　$r \geq 0.1$ であれば，d の増加を要求する．

ステップ幅dの増加率λは次のように決定する．モデル関数$\boldsymbol{f}(\boldsymbol{x})$とその線形近似との差

$$\delta \boldsymbol{f} = \boldsymbol{f}(\boldsymbol{x}+\Delta \boldsymbol{x}) - [\boldsymbol{f}(\boldsymbol{x}) + \boldsymbol{A}\Delta \boldsymbol{x}] \tag{5.49}$$

は，$\Delta \boldsymbol{x}$の2次のオーダーの量であるから，dを増加するとd^2に比例して増大することが期待される．すなわち，$\Delta \boldsymbol{x}$をλ倍すれば，

$$\begin{aligned} S(\boldsymbol{x}+\lambda\Delta \boldsymbol{x}) &\sim \|\boldsymbol{v}(\boldsymbol{x}+\Delta \boldsymbol{x}) - (\lambda-1)\boldsymbol{A}\Delta \boldsymbol{x} - (\lambda^2-1)\delta \boldsymbol{f}\|^2 \\ &\lesssim \sum_i [|v_i(x+\Delta x)| + (\lambda^2-1)|\delta f_i|]^2 \end{aligned} \tag{5.50}$$

となるであろう．ただし，λは大きいとして$(\lambda-1)$に比例する項を省略した．λが増大すればλ^2に比例する成分のために，線形化した模型からずれてくることが予想される．そこで，(5.50)の右辺が$r=0.1$に対応する値になるλを求めると，

$$\lambda^2 = 1 + \frac{(r-0.1)\Delta \bar{S}}{\bar{S}_{\mathrm{P}} + \sqrt{S_{\mathrm{P}}{}^2 + (r-0.1)S_{\mathrm{S}}\Delta \bar{S}}} \tag{5.51}$$

となる．ただし

$$\begin{aligned} S_{\mathrm{P}} &= \sum_{i=1}^{n} |v_i(\boldsymbol{x}+\Delta \boldsymbol{x})\delta \boldsymbol{f}_i| \\ S_{\mathrm{S}} &= \|\delta \boldsymbol{f}\|^2 \end{aligned} \tag{5.52}$$

Powellは経験から，dの振動を防ぐために，λが2回続いて増加要求された時にのみ，実際にdを増加させることを提案している．具体的には，λを求めた直後，次の演算によりdを修正する．

$$\begin{cases} \mu = \min(2, \lambda, \tau) \\ \tau = \lambda/\mu \\ d = \min(\mu d, d_{\max}) \end{cases} \tag{5.53}$$

τは次回のために，推定による増加要求λと，実際の増加率μとの比を記憶する．τは初回およびdを縮小するごとに1とおかれる．$d_{\max}$は，あらかじめ与えたdの上限である．dには下限$d_{\min}$を設け，ヤコビアン行列の逐次修正に丸め誤差が大きくならないよう配慮されている．

dの初期値は，初回の$\|\Delta \boldsymbol{x}_{\mathrm{S}}\|$である．ただし，$d_{\min}$と$d_{\max}$の間におさえる．

§5.4.4　ヤコビアン行列の逐次修正

以上の2つの節で説明したアルゴリズムは，ヤコビアン行列$\boldsymbol{A}$をいちいち計

算しても実行できるものであるが，ハイブリッド法では関数値$\boldsymbol{f}(\boldsymbol{x})$の情報を最大限に生かし，$\boldsymbol{f}(\boldsymbol{x})$を計算するたびに，ヤコビアン行列を修正する．この方法はBroyden[44]によるもので，$\Delta\boldsymbol{x}$の間隔で評価した2つの関数値$\boldsymbol{f}(\boldsymbol{x})$と$\boldsymbol{f}(\boldsymbol{x}+\Delta\boldsymbol{x})$から，$\boldsymbol{A}$の補正値を求める．

ヤコビアン行列の近似値を$\boldsymbol{A}$とすると，修正された近似値$\boldsymbol{A}'$は

$$\boldsymbol{A}' = \boldsymbol{A}+(\Delta\boldsymbol{f}-\boldsymbol{A}\Delta\boldsymbol{x})\Delta\tilde{\boldsymbol{x}}/||\Delta\boldsymbol{x}||^2 \tag{5.54}$$

である．ただし，$\Delta\boldsymbol{f}$は関数値の変化$\boldsymbol{f}(\boldsymbol{x}+\Delta\boldsymbol{x})-\boldsymbol{f}(\boldsymbol{x})$である．この修正により$\boldsymbol{f}$が線形である場合には，$\boldsymbol{A}$より$\boldsymbol{A}'$のほうが真のヤコビアン行列$\bar{\boldsymbol{A}}$に近づくことを示す．この場合，$\Delta\boldsymbol{f}=\bar{\boldsymbol{A}}\Delta\boldsymbol{x}$であるから

$$\begin{aligned}\boldsymbol{A}'\Delta\boldsymbol{x} &= \boldsymbol{A}\Delta\boldsymbol{x}+(\bar{\boldsymbol{A}}\Delta\boldsymbol{x}-\boldsymbol{A}\Delta\boldsymbol{x})(\Delta\tilde{\boldsymbol{x}}\Delta\boldsymbol{x})/||\Delta\boldsymbol{x}||^2 \\ &= \bar{\boldsymbol{A}}\Delta\boldsymbol{x},\end{aligned} \tag{5.55}$$

すなわち，ヤコビアンの$\Delta\boldsymbol{x}$に対応する成分は正しく補正されることがわかる．したがって，直交するm個の方向に$\Delta\boldsymbol{x}$をとって上記の修正を順に行えば，線形モデルに対しては，ヤコビアン行列の初期推定値が何であろうと，真のヤコビアン行列が得られる．また，$\boldsymbol{A}$の誤差をフロベニウスノルム(4.11)で評価すれば，

$$\begin{aligned}||\boldsymbol{A}'-\bar{\boldsymbol{A}}||_{\mathrm{F}} &= ||\boldsymbol{A}-\bar{\boldsymbol{A}}+(\bar{\boldsymbol{A}}\Delta\boldsymbol{x}-\boldsymbol{A}\Delta\boldsymbol{x})\cdot\Delta\tilde{\boldsymbol{x}}/||\Delta\boldsymbol{x}||_2{}^2||_{\mathrm{F}} \\ &= ||(\boldsymbol{A}-\bar{\boldsymbol{A}})(\boldsymbol{I}-\Delta\boldsymbol{x}\cdot\Delta\tilde{\boldsymbol{x}}/||\Delta\boldsymbol{x}||_2{}^2)||_{\mathrm{F}} \\ &\leqq ||\boldsymbol{A}-\bar{\boldsymbol{A}}||_{\mathrm{F}},\end{aligned} \tag{5.56}$$

すなわち，近似ヤコビアンの誤差はこの修正によって少くとも増大しない．上の不等式は，$\boldsymbol{M}$を任意の$n\times m$行列として

$$\begin{aligned}||\boldsymbol{M}(\boldsymbol{I}-\Delta\boldsymbol{x}\Delta\tilde{\boldsymbol{x}}/||\Delta\boldsymbol{x}||^2)||^2{}_{\mathrm{F}} &= \mathrm{trace}\{\tilde{\boldsymbol{M}}\boldsymbol{M}(\boldsymbol{I}-\Delta\boldsymbol{x}\Delta\tilde{\boldsymbol{x}}/||\Delta\boldsymbol{x}||^2)\} \\ &= \mathrm{trace}(\tilde{\boldsymbol{M}}\boldsymbol{M})-\mathrm{trace}(\boldsymbol{M}\Delta\tilde{\boldsymbol{x}}\Delta\boldsymbol{x}\tilde{\boldsymbol{M}})/||\Delta\boldsymbol{x}||^2 \\ &= ||\boldsymbol{M}||_{\mathrm{F}}{}^2-||\boldsymbol{M}\Delta\boldsymbol{x}||^2/||\Delta\boldsymbol{x}||^2 \leqq ||\boldsymbol{M}||_{\mathrm{F}}{}^2\end{aligned} \tag{5.57}$$

により証明される．すなわち，$\boldsymbol{A}-\bar{\boldsymbol{A}}$の行ベクトルが$\Delta\boldsymbol{x}$と平行な成分を持っている限り，誤差のフロベニウスノルムは減少する．もちろん，ハイブリッド法で扱うモデル関数は非線形であるから，$\boldsymbol{x}$が変化するごとに真のヤコビアン行列$\bar{\boldsymbol{A}}$自体も変化する．したがって，修正の結果$||\boldsymbol{A}-\bar{\boldsymbol{A}}||_{\mathrm{F}}$が必ずしも前より小さくなるとは限らないが，Powell[53]はかなり一般的な条件のもとでヤコビアン行列の逐次修正を含むアルゴリズムが収束することを証明している．

Powell の原論文では $n=m$ の場合，すなわち非線形連立方程式を扱っているので，$\boldsymbol{A}$ の逆行列 $\boldsymbol{G}$ についても逐次修正

$$\boldsymbol{G}' = \boldsymbol{G}+(\varDelta\boldsymbol{x}-\boldsymbol{G}\varDelta\boldsymbol{f})\varDelta\tilde{\boldsymbol{x}}\boldsymbol{G}/(\varDelta\tilde{\boldsymbol{x}}\boldsymbol{G}\varDelta\boldsymbol{f}) \tag{5.58}$$

が可能である．$n>m$ の場合，$\boldsymbol{G}$ が $\boldsymbol{A}$ の Moore-Penrose の一般逆行列 $\boldsymbol{A}^+$ として逐次修正されればよいが，(5.58)の修正により，$\boldsymbol{G}'=\boldsymbol{A}'^+$ が成立するかどうかを調べよう．$\boldsymbol{A}$ がフルランクの場合，$\boldsymbol{G}$ が $\boldsymbol{A}$ の Moore-Penrose の一般逆行列である必要十分条件は，(4.52)と(4.61)のかわりに，

$$\boldsymbol{G}\boldsymbol{A} = \boldsymbol{I}_m, \quad (\widetilde{\boldsymbol{A}\boldsymbol{G}}) = \boldsymbol{A}\boldsymbol{G} \tag{5.59}$$

と書ける．この式が $\boldsymbol{A}'$ と $\boldsymbol{G}'$ についても成立するかどうか調べればよい．すると簡単な計算により

$$\boldsymbol{G}'\boldsymbol{A}' = \boldsymbol{G}\boldsymbol{A} = \boldsymbol{I}_m \tag{5.60}$$

は成立するが

$$\boldsymbol{A}'\boldsymbol{G}' = \boldsymbol{A}\boldsymbol{G}+(\boldsymbol{I}_n-\boldsymbol{A}\boldsymbol{G})\varDelta\boldsymbol{f}\varDelta\tilde{\boldsymbol{x}}\boldsymbol{G}/(\varDelta\tilde{\boldsymbol{x}}\boldsymbol{G}\varDelta\boldsymbol{f}) \neq (\widetilde{\boldsymbol{A}'\boldsymbol{G}'}) \tag{5.61}$$

となって $\boldsymbol{A}\boldsymbol{G}$ の対称性は保存されないことがわかる．§4.3.1 で述べたように，$\boldsymbol{A}\boldsymbol{G}$ は $\boldsymbol{A}$ の列ベクトルの張る空間への射影演算子であるから，$\varDelta\boldsymbol{f}$ がその空間内にあれば(5.61)の第2項は0となって条件(5.59)を満たすが，一般には成立せず $\varDelta\boldsymbol{x}=\boldsymbol{G}'(\boldsymbol{y}-\boldsymbol{f}(\boldsymbol{x}))$ は最小二乗解を与えない．Powell の $n\geqq m$ 用の原プログラムでは $(\boldsymbol{I}-\boldsymbol{A}\boldsymbol{G})\varDelta\boldsymbol{f}$ の大きさを評価して，ある範囲内であれば(5.58)を用い，そうでなければ一般逆行列を計算しなおしている．SALS ではとりあえず $\boldsymbol{G}$ についての逐次修正は用いず，常に QR 分解(または特異値分解)により計算することを検討している．

§5.4.5　修正ベクトルの独立性

前節で導入したヤコビアン行列の逐次修正が効率よく機能するには，修正ベクトル $\varDelta\boldsymbol{x}^{(k)}$ が互いに直交に近いことが必要である．一度ある方向について残差二乗和の減少が少ないと，以後はその方向について探索は行なわれないので，ヤコビアンのその方向の成分はいつまでも修正されず，事実上その方向は“死んで”しまう．Powell の最小二乗法はこの点の配慮が十分でなかったので，限られた部分空間の中だけで最小値を探すことになりやすいことが指摘されている．

ハイブリッド法は，このような欠点を避けるために，過去 $2m$ 回の修正ベク

トル

$$\Delta\boldsymbol{x}^{(k-1)}, \Delta\boldsymbol{x}^{(k-2)}, \cdots\cdots, \Delta\boldsymbol{x}^{(k-2m)} \tag{5.62}$$

に関する情報を記憶し，今回のサイクルで選ばれた修正ベクトル $\Delta\boldsymbol{x}$ を含めて最近 $2m$ 個のベクトルが，空間の全方向に満遍なく広がっているかどうかを毎回チェックする．すなわち，$(2m+1)$ 個のベクトルから互いに“独立”な m 個のベクトルが選べるかどうかを調べる．ハイブリッド法でいう“独立”とは独得な概念で，ベクトル $\boldsymbol{a}$ が j 個のベクトル集合 $(\boldsymbol{a}_1, \boldsymbol{a}_2, \cdots, \boldsymbol{a}_j)$ と“独立”であるとは，このベクトル集合で張られた空間内の任意のベクトルと $\boldsymbol{a}$ とが $30°$ 以上の角を成していることを言う．もし，この $(2m+1)$ 個の修正ベクトルがこの独立条件を満たさなければ，$\Delta\boldsymbol{x}_{\mathrm{G}}$ や $\Delta\boldsymbol{x}_{\mathrm{S}}$ とはまったく別にある修正ベクトルを用いて関数値を評価し，独立性を保つようにする．例外として $\Delta\boldsymbol{x}$ が $\Delta\boldsymbol{x}_{\mathrm{G}}$ と等しい場合には，たとえ“独立”でなくてもこの修正ベクトルを採用する．

Powell は，独立性がこの意味で保たれるように，巧妙なアルゴリズムを考案した．これを以下に説明する．過去において用いられた修正ベクトル $\Delta\boldsymbol{x}$ の方向の履歴を記録するために，$m\times m$ の直交行列 $\boldsymbol{\Omega}=(\boldsymbol{\omega}_1, \boldsymbol{\omega}_2, \cdots, \boldsymbol{\omega}_m)$ と整数値をとるサイズ m の一次元配列 $\boldsymbol{l}$ を用いる．$l_j (j=1, 2\cdots, m)$ は，$(m-j+1)$ 個の“独立”なベクトルを見出すには，ちょうど l_j 回前までの修正ベクトルが必要であることを示す．定義により $l_m=1$ である．もし最新の m 個の修正ベクトルがほとんど互いに直交していれば，$l_{m-1}=2, l_{m-2}=3, \cdots l_1=m$ である．逆に，例えば $l_1=m+3$ であるということは，m 個の“独立”なベクトルを見出すには，修正ベクトルを3個余分に必要とすることを示す．

直交行列 $\boldsymbol{\Omega}$ の列ベクトル $\boldsymbol{\omega}_1, \boldsymbol{\omega}_2, \cdots, \boldsymbol{\omega}_m$ は，過去の“独立”な修正ベクトルを直交化したものである．具体的にいうと，$\boldsymbol{\omega}_j, \boldsymbol{\omega}_{j+1}, \cdots, \boldsymbol{\omega}_m$ は，最近 l_j 回の修正ベクトルの中にある $(m-j+1)$ 個の“独立”なベクトルを直交化したものになっている．定義により $\boldsymbol{\omega}_m=\Delta\boldsymbol{x}^{(k-1)}/\|\Delta\boldsymbol{x}^{(k-1)}\|$ である．こうして，行列 $\boldsymbol{\Omega}$ と配列 $\boldsymbol{l}$ により，独立性を保つのに必要なすべての情報が記憶されている．

さて，条件により，$\Delta\boldsymbol{x}^{(k-1)}, \cdots, \Delta\boldsymbol{x}^{(k-2m)}$ の中には m 個の“独立”なベクトルが含まれているわけであるが，k 回目の反復では，§5.4.3 で求めた $\Delta\boldsymbol{x}$ と，$\Delta\boldsymbol{x}^{(k-1)}, \cdots, \Delta\boldsymbol{x}^{(k-2m+1)}$ の中に，m 個の“独立”なベクトルが含まれているかどうかを，次の手順で調べる．

i)　$l_1 \leq 2m-1$ であれば，すでに $\boldsymbol{\Delta x}^{(k-1)}, \cdots, \boldsymbol{\Delta x}^{(k-2m+1)}$ の中に m 個の "独立" なベクトルが含まれているので，今回はどんな方向をとってもよい．したがって，$\boldsymbol{\Delta x}^{(k)}=\boldsymbol{\Delta x}$ とする．

ii)　$\boldsymbol{\Delta x}$ が $\boldsymbol{\Delta x}_{\mathrm{G}}$ の場合には，独立性のいかんにかかわらず，この修正ベクトルを採用する．

iii)　$l_1=2m$ の場合，m 個の "独立" なベクトルを見出すには，今回捨てる $\boldsymbol{\Delta x}^{(k-2m)}$ が必要であった．したがって，$\boldsymbol{\Delta x}$ がその代りをしてくくれるかどうか調べる．$\boldsymbol{\Delta x}^{(k-1)}, \cdots, \Delta x^{(k-2m+1)}$ に含まれる "独立" なベクトルを直交化したものが $(\boldsymbol{\omega}_2, \boldsymbol{\omega}_3, \cdots, \boldsymbol{\omega}_m)$ であるから，$\boldsymbol{\Delta x}$ がこれと "独立" ならよい．$\boldsymbol{\omega}_1$ はこのベクトル集合の張る部分空間の法線になっているから，$|\tilde{\boldsymbol{\omega}}_1 \boldsymbol{\Delta x}| > 1/2 \|\boldsymbol{\Delta x}\|$ であれば，$\boldsymbol{\Delta x}$ は $\boldsymbol{\omega}_1$ と $60°$ 以下の角をなし，したがってこの部分空間内の任意のベクトルと $30°$ 以上の角をなす．この場合も $\boldsymbol{\Delta x}^{(k)}=\boldsymbol{\Delta x}$ とする．

iv)　$l_1=2m$ で，iii)の条件を満たさなかった場合には，§5.4.3 の $\boldsymbol{\Delta x}$ は棄て，ヤコビアンを修正するだけのために $\boldsymbol{\Delta x}^{(k)}=d_{\min} \boldsymbol{\omega}_1$ とおく．これが独立性の条件を満たすことは明らかである．

v)　ii)の場合，特に $\|\boldsymbol{\Delta x}\| < d_{\min}$ の場合には，修正ベクトルとしては $\boldsymbol{\Delta x}$ をとるがヤコビアンの修正のためには iv)と同じく $\boldsymbol{\Delta x}=d_{\min} \boldsymbol{\omega}_1$ のステップで関数を計算する．

次に，行列 $\boldsymbol{\Omega}$ と配列 $\boldsymbol{l}$ の改訂が必要である．上記 iv) v)の場合は定義により

$$
\begin{cases}
\boldsymbol{\Omega} \leftarrow (\boldsymbol{\omega}_2, \boldsymbol{\omega}_3, \cdots, \boldsymbol{\omega}_m, \boldsymbol{\omega}_1) \\
l_j \leftarrow l_{j+1}+1 \qquad (j=1, 2, \cdots, m-1) \\
l_m \leftarrow 1
\end{cases}
\tag{5.63}
$$

とおけばよいことがわかる．一方，i)～iii)の場合には次のように改訂する．まず $\boldsymbol{\Delta x}$ の $\boldsymbol{\omega}_j$ 方向の成分を計算する．

$$
\alpha_j = \tilde{\boldsymbol{\omega}}_j \boldsymbol{\Delta x} / \|\boldsymbol{\Delta x}\| \qquad (j=1, 2, \cdots, m) \tag{5.64}
$$

次に，

$$
\sum_{j=l+1}^{m} \alpha_j{}^2 \leqq 3/4 (=\cos^2 30°) \tag{5.65}
$$

となる最小の l を求める．すなわち，$\boldsymbol{\Delta x}$ は $(\boldsymbol{\omega}_{l+1}, \boldsymbol{\omega}_{l+2}, \cdots, \boldsymbol{\omega}_m)$ とは "独立" で

あるが，$\boldsymbol{\omega}_l$ を加えると独立ではない．したがって

$$\begin{aligned} l_j &\leftarrow l_{j+1} \qquad (j=1,2,\cdots,l-1) \\ l_j &\leftarrow l_{j+1}+1 \qquad (j=l,l+1,\cdots,m-1) \end{aligned} \tag{5.66}$$

と修正すればよい．$\boldsymbol{\Omega}$ については $\boldsymbol{\Delta x}$ を含む新しい直交系を構成する．$j=l,$ $l+1,\cdots m$ に対しては，$(\boldsymbol{\omega}_{j+1},\boldsymbol{\omega}_{j+2},\cdots\boldsymbol{\omega}_m)$ と $\boldsymbol{\Delta x}$ とは“独立”であるから，これを直交化すればよい．ところが，$j=1,2,\cdots l-1$ に対しては $(\boldsymbol{\omega}_{j+1},\boldsymbol{\omega}_{j+2},\cdots\boldsymbol{\omega}_m)$ と $\boldsymbol{\Delta x}$ とは“独立”でないので，一つ前の $\boldsymbol{\omega}_j$ を加える必要がある．実際には次のようなアルゴリズムを実行する．

まず $\boldsymbol{\Omega}$ の列ベクトルを並べかえて $(\boldsymbol{\omega}_l,\boldsymbol{\omega}_1,\boldsymbol{\omega}_2,\cdots,\boldsymbol{\omega}_{l-1},\boldsymbol{\omega}_{l+1},\cdots,\boldsymbol{\omega}_m)$ とし，これを新たに $(\boldsymbol{\omega}_1,\boldsymbol{\omega}_2,\cdots,\boldsymbol{\omega}_m)$ と呼ぶ．これに対応して α_j も並べかえる．これから，次のように新しい正規直交系 $(\boldsymbol{\omega}_1',\boldsymbol{\omega}_2'\cdots\boldsymbol{\omega}_m')$ を作る．

$$\begin{cases} \boldsymbol{\omega}_j' \leftarrow \left(\sum_{i=1}^{j}\alpha_i^2\right)\boldsymbol{\omega}_{j+1}-\alpha_{j+1}\left(\sum_{i=1}^{j}\alpha_i\boldsymbol{\omega}_i\right), \ \ \boldsymbol{\omega}_j' \leftarrow \boldsymbol{\omega}_j'/\|\boldsymbol{\omega}_j'\| \qquad (j=1,2,\cdots,m-1) \\ \boldsymbol{\omega}_m' \leftarrow \boldsymbol{\Delta x}/\|\boldsymbol{\Delta x}\| \end{cases} \tag{5.67}$$

$(\boldsymbol{\omega}_1,\cdots,\boldsymbol{\omega}_m)$ は正規直交系であることを用いて，

$$\tilde{\boldsymbol{\omega}}_j'\boldsymbol{\omega}_{j'}' = c\left[-\left(\sum_{i=1}^{j}\alpha_i^2\right)\alpha_{j+1}\alpha_{j'+1}+\alpha_{j+1}\alpha_{j'+1}\sum_{i=1}^{j}\alpha_i^2\right]=0, \qquad j<j'\leqq m-1 \tag{5.68}$$

$$\tilde{\boldsymbol{\omega}}_j\boldsymbol{\omega}_m = \left(\sum_{i=1}^{j}\alpha_i^2\right)\alpha_{j+1}-\alpha_{j+1}\left(\sum_{i=1}^{j}\alpha_i^2\right)=0 \qquad j<m \tag{5.69}$$

が証明される．ここで c は(5.67)における正規化のための係数である．こうして i)～iii)の場合にも，正しく $\boldsymbol{\Omega}$ と $\boldsymbol{l}$ の改訂が行なわれた．

$\boldsymbol{l}$ および $\boldsymbol{\Omega}$ の初期値としては，座標軸の各方向にそった数値微分を最初に行なうので

$$\begin{aligned} \boldsymbol{l} &= (m,m-1,\cdots,1) \\ \boldsymbol{\Omega} &= \boldsymbol{I}_m \end{aligned} \tag{5.70}$$

を用いればよい．

図5.6にハイブリッド法の概要を示した．現在のところ，まずヤコビアン行列の逐次修正を含まず，毎回直接計算する形でテストを行なっている．いくつかの例によると，かなり安定した振舞いを示す．次節にその一端を紹介する．

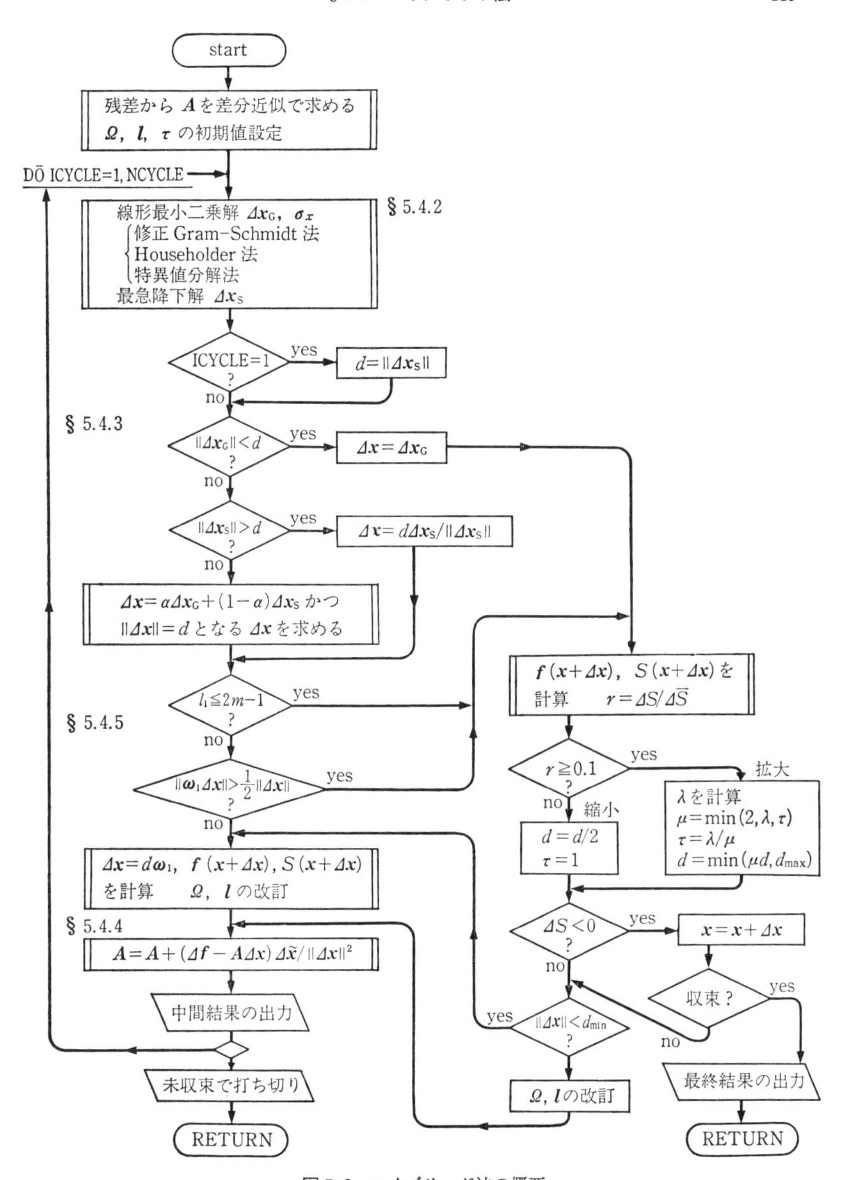

図 5.6　ハイブリッド法の概要

§5.5 各解法の比較

§5.5.1 数値計算例

本節では，以上に述べたアルゴリズムを用いて行なった数値計算の結果を2例示す．

(1) Box の関数

M. J. Box は，諸々の最適化および最小二乗法の手法を比較するために，次の問題を用いた[43]．これは，2個の指数関数の差のあてはめであり，モデル関数は

$$f_i(x_1, x_2) = \exp(-x_1 q_i) - \exp(-x_2 q_i) \tag{5.71}$$

ただし

$$q_i = 0.1, 0.2, \cdots, 0.9, 1.0$$

である．データ y_i は，パラメータの真値 $x_1=1, x_2=10$ を用いて計算する．すなわち正解において残差は完全に0になる．出発値を $x_1=5, x_2=0$ として3つの方法で解いた結果を図5.7に示す．Gauss-Newton 法が大きな遠まわりをしているのに対し，修正 Marquardt 法とハイブリッド法は，ほぼ順調に最小点に向っている．

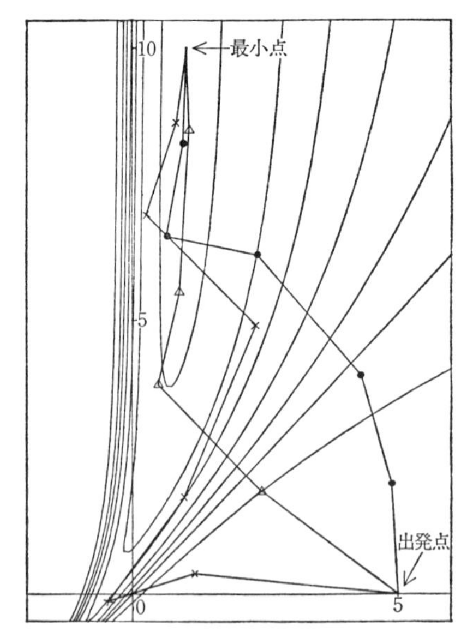

図5.7 Box の問題(×：Gauss-Newton 法，△：修正 Marquardt 法，●：ハイブリッド法)

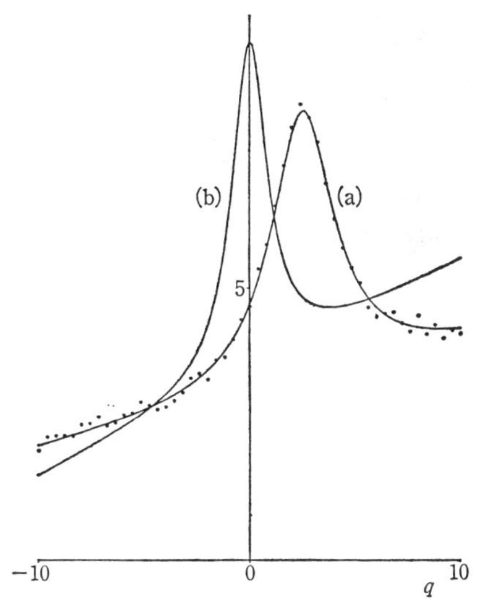

図 5.8　ピークのあてはめ．(a)は真のモデル，(b)はパラメータの初期値に対応するモデル．点は乱数を加えて作成したデータ．

(2)　ピークのあてはめ

もう1つの例として，少し現実的なシミュレーションの結果を示す．モデル関数は

$$f(q)=\frac{h\Gamma^2}{(q-q_0)^2+\Gamma^2}+a_0+a_1q \tag{5.72}$$

で，1次のバックグランドの上に Lorentz 型のピークが乗っているものである(図5.8)．ただし

q_0:ピークの位置	(真値　2.5)
Γ:半値幅(片側)	(〃　1.8)
h:ピークの高さ	(〃　5.0)
a_0, a_1:バックグランドの係数	(〃　3.0, 0.1)

で，$q=-10\sim10$ の51点の測定値から，これら5個のパラメータを決定する問題である．測定値は，真値から計算した理論値に，標準偏差0.08の正規乱数を加えて作成した．したがって，最小二乗解は真値からすこしずれることになる．解法の性能を調べるために，真値からかなり離れた初期値

$$q_0 = 0.0,\ \Gamma = 1.0,\ h = 6.0,\ a_0 = 3.5,\ a_1 = 0.2$$

を用いた．各解法の振舞いを表の形で示す．

Gauss-Newton 法

k	$S(\boldsymbol{x}^{(k)})$	α	l
0	1.356×10^4		
1	9.697×10^3	1.0	1
2	9.546×10^3	1.0	1
3	$*7.070\times10^4$	0.0625	4
4	$*5.567\times10^5$	0.0625	1
5	$*5.492\times10^7$	0.0625	1

(打ち切り)

修正 Marquardt 法

k	$S(\boldsymbol{x}^{(k)})$	λ	l
0	1.356×10^4		
1	9.697×10^3	0.0	1
2	9.546×10^3	0.0	1
3	8.102×10^3	0.296	2
4	5.361×10^3	0.296	1
5	1.354×10^3	0.148	1
6	8.400×10^1	0.0	1
7	4.418×10^1	0.0	1
8	4.375×10^1	0.0	1
9	4.374×10^1	0.0	1

(収束)

ハイブリッド法

k	$S(\boldsymbol{x}^{(k)})$	d	c
0	1.356×10^4		
1	1.328×10^4	0.048	iii
2	1.302×10^4	0.048	iii
3	1.262×10^4	0.097	ii
4	1.194×10^4	0.194	ii
5	1.083×10^4	0.387	ii
6	8.848×10^3	0.775	ii
7	5.641×10^3	1.550	ii
8	3.800×10^3	3.021	i
9	3.306×10^3	3.021	ii
10	2.287×10^2	3.113	i
11	4.561×10^1	3.113	i
12	4.374×10^1	5.849	i
13	4.374×10^1	9.541	i

(収束)

ここでkは反復回数，$S(\boldsymbol{x}^{(k)})$は残差二重和(重みとして100.0がかかっている)，αは縮小因子，λはMarquardtのパラメータ，dはハイブリッド法のステップ幅，lは各回での関数評価回数，cは§5.4.3の場合分けを示す．この他，各回でヤコビアンを1回計算している．ハイブリッド法では常に$l=1$である．

Gauss-Newton 法では，3度Sが上昇したので途中で打ち切られた．他の2法は順調に最小点に向っている．ハイブリッド法は初期のSの減少が遅いが，これは$\boldsymbol{x}$の各成分のスケールが異なるためにdが小さすぎることによるものであろう．しかし，ヤコビアンの逐次修正を用いても同程度の回数で収束するとすれば，モデル関数の計算量は修正 Marquardt 法より少くなる可能性がある．

なお，文献51)では，ピークのあてはめ問題11件について，SALSおよび他のソフトウェアの非線形最小二乗解法(計13種)の結果を比較している．

§5.5.2 解法の選び方

非線形最小二乗法は，問題の性質が場合によってさまざまであるので，各種の解法の優劣を一般的に論じることは困難である．ここでは典型的な問題について，一般的な性質を述べるにとどめておこう．

i）　非線形性の小さい問題

モデル関数 $\boldsymbol{f}$ が線形に近い場合には，最小二乗法を解くことは比較的容易である．パラメータ $\boldsymbol{x}$ に対し，良い近似値が与えられている場合にも，同様である．この場合には，線形近似に基づく Gauss-Newton 法が威力を発揮する．よい結果を得るための秘決は，残差とヤコビアンをできるだけ正確に求めることである．とくに，ヤコビアンを差分近似で求めたりせず，出来るだけ解析的に計算することが望ましい．また，線形解法では反復改良が有効である．Marquardt 法も，Gauss-Newton 法と，ほぼ同様に働く．

ii）　非線形性の大きい問題

一口に非線形が大きいといっても，定量的に定義することはむつかしいが，ここでは一応考えているパラメータ範囲に，極小値が一つしかない場合を考える．この場合には，反復法により，少しでも残差二乗和の小さいパラメータ値 $\boldsymbol{x}$ を次々に探して行けば，遂には最小値に到達することが期待される．したがって問題は，いかにして多数回の反復を能率よく行なうかということである．各回の線形解法の精度をいくら上げてもあまり効果はない．ハイブリッド法で，ヤコビアンを一々計算せず，逐次修正によって近似値で代用しているのはそのためである．

解法としては，ヤコビアンが解析的に求まるならば Marquardt 法，解析的に求めることが困難であればハイブリッド法がよい．Gauss-Newton 法でも，縮小因子などの安定化法を講じれば，反復回数は増えるが，解に到達できるであろう．

場合によっては，解を大雑把に探す段階と，精度よく解を決定する段階とで解法を変えることも有効である．

iii）　非線形性が非常に大きい場合

素粒子反応の部分波解析のように，非線形性が非常に大きく，極小値も数多くあり，かつ初期値も皆目見当がつかないような場合にはどうしたらよいであろうか．一般的なアルゴリズムはもちろん存在しないが，このような場合のヒントを二三述べる．

まず，問題の性質をできるだけ分析し，それを最小二乗探索に生かすことである．対称性，極小値の間の代数的関係などがわかれば，いろいろ助けになる．

次に，一つの解法で最初から最後まで計算するのではなく，いくつかのフェーズに分けて，違う解法を試みるとよい．たとえば，最初のあらい探索の段階，一つ見つけた極小値を精密化する段階，求めた極小値の近傍を探索して別の極小値の存否をチェックする段階などがある．たちの悪い問題では，二つ以上の極小値が隣接していることも割に多いので，注意が必要である．最初のあらい探索では，モンテカルロ法やシンプレックス法などの，一般最適化アルゴリズムを用いることもある．

極小値が二つ以上ある場合，これを系統的に探し尽くすアルゴリズムは知られていない．一般には数多くの出発値を用いて計算する以外に方法はない．

SALSには，複数組のパラメータを出発値として計算する機能，何種かのアルゴリズムを継続的に適応する機能等が用意され，広い範囲の問題に対して，応用できるよう構成されている．

第6章　測定値の扱い方

前の4章，5章では，最小二乗法解析の数値解法の面を詳しく述べたが，本章から8章までは，統計学的な側面から，データ解析の実際的な諸問題について考察する．

§6.1　重みの選び方

データ解析においては，各測定値の重みの選び方は，基本的な問題である．§3.2および§3.5で述べたように，各測定値に対する誤差の**分散** σ_i^2 を推定し，

$$w_i = \sigma_0^2/\sigma_i^2 \tag{6.1}$$

ととる((3.20)参照)．σ_0 は規格化の定数であり，$\sigma_0=1$ ととるやり方と，どれか標準の測定に対する σ_i に等しくし，次元つきでとるやり方とが行なわれる(§3.5)．どちらの扱い方をしても，パラメータ推定値 $\hat{\boldsymbol{x}}$(3.30′)やその誤差行列 $\boldsymbol{\Sigma}_{\hat{x}}$(3.81)などには影響を与えない．

§6.1.1　重みのとり方の一例

たとえば，物体の長さを測るのに，0～30 mm の範囲ではマイクロメータを用いて精度 ±0.002 mm ($\sigma_A=0.002$ mm)で測定でき，30～150 mm の範囲では，ノギスを用いて精度 ±0.05 mm ($\sigma_B=0.05$ mm)，さらに 150～500 mm の範囲では金属のものさしで精度 ±0.2 mm ($\sigma_C=0.2$ mm)で測定できたとしよう．これらの3領域で測定された量を同時に解析するには，次のように重みを選べばよい．$\sigma_0=1$ として，

$$\begin{aligned} w_A &= 1/(0.002\ \mathrm{mm})^2 = 250000\ \mathrm{mm}^{-2} \\ w_B &= 1/(0.05\ \ \mathrm{mm})^2 = \qquad 400\ \mathrm{mm}^{-2} \end{aligned} \tag{6.2}$$

$$w_C = 1/(0.2\,\mathrm{mm})^2 = \quad 25\,\mathrm{mm}^{-2}.$$

あるいは，$\sigma_0=0.1\,\mathrm{mm}$ として，

$$\begin{aligned} w_A &= (0.1\,\mathrm{mm})^2/(0.002\,\mathrm{mm})^2 = 2500 \\ w_B &= (0.1\,\mathrm{mm})^2/(0.05\,\mathrm{mm})^2 = \quad 4 \\ w_C &= (0.1\,\mathrm{mm})^2/(0.2\,\mathrm{mm})^2 = \quad 0.25. \end{aligned} \tag{6.3}$$

この例で，誤差の比が $\sigma_A/\sigma_C=10^{-2}$ であるから，それを -2 乗すれば重みの比は $w_A/w_C=10^4$ となり，10^2 ではない．

§6.1.2　別種の測定データの総合的解析

自分自身で行なった一連の実験データを解析するばかりでなく，異なる実験者が異なる実験方法で出した結果を総合的に解析するような場合もある．一つの実験方法だけでは解明できることに一定の限度があり，多大の努力をしても少ししか情報が増えないことがある．それに対して，別の実験方法を併用すると，測定できる条件の範囲が飛躍的に拡大して，基本となるモデルに対する多くの情報が得られることが多い．さらに，まったく別の原理にもとづく実験結果をとり入れれば，同じモデルに対する別の側面を見ることができて，本質的に新しい情報が増えることがある．ただし，この種の総合的解析には，実験的にも理論的にも慎重な検討が必要である．

(1)　各方法の測定の偏りを補正して，実験的に矛盾がないようにする．測定機器や測定者のちがいによって，微妙なそして意外に大きな差が出ることがあるから十分注意してチェックする(§2.1)．このような誤差の一つに normalization error と呼ばれるものがある．

(2)　各測定値に対するモデルを吟味し，定義の微妙なちがいや，近似のちがいなどを補正して，理論的にも矛盾をなくす．

(3)　測定値の偶然誤差を正しく見積り，(6.1)に従って適正な重みを与える．

これらの注意は，一連の実験データを解析する場合でもまったく同じであるが，別種の実験データを総合的に解析する場合には，特に慎重にする必要がある．異なる時や所で異なる方法によって行なわれた実験結果を十分検討せずに一つの式でまとめて処理するというようなことはしてはならない．

総合的解析の場合には，異なる性質の量で，異なる次元をもった量を，同時

に最小二乗解析の測定値として扱うことがある．たとえば，ある共通のパラメータを含む物理的モデルがあって，長さと重さとエネルギーとが測定値であるとしよう．

$$0.852 \pm 0.001\,\mathrm{m}$$
$$17.618 \pm 0.01\,\mathrm{kg}$$
$$276.5 \pm 0.2\,\mathrm{J}$$

このときにも，各測定値の誤差 σ_i の単位をきちんと考慮し，重みは(6.1)に従い次元つきの量として扱えばよい．すなわち，$\sigma_0=1$ として，

$$\begin{aligned} y_1 &= 0.852\,\mathrm{m} & \sigma_1 &= 0.001\,\mathrm{m} & (w_1 &= 10^6\,\mathrm{m}^{-2}) \\ y_2 &= 17.618\,\mathrm{kg} & \sigma_2 &= 0.01\,\mathrm{kg} & (w_2 &= 10^4\,\mathrm{kg}^{-2}) \\ y_3 &= 276.5\,\mathrm{J} & \sigma_3 &= 0.2\,\mathrm{J} & (w_3 &= 25\,\mathrm{J}^{-2}) \end{aligned} \tag{6.4}$$

とすればよい．計算値 $f_i(\boldsymbol{x})$ やヤコビアン行列の要素 A_{ij} が，それぞれ測定値 y_i と対応した次元と単位で表わされていなければならない．

§6.1.3　重みと残差

重みの式(6.1)に現われる σ_i は，その測定法に伴う誤差の分布の幅(標準偏差)の推定値であって，個々の測定値の計算値からのずれ(残差 v_i)ではない．"残差が大きい" ことの原因には，測定値の(狭義の)誤差 ε_i が大きいか，あるいは，計算値 $f_i(\hat{\boldsymbol{x}})$ を求めたモデル(その基本的な仮定，計算の理論，パラメータの値など)が悪いか，の2面がある．大きな残差 v_i が出たら，まず実験をチェックし，ついで実験データのそれ以後の処理をチェックする．それでも残差が大きいときには，モデルとパラメータ推定値とを改良する必要がある(§7)．

ところで，残差 v_i を重み w_i の選択に一切使ってはいけないというのは，実は最小二乗法の立場であり，最小二乗法の前提1〜5(§3.2)に基づく．この前提が満たされていないときには，またそれなりのやり方をとるのがよい．たとえば，測定値の中に，分散 σ_i^2 の正規分布で表わされるものよりずっとはなれた誤差 ε_i を持ったものが紛れこんでいる可能性がある場合には，§8.2で説明するロバスト推定法を用いるのがよい．また，モデルが悪いために，計算値 $f_i(\hat{\boldsymbol{x}})$ に系統的なずれが残ってしまい，それが系統的な残差(いわゆる "系統誤差")となって現われることがある．モデルをいろいろ改良してもなお改良しきれず，どうしても系統的な残差を残したままで，結果をまとめざるを得ないよ

うな場合には，測定値の重みの計算に，測定誤差とモデルの近似の誤差の両方を合わせたものを用いるべきであろう．

§6.2　変換したデータを扱う方法

実験によって得られた測定値に，何らかの変換を施してからあてはめを行なうこともある．例えば，対数方眼紙などの特殊なグラフ用紙がしばしば用いられる．指数関数的に減少または増大する量に対しては片対数の方眼紙を，べき乗で変化する量に対しては両対数の方眼紙を用いるとよい．これによって直線上にデータが並べば，それからパラメータの近似値を推定することができる．

このような方法は直観的な分析として非常に重要であり，計算機で大規模な計算を行なう前に必ず試みるのが普通である．しかし，非線形最小二乗法が発達した現在では，変換によって誤差の分散がほぼ一定になるような場合以外には数値計算法としては，むしろ生の測定値を直接分析した方がよい．

測定値 $\boldsymbol{y}$ が，“生の”測定値 $\boldsymbol{z}$ の関数として与えられている場合もある．この場合，誤差の取り扱いに十分注意しなければならない．一般に誤差行列 $\boldsymbol{\Sigma_y}$ は非対角成分を含むからである．$\boldsymbol{z}$ から $\boldsymbol{y}$ への変換の1次微分だけを考慮してよければ，誤差伝播則(3.80)を用いて

$$\boldsymbol{\Sigma_y} = \boldsymbol{C\Sigma_z\tilde{C}}, \tag{6.5}$$

ただし

$$C_{il} = \partial y_i / \partial z_l \tag{6.6}$$

とする．変換された測定値 $\boldsymbol{y}$ の個数(n)は，生の測定値 $\boldsymbol{z}$ の個数(n_z)より小さくてもよい．$\boldsymbol{\Sigma_z}$ は通常対角行列であるが，対角成分がすべて正であるとすれば，$\boldsymbol{C}$ のランクが n と等しい限り $\boldsymbol{\Sigma_y}$ も正則で，非対角の重み行列

$$\boldsymbol{W_y} = \boldsymbol{\Sigma_y}^{-1} \tag{6.7}$$

を定義することができる．QR 分解法で扱うためには，まず，行列 $\boldsymbol{\Sigma_z}^{1/2}\boldsymbol{\tilde{C}}$ を QR 分解(3.45)する．

$$\boldsymbol{\Sigma_z}^{1/2}\boldsymbol{\tilde{C}} \equiv \boldsymbol{C'} = \boldsymbol{Q_C R_C} \tag{6.8}$$

すると，$\boldsymbol{Q_C}$ は列ベクトルに関して直交(3.46)であり，上三角行列 $\boldsymbol{R_C}$ は逆行列を持つので，$\boldsymbol{y}$ に関する誤差行列(6.5)と重み行列(6.7)は次のように表わせる．

$$\boldsymbol{\Sigma_y} = \boldsymbol{\tilde{C}'C'} = \boldsymbol{\tilde{R}_C\tilde{Q}_C Q_C R_C} = \boldsymbol{\tilde{R}_C R_C}$$

$$\boldsymbol{W}_y = \boldsymbol{\Sigma}_y{}^{-1} = \boldsymbol{R}_C{}^{-1}\tilde{\boldsymbol{R}}_C{}^{-1} \tag{6.9}$$

そこで，(3.43)，(3.44)において，$\boldsymbol{W}^{1/2}$ のかわりに $\tilde{\boldsymbol{R}}_C{}^{-1}$ を用いて，

$$\boldsymbol{y}' \equiv \tilde{\boldsymbol{R}}_C{}^{-1}\boldsymbol{y}, \qquad \boldsymbol{A}' \equiv \tilde{\boldsymbol{R}}_C{}^{-1}\boldsymbol{A} \tag{6.10}$$

と置けばよい．これらは，重みつき測定値ベクトル $\boldsymbol{y}'$ と重みつきヤコビアン行列 $\boldsymbol{A}'$ として，QR 分解法による最小二乗解法[(3.45)—(3.50)および§4，§5]に今までどおり用いることができる．

§6.3　装置関数と時定数[14,16]

ところで，“測定値の変換”が，すでに測定の段階で測定装置自身によってなされる場合がある．その代表例は，装置の分解能や時定数に関係した装置関数と呼ばれるものの効果である．例えば，物質による光の吸収率の波長依存性(すなわち，物質の吸収スペクトル)を測定する場合を考える．いろいろな波長の光を作るには，ふつう白熱光源からの光を分光器(簡単にはプリズムとスリットで構成)で分離してとり出す．このとき，特定の波長 λ の光だけをとり出すことは原理的に不可能であり，波長 λ のごく近傍の波長領域の光を同時に取出してしまう．この取出した光の波長に関する強度分布がこの分光器の**装置関数**であり，その半値幅 $\Delta\lambda$ を**分解能**という．そこで，波長 λ で吸収率を測定したつもりでも，実際にはその近傍の波長領域の吸収率に装置関数をかけて平均化(コンボリューション)した値を得ている．さらに，分光器を動かして，取り出す光の中心波長 λ を連続的に変化させ，吸収率を自動的に測定してアナログのチャートに記録したときには測定系全体として追随できる時間的速さ(すなわち**時定数**)の問題が入ってくる．測定の歪みを小さくするには，装置の分解能 $\Delta\lambda$ に相当するだけ波長 λ を変えるのに時定数の5倍以上の時間をかける必要がある．これらの効果を取扱うには，次のような場合に分けて考えるとよい．

(a)　本来の吸収率の変化がなめらかで，分解能 $\Delta\lambda$ の範囲でほとんど変化しないとき．——装置関数の効果は無視して近似してもよい．読みとりの間隔が時定数よりも十分長いときは，時定数の効果も無視して独立な測定として扱ってよい．読みとり間隔が時定数程度かそれより短いときには，隣接した測定値のノイズの間には相関があるから，時系列解析の考え方を導入して，非対角形の誤差行列を取入れるとよい．

（b）　本来の吸収率の変化が大きく，分解能 $\Delta\lambda$ の範囲で有意に変わるとき．——あてはめる理論式のほうに装置関数の効果を組みこむ(たたみこみ，コンボリューション)とよい．読みとり間隔が時定数よりも十分長いときは，時定数の効果は無視して独立な測定値として扱えるが，読みとり間隔が短いときには，隣接測定値間のノイズの相関をとり入れなければならない．

隣接測定値間のノイズに相関がある場合の時系列解析の扱い方については，文献16)を参照されたい．

§6.4　"横軸"にも誤差がある場合の扱い方[4)]

いままで，各測定条件に対応して"横軸" $q_i^{(1)}, \cdots q_i^{(l)}$ が指定され，一つの測定値 y_i が得られるとし，"横軸"には誤差がないと前提していた．たしかに，"横軸"が本来離散量で，まったく誤差なく指定できる場合もある．しかし，温度・圧力・時間・周波数・距離などの連続量が"横軸"となるときには，"縦軸"の測定値を得るのと同時に，これらの"横軸"を制御・測定しなければならない．この"横軸"の制御と測定の精度が，"縦軸"の測定精度よりもはるかに高いならば，いままでの扱いでもよいが，そうでなければ，"横軸"の誤差をも考慮した扱いが必要となる．

一口に横軸の誤差といっても，大別して次の2つの場合が考えられる．

（a）　測定誤差——横軸の量はそれぞれある決った値を持っているが，その測定に誤差が含まれる場合．

（b）　制御誤差——横軸の量を完全に制御できないために，ある分布のゆらぎがあり，そのゆらぎに対して平均化されている場合．横軸を区間(bin)に分けてその中心で代表させる場合もこれに含まれる．

変化が滑らかで，横軸の微小変化およびパラメータの微小変化に対して1次の変化だけを考えればよい場合は，(a)も(b)もほとんど同等であるが，急激な変化を含む場合には，異なる取り扱いが必要である．

まずはじめに，"横軸"の変化に対して"縦軸"の測定値の変化が急激には変わらない問題に対して，"横軸"の誤差を，"縦軸"の誤差に換算しなおす近似的な扱いを述べる．すなわち，ある測定における，"縦軸"の測定値を y_i，その誤差分散を $\sigma_{y_i}{}^2$ とし，それに対する"横軸"の値を q_i，その誤差分散を $\sigma_{q_i}{}^2$ とす

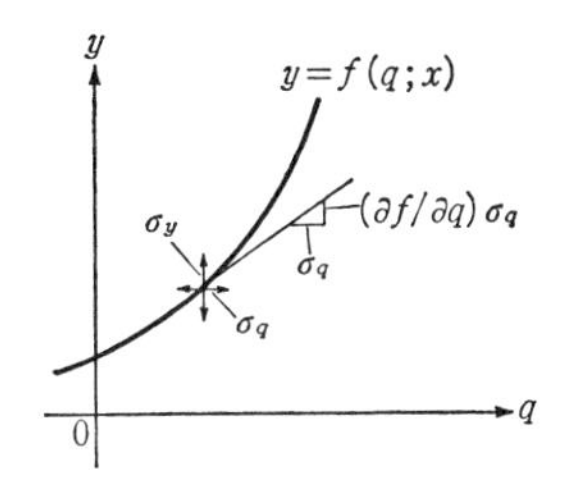

図 6.1 “横軸”にも誤差がある場合の扱い方

る．観測方程式は，パラメータ $\boldsymbol{x}$ を含んで，

$$\boldsymbol{y} \cong \boldsymbol{f}(\boldsymbol{q};\boldsymbol{x}) \qquad \text{誤差} \quad \boldsymbol{\sigma_y}, \boldsymbol{\sigma_q} \tag{6.11}$$

と表わす．横軸の誤差 σ_{q_i} を縦軸の誤差に換算するには，勾配をかけて

$$(\partial f_i/\partial_{q_i})\cdot\sigma_{q_i}$$

とすればよい(図 6.1)．すなわち，横軸の誤差やゆらぎのために，測定値にはこれだけの不確定さが生じると考えられる．これと，もともとの y_i 自身の誤差 σ_{y_i} とを重ね合わせるには，誤差伝播則により，

$$\sigma_i = [\sigma_{y_i}{}^2 + (\partial f_i/\partial q_i)^2\cdot\sigma_{q_i}{}^2]^{1/2} \tag{6.12}$$

とする．ただし，横軸の誤差同士にも，縦軸と横軸の誤差の間にも相関はないものとした．この誤差 σ_i を用いると，観測方程式は今までと同様に，横軸の誤差を含まない形で

$$\boldsymbol{y} \cong \boldsymbol{f}(\boldsymbol{q};\boldsymbol{x}) \qquad \text{誤差} \quad \boldsymbol{\sigma} \tag{6.13}$$

と表わせる．この方法が成り立つためには，図 6.1 より明らかなように，勾配 $(\partial f_i/\partial q_i)$ が近似的にでも予め計算でき，また誤差 σ_{q_i} 程度の範囲においてこの勾配がほぼ一定であることが必要である．したがって，上記の考え方は(6.12)において第 2 項が第 1 項にくらべて十分小さいときにのみあてはまることに注意しなければならない．この場合 q_i の“測定値”のふくむ誤差と y_i の誤差とは互いに独立でなくなるから，q_i の誤差については最小二乗法の前提の一つが厳密にはなり立たないことになる．

つぎに，急激な変化を含む場合，とくに横軸に関して折りかえすような理論モデルや，平面上の図形のあてはめなどの問題について考える．これらの場合は，(a)と(b)を区別して考えなければならない．

(a)では横軸の真値そのものを未知パラメータとし，横軸の測定値を，縦軸の測定値とともに測定値として扱えばよい．SALSでは，未知パラメータのゆるい束縛(§7.5.2)という機能を用いることができる．ただし，このようなアルゴリズムは，あらゆるずれを横軸の誤差に押しつける傾向がある．従って，不完全なモデルに対してこの方法を適用すると，横軸のずれの推定値が異常に大きくなることがあるので，不用意にこの方法を用いることは危険である．縦軸の誤差と横軸の誤差について，少なくともその比がわかっているときには，q_iを“測定値”，$q_i{}^0$をその“真値”として

$$S \equiv \sum_i [(y_i - f(q_i{}^0; \boldsymbol{x}))^2/\sigma_{yi}{}^2 + (q_i - q_i{}^0)^2/\sigma_{qi}{}^2] \tag{6.14}$$

を最小にするような$q_i{}^0$，および$\boldsymbol{x}$の値を計算すればよい．

なお，q_iに関して1次の変化だけを考えればよい場合は，上に述べた縦軸と横軸の誤差を重ね合わせる近似的取り扱いに帰着することを示す．まず(6.14)のSを$q_i{}^0$について微分して0とおけば，

$$(\partial f_i/\partial q_i)(y_i - f(q_i{}^0; \boldsymbol{x}))/\sigma_y{}^2 + (q_i - q_i{}^0)/\sigma_q{}^2 = 0 \tag{6.15}$$

となる．ただし，$f(q_i; \boldsymbol{x})$をf_iと略した．これを$q_i{}^0$について解いた解を$\hat{q}_i{}^0$と書けば，

$$(y_i - f(\hat{q}_i{}^0; \boldsymbol{x}))/\sigma_y{}^2 = (y_i - f(q_i; \boldsymbol{x}))/\sigma_i{}^2 \tag{6.16}$$

が導かれる．次に$\boldsymbol{x}$に関する微分が0であるということから，

$$\frac{\partial S}{\partial x_j} = \sum_i \frac{\partial f_i}{\partial x_j}(y_i - f(\hat{q}_i{}^0; \boldsymbol{x}))/\sigma_y{}^2 = \sum_i \frac{\partial f_i}{\partial x_j}(y_i - f(q_i; \boldsymbol{x}))/\sigma_i{}^2 = 0 \tag{6.17}$$

を得る．すなわち，$\partial f_i/\partial x_j$の$q_i$に関する変化が小さければ，あたかも横軸には誤差がなく，縦軸にσ_iの誤差が含まれているかのように扱ってよいことが示された．

(b)の場合は，モデルとして，ゆらぎに対して平均化したものを用いればよい．ただし毎回数値積分を実行するわけにもいかないので，モデルに応じて種種の工夫が必要となる．

第7章　モデルの選択

§7.1　モデルの選び方と近似[25)]

§2.4で述べたように，実験データ解析の主要な目的は，構造(モデル)の解明にあることが多い．このときには，いままで取扱っていたように，ある一つのモデルを仮定して，狭義のあてはめ(最小二乗解析)を行なうだけでは不十分である．いろいろなモデルを仮定してあてはめを行ない，その結果から最も適当なモデルを選択しなければならない．あてはめた結果，計算値と測定値との対応がよくないモデルは，χ^2検定(§3.5)などを用いて，棄却し修正していく．そして，やがて計算値と測定値との対応が誤差範囲におさまり，χ^2検定などで棄却すべきでないと判定されるモデルが得られるであろう．しかし，そのようなモデルは一つとは限らない．同じ考え方でも近似を上げたモデル，異なるパラメータで表現されたモデル，さらにはまったく違った考え方に基づくモデルなどが，同様によく測定値を説明できることがある．このように，いくつものモデルから最適のモデルを選び出すために，統計学ではどのような判断が必要か．これが本章の中心テーマである．この問題は，統計学にとってまだまだ未解決の部分を含んでいる．さらに，構造の解明というデータ解析の目標は，単に統計学的に最適なモデルを見出すことではなくて，(その存在を想定している)真の関係を最も適切に表現するモデルを見出すことである．このためには，そのモデルが(自然科学の)一般的な事実や概念に照して合理的であるか，また基本概念と測定された事実とを結びつける最も適切な表現であるか，などの判断が必要であり，これには統計学ではなく，それぞれの専門分野の見識が必要である．

モデルの選択のためのアプローチとして，本章では以下のような問題を考える.

(a)　モデル(特に線形のモデル)を変換して，異なる表現の等価なモデルを作るにはどうするか(§7.2).

(b)　パラメータ間の相関をゼロにするモデルはどのようにして作れるか.それにはどんな意味があるか(§7.3).

(c)　モデルの近似を上げて高次項を導入すると，残差や低次項のパラメータ推定値にどのような影響を与えるか. また，どのような高次項を導入するのが効果的か(§7.4).

(d)　決定できるかできないかが予測できないような高次項を，発散を抑えながら安定に導入するにはどうするか(§7.5).

(e)　高次項に仮定を設けるとどのような影響があるか(§7.6).

(f)　高次項の導入をどこで打切ればよいか(§7.7).

(g)　統計学的に最適のモデルを選択するには，どのような基準がよいか(§7.7).

§7.2　パラメータの線形変換

まずはじめに，あるモデル$\boldsymbol{f}(\boldsymbol{q};\boldsymbol{x})$を選んだ場合にも，このモデルを表わすためのパラメータの組$\boldsymbol{x}$が，実は一義的に決まるわけでないことを示す. すなわち，別のパラメータの組$\boldsymbol{x}^{\dagger}$を用い，モデルの表現を変えて$\boldsymbol{f}^{\dagger}(\boldsymbol{q};\boldsymbol{x}^{\dagger})$とすれば，結局は$\boldsymbol{f}(\boldsymbol{q};\boldsymbol{x})$と同じものが表わせる. 本節以下§7.4までは，簡単のために線形モデルについて記すけれども，非線形モデルに対しても，パラメータの解のまわりで線形近似がなり立つ範囲では同様に示され，本節の$\boldsymbol{x}, \boldsymbol{f}(\boldsymbol{q};\boldsymbol{x})$，および$\boldsymbol{y}$を，それぞれの微分量$d\boldsymbol{x}, d\boldsymbol{f}(\boldsymbol{q};\boldsymbol{x})/d\boldsymbol{x}$，および$d\boldsymbol{y}$として解釈すればよい.

§7.2.1　パラメータの線形変換の一般式

いま線形のモデル$\boldsymbol{f}(\boldsymbol{q};\boldsymbol{x})=\boldsymbol{A}\boldsymbol{x}$があるとき，$\boldsymbol{x}$のかわりに，任意の正則な行列で変換した$\boldsymbol{x}^{\dagger}$をパラメータに選ぶことができる. なぜなら，変換行列$\boldsymbol{T}$とその逆行列$\boldsymbol{T}^{-1}$とを用いて，

$$\boldsymbol{x} \equiv \boldsymbol{T}\boldsymbol{x}^{\dagger},\ \ \boldsymbol{x}^{\dagger} = \boldsymbol{T}^{-1}\boldsymbol{x} \tag{7.1}$$

$$\boldsymbol{A} \equiv \boldsymbol{A}^{\dagger}\boldsymbol{T}^{-1},\ \ \boldsymbol{A}^{\dagger} = \boldsymbol{A}\boldsymbol{T} \tag{7.2}$$

とすれば，モデルは

$$f(q;x) = Ax = A^{\dagger}T^{-1}Tx^{\dagger} = A^{\dagger}x^{\dagger} \equiv f^{\dagger}(q;x^{\dagger}) \tag{7.3}$$

となり，$f(q;x)$ と $f^{\dagger}(q;x^{\dagger})$ とはまったく同一の理論値を与えるからである．

この変換されたモデルを用いて最小二乗解析を行なったときには，次のような関係が成立つことが，(7.1)，(7.2)を(3.28′)，(3.40)，(3.81)に代入することによって示される．

$$B^{\dagger} \equiv \tilde{A}^{\dagger}WA^{\dagger} = \tilde{T}\tilde{A}WAT = \tilde{T}BT \tag{7.4}$$

$$C^{\dagger} \equiv (B^{\dagger})^{-1}\tilde{A}^{\dagger}W = T^{-1}B^{-1}\tilde{T}^{-1}\tilde{T}\tilde{A}W = T^{-1}C \tag{7.5}$$

$$\Sigma_{\hat{x}\dagger} \equiv \sigma_0{}^2(B^{\dagger})^{-1} = \sigma_0{}^2T^{-1}B^{-1}\tilde{T}^{-1} = T^{-1}\Sigma_{\hat{x}}\tilde{T}^{-1} \tag{7.6}$$

変換したモデルのパラメータ推定値 $\hat{x}^{\dagger}$ は

$$\hat{x}^{\dagger} = C^{\dagger}y = T^{-1}Cy = T^{-1}\hat{x} \tag{7.7}$$

によって得られ，その誤差行列 $\Sigma_{\hat{x}}{}^{\dagger}$ は(7.6)で得られる．

§7.2.2　パラメータの選び方

(7.1)で関係づけられているパラメータの組は，その意味づけと数値計算の誤差以外はまったく同等である．そこで，これらの同等なパラメータの組から，必要に応じて最も使いやすい組を用いるべきであろう．その選択には，次の点を考慮するとよい．

(a)　意味づけが明確で，基本的な概念に対応していること．

(b)　各種の標準規格・慣用・文献中の定義などにできるだけ準拠すること．

(c)　パラメータ間の相関が少なく，小さい標準誤差 σ_x で決定できること．

(d)　数値計算における計算誤差が小さくなること．これには，パラメータの相関を小さくし，適当なスケーリングをして，ヤコビアン行列の条件数 $\kappa(A)$ (4.25)をできるだけ小さくすること．

これらの条件を同時に満足することは必ずしも容易でない．次節で述べる直交化パラメータ x' は，上記の要請(c)を完全に満足している場合であり，理論的に重要である．実際にはいくつかの定義の量が併用されていることもあり，そのときには，それぞれの定義によるパラメータの推定値とその誤差を，(7.1)および(7.6)を用いて対応づけておくとよい．

§7.2.3　変換例：パラメータの差

2個のパラメータ (x_1, x_2) の間に強い相関がある場合には，それらの適当な線形結合を新しいパラメータの一つに選ぶとよい．ここでは，正の強い相関がある場合を考え，x_1 と x_2-x_1 とを新しいパラメータの組 $\boldsymbol{x}^\dagger$ とする例を示す．

$$\boldsymbol{x}^\dagger \equiv \begin{pmatrix} x_1 \\ x_2-x_1 \end{pmatrix} = \begin{pmatrix} 1 & 0 \\ -1 & 1 \end{pmatrix}\begin{pmatrix} x_1 \\ x_2 \end{pmatrix} = \boldsymbol{T}^{-1}\boldsymbol{x} \tag{7.8}$$

$$\boldsymbol{T}^{-1} \equiv \begin{pmatrix} 1 & 0 \\ -1 & 1 \end{pmatrix}, \quad \boldsymbol{T} = \begin{pmatrix} 1 & 0 \\ 1 & 1 \end{pmatrix} \tag{7.9}$$

$$\boldsymbol{A}^\dagger \equiv \boldsymbol{A}\boldsymbol{T} \equiv (\boldsymbol{a}_1, \boldsymbol{a}_2)\begin{pmatrix} 1 & 0 \\ 1 & 1 \end{pmatrix} = (\boldsymbol{a}_1+\boldsymbol{a}_2, \boldsymbol{a}_2) \tag{7.10}$$

$$\boldsymbol{B}^\dagger = \begin{pmatrix} 1 & 1 \\ 0 & 1 \end{pmatrix}\boldsymbol{B}\begin{pmatrix} 1 & 0 \\ 1 & 1 \end{pmatrix} = \begin{pmatrix} B_{11}+2B_{12}+B_{22} & B_{12}+B_{22} \\ B_{12}+B_{22} & B_{22} \end{pmatrix} \tag{7.11}$$

$$\boldsymbol{\Sigma}_{\hat{x}}{}^\dagger = \begin{pmatrix} 1 & 0 \\ -1 & 1 \end{pmatrix}\boldsymbol{\Sigma}_{\hat{x}}\begin{pmatrix} 1 & -1 \\ 0 & 1 \end{pmatrix} = \begin{pmatrix} \Sigma_{11} & -\Sigma_{11}+\Sigma_{12} \\ -\Sigma_{11}+\Sigma_{12} & \Sigma_{11}-2\Sigma_{12}+\Sigma_{22} \end{pmatrix} \tag{7.12}$$

たとえば，いま，x_1 と x_2 との相関係数が 0.95 であるような場合で，

$$\boldsymbol{\Sigma}_{\hat{x}} = \begin{pmatrix} \Sigma & 0.95\,\Sigma \\ 0.95\,\Sigma & \Sigma \end{pmatrix} \tag{7.13}$$

と仮定すると，x_1 と x_2-x_1 との誤差行列は(7.12)より

$$\boldsymbol{\Sigma}_{\hat{x}}{}^\dagger = \begin{pmatrix} \Sigma & -0.05\,\Sigma \\ -0.05\,\Sigma & 0.1\,\Sigma \end{pmatrix} \tag{7.14}$$

となる．すなわち，パラメータ x_2-x_1 の標準偏差は，x_2 の標準偏差の $\sqrt{0.1}$ 倍であり，相関係数は $-0.05\sqrt{0.1}$ に減少する．図7.1に，(x_1, x_2)の2次元平面での誤差分布の様子を示す．

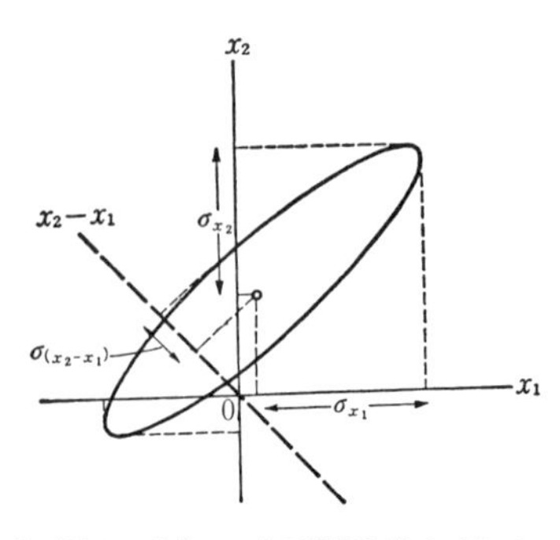

図 7.1 相関があるパラメータ(x_1, x_2)の誤差と差のパラメータ(x_2-x_1)の誤差

§7.3　直交化パラメータ $\boldsymbol{x}'$ によるあてはめ

前節に述べたパラメータの線形結合のうち，相関を完全にゼロにした“直交化パラメータ”(正準パラメータ)$\boldsymbol{x}'$ は，あてはめの理論を理解する上で重要である．これを用いると，多変数のあてはめを m 個の独立な1次元のあてはめとして理解できるからである．

§7.3.1　ヤコビアン列ベクトル $\boldsymbol{a}_j$ の考え方

まず，話をすっきりさせるために，観測方程式(3.34)

$$\boldsymbol{y} \cong \boldsymbol{f}(\boldsymbol{q};\boldsymbol{x}) \equiv \boldsymbol{f}(\boldsymbol{x}) \qquad \text{誤差} \quad \boldsymbol{\sigma} \tag{7.15}$$

の各行をその誤差 σ_i で割った形

$$y_i/\sigma_i \cong f(\boldsymbol{q}_i;\boldsymbol{x})/\sigma_i \qquad \text{誤差} \quad 1 \qquad (i=1\sim n) \tag{7.16}$$

で考え，これを新たに

$$\boldsymbol{y} \cong \boldsymbol{f}(\boldsymbol{q};\boldsymbol{x}) \equiv \boldsymbol{f}(\boldsymbol{x}) \qquad \text{誤差} \quad \mathbf{1} \tag{7.17}$$

と書くことにする．これは，(3.42)および§4，§5でもしたように，重みつきヤコビアン行列 $\boldsymbol{W}^{1/2}\boldsymbol{A}$ を新たに行列 $\boldsymbol{A}$ として扱い，誤差行列 $\boldsymbol{\Sigma}=\mathbf{1}$ と規格化して，重み行列 $\boldsymbol{W}=\mathbf{1}$ をいちいち書かなくてもよいようにしたのである．

線形モデルを考え，そのヤコビアン行列 $\boldsymbol{A}$ を各パラメータに対応する列ベクトルに分割して表現する．すなわち，

$$\boldsymbol{f}(\boldsymbol{q};\boldsymbol{x}) \equiv \boldsymbol{A}\boldsymbol{x} \equiv (\boldsymbol{a}_1, \boldsymbol{a}_2, \cdots \boldsymbol{a}_m)\boldsymbol{x} = \sum_{j=1}^{m} \boldsymbol{a}_j x_j \tag{7.18}$$

である．各ベクトル $\boldsymbol{a}_j$ は，(測定値数) n 次元空間の一つのベクトルと考えることができ，n 個の測定点での横座標 $\boldsymbol{q}_i(i=1\sim n)$ とモデル $\boldsymbol{f}$ によって決まる．ところで，正規方程式を導く式(3.25)に対して，誤差 σ_i で規格化した残差ベクトル $\boldsymbol{v}$ とヤコビアン列ベクトル $\boldsymbol{a}_j$ とを用いれば，直ちに

$$\tilde{\boldsymbol{a}}_j\boldsymbol{v} = 0 \qquad (j=1\sim m) \tag{7.19}$$

が導ける．このような $\boldsymbol{v}$ と $\boldsymbol{a}_j(j=1\sim m)$ との直交関係(7.19)は，正規方程式(3.26′)と同等の内容を持ち，最小二乗法の基本方程式であるといえる．測定値 $\boldsymbol{y}$ は，モデルによる計算値 $\boldsymbol{f}(\boldsymbol{q};\hat{\boldsymbol{x}})$ と残差 $\boldsymbol{v}$ の和である．

$$\begin{aligned}\boldsymbol{y} &= \boldsymbol{f}(\boldsymbol{q};\hat{\boldsymbol{x}})+\boldsymbol{v} \\ &= \sum_{j=1}^{m} \boldsymbol{a}_j \hat{x}_j+\boldsymbol{v}\end{aligned} \tag{7.20}$$

そこで，この式と方程式(7.19)より，「(最小二乗法による)あてはめとは，測定値ベクトル $\boldsymbol{y}$ から，m 個のパラメータに対するヤコビアン列ベクトル $\boldsymbol{a}_j(j=1\sim m)$ の成分 $\boldsymbol{a}_j\hat{x}_j$ をとり出し，残差 $\boldsymbol{v}$ がもはやベクトル $\boldsymbol{a}_j(j=1\sim m)$ とは直交する成分しか持たないようにする操作である」といえる．

たとえば，多項式によるあてはめであれば，2次式であてはめを行なうと残差には3次以上の成分しか現われず，また，もし3次式であてはめを行なえば残差には4次以上の成分しか現われないことになる．

ところが，ヤコビアン列ベクトル $\boldsymbol{a}_j(j=1\sim m)$ は，一般に互いには直交していない．ベクトル $\boldsymbol{a}_j$ と $\boldsymbol{a}_{j'}$ との内積は，正規方程式の係数行列 $\boldsymbol{B}$ (3.28′)の jj' 要素

$$B_{jj'}=(\tilde{\boldsymbol{A}}\boldsymbol{A})_{jj'}=\sum_i A_{ij}A_{ij'}=\tilde{\boldsymbol{a}}_j\boldsymbol{a}_{j'}\qquad(j,j'=1\sim m)\qquad(7.21)$$

であり，(3.81)よりパラメータの誤差行列とは $\boldsymbol{\Sigma}_{\hat{x}}=\sigma_0{}^2\boldsymbol{B}^{-1}$ の関係がある．したがって，ヤコビアン列ベクトル $\boldsymbol{a}_j(j=1\sim m)$ がすべて互いに直交するようにモデルを選ぶことは，パラメータの誤差行列 $\boldsymbol{\Sigma}_{\hat{x}}$ を対角形にすることと同等である．$\boldsymbol{a}_j$ がすべて互いに直交していれば，(7.20)に対する上記の幾何学的解釈も一層明確な意味を持つ．

§7.3.2　直交化パラメータ $\boldsymbol{x}'$ への変換

そこで，一般の線形モデル(7.18)のパラメータ $\boldsymbol{x}$ を線形変換して，直交化パラメータ $\boldsymbol{x}'$ を求める．長さを不変にする線形変換は，m 次元のパラメータ空間内での回転(主軸変換)で表わせるので，ユニタリ変換 $\boldsymbol{U}$ を用いる．

$$\boldsymbol{U}^{-1}=\tilde{\boldsymbol{U}}\qquad(7.22)$$

変換された，直交化パラメータに関する量を ′ をつけて表わすことにすれば，(7.1)～(7.6)に対応して，

$$\boldsymbol{x}'\equiv\tilde{\boldsymbol{U}}\boldsymbol{x},\qquad \boldsymbol{x}=\boldsymbol{U}\boldsymbol{x}'\qquad(7.23)$$

$$\boldsymbol{A}'\equiv(\boldsymbol{a}_1{}',\boldsymbol{a}_2{}',\cdots\boldsymbol{a}_m{}')=\boldsymbol{A}\boldsymbol{U},\qquad \boldsymbol{A}=\boldsymbol{A}'\tilde{\boldsymbol{U}}\qquad(7.24)$$

$$\boldsymbol{f}'(\boldsymbol{q};\boldsymbol{x}')\equiv\boldsymbol{A}'\boldsymbol{x}'=\sum_{j=1}^m\boldsymbol{a}_j{}'x_j{}'=\sum_{j=1}^m\boldsymbol{a}_jx_j=\boldsymbol{A}\boldsymbol{x}=\boldsymbol{f}(\boldsymbol{q};\boldsymbol{x})\qquad(7.25)$$

$$\boldsymbol{B}'\equiv\tilde{\boldsymbol{A}}'\boldsymbol{A}'=\tilde{\boldsymbol{U}}\boldsymbol{B}\boldsymbol{U}=(\text{対角形})\qquad(7.26)$$

$$\boldsymbol{\Sigma}_{\hat{x}}{}'=\sigma_0{}^2(\boldsymbol{B}')^{-1}=\tilde{\boldsymbol{U}}\boldsymbol{\Sigma}_{\hat{x}}\boldsymbol{U}=(\text{対角形}),\qquad \boldsymbol{\Sigma}_{\hat{x}}=\boldsymbol{U}\boldsymbol{\Sigma}_{\hat{x}}{}'\tilde{\boldsymbol{U}}\qquad(7.27)$$

が成り立つ．(7.26)の行列要素は

$$B_{jj}' = \tilde{\boldsymbol{a}}_j'\boldsymbol{a}_j' = \|\boldsymbol{a}_j'\|^2 \neq 0 \qquad (j=1\sim m) \tag{7.28}$$

$$B_{jj'}' = \tilde{\boldsymbol{a}}_j'\boldsymbol{a}_{j'}' = 0 \qquad (j \neq j', j=1\sim m, j'=1\sim m) \tag{7.29}$$

である．したがって，正規方程式(3.26′)は，1次元の方程式m個に分解でき，

$$\hat{x}_j' = (\boldsymbol{B}'^{-1})_{jj}\tilde{\boldsymbol{a}}_j'\boldsymbol{y} = (\tilde{\boldsymbol{a}}_j'\boldsymbol{y})/\|\boldsymbol{a}_j'\|^2 \qquad (j=1\sim m) \tag{7.30}$$

また

$$\sigma_{x'j} = (\boldsymbol{\Sigma}_{\hat{x}'})_{jj}{}^{1/2} = \sigma_0/\|\boldsymbol{a}_j'\| \qquad (j=1\sim m) \tag{7.31}$$

となる．

このようにして，行列$\boldsymbol{B}$を対角化(7.26)するユニタリ行列$\boldsymbol{U}$によって直交ベクトル$\boldsymbol{a}_j'(j=1\sim m)$が得られたので，(7.20)を書きなおすと，

$$\boldsymbol{y} = \sum_{j=1}^{m}\boldsymbol{a}_j'\hat{x}_j' + \boldsymbol{v} \tag{7.32}$$

となる．こんどはすべて互いに直交するベクトル$\boldsymbol{a}_j'(j=1\sim m)$と$\boldsymbol{v}$で測定値ベクトル$\boldsymbol{y}$を表現している．

$\boldsymbol{x}$の長さを保存する必要がなければ，種々の変換が可能であり，たとえば§4で議論したQR分解の$\boldsymbol{R}$を用いて$\boldsymbol{x}'$を

$$\boldsymbol{x}' = \boldsymbol{R}\boldsymbol{x} \tag{7.33}$$

と定義すれば，$\boldsymbol{x}'$も直交化パラメータになっている．

§7.4 高次項を導入したときの影響

さて，いままでのモデル$\boldsymbol{f}(\boldsymbol{q};\boldsymbol{x})$によるあてはめで，(7.20)の残差$\boldsymbol{v}$がランダムでなく，系統的に変化する成分を持つことがわかったとする．このときには，よりよいモデルを探すわけだが，いままでのモデルの近似を上げて，さらに高次の影響までを考慮したモデルを作ることが多い．そこで，最も簡単なケースとして，高次項を1項だけ追加する場合の影響について考察する．

高次項を導入したモデルに関係する量には，すべて*印をつけることにして，モデルを次の形に書く．

$$\boldsymbol{f}^*(\boldsymbol{q};\boldsymbol{x}^*) \equiv \boldsymbol{f}(\boldsymbol{q};\boldsymbol{x}) + x_{m+1}{}^*\boldsymbol{a}_{m+1}{}^* \tag{7.34}$$

このモデルに対する最小二乗解$\hat{\boldsymbol{x}}^*$に関しては，次の結論が導かれる．

a） 通常，低次項パラメータの推定値がシフトする．

$$\hat{x}_j{}^* \neq \hat{x}_j \qquad (j=1\sim m) \tag{7.35}$$

b）　通常，低次項パラメータの標準偏差は増大する．

$$\sigma_{\hat{x}_j*} > \sigma_{\hat{x}_j} \qquad (j=1\sim m) \tag{7.36}$$

ここで，“通常”でない例外の場合というのは，導入した高次項のヤコビアンベクトル $\boldsymbol{a}_{m+1}{}^*$ が，低次項のヤコビアンベクトル $\boldsymbol{a}_j(j=1\sim m)$ と完全に直交する場合である．このときには，(7.39)，(7.40)がそれぞれ等号でおきかえられる．この結論は，実際のデータ解析の指針として大事である．以下にこれらの関係を導く．

§7.4.1　低次項パラメータの推定値がシフトする

通常，高次項ベクトル $\boldsymbol{a}_{m+1}{}^*$ は，低次項のベクトル $\boldsymbol{a}_j(j=1\sim m)$ とは直交していず，そのため（低次項の間でだけ直交化した）ベクトル $\boldsymbol{a}_j'(j=1\sim m)$ とも直交していない．そこで，高次項ベクトルを低次項直交ベクトル $\boldsymbol{a}_j'$ に分解して表わし，その係数を c_j と書く．

$$\boldsymbol{a}_{m+1}{}^* \equiv \sum_{j=1}^{m} c_j \boldsymbol{a}_j' + \boldsymbol{a}_{m+1}{}'^* \tag{7.37}$$

ただし，

$$c_j \equiv \tilde{\boldsymbol{a}}_{m+1}{}^* \boldsymbol{a}_j' / \|\boldsymbol{a}_j'\|^2 \qquad (j=1\sim m) \tag{7.38}$$

すると，上式の右辺のベクトルはすべて直交しているから，これらが新しい高次モデル $\boldsymbol{f}^*(\boldsymbol{q};\boldsymbol{x}^*)$ における直交化ベクトルの組となる．

$$(\boldsymbol{a}_1{}'^*, \cdots \boldsymbol{a}_m{}'^*, \boldsymbol{a}_{m+1}{}'^*) \equiv (\boldsymbol{a}_1{}', \cdots \boldsymbol{a}_m{}', \boldsymbol{a}_{m+1}{}'^*) \tag{7.39}$$

これによれば，測定値ベクトル $\boldsymbol{y}$ は，次のように分解され，新たな残差ベクトル $\boldsymbol{v}^*$ を与える．

$$\boldsymbol{y} = \sum_{j=1}^{m} \hat{x}_j{}' \boldsymbol{a}_j{}' + \hat{x}_{m+1}{}'^* \boldsymbol{a}_{m+1}{}'^* + \boldsymbol{v}^* \tag{7.40}$$

すなわち，直交化パラメータの解 $\hat{\boldsymbol{x}}'^*$ は低次項の解 $\hat{\boldsymbol{x}}'$ からシフトせず，

$$\hat{x}_j{}'^* = \hat{x}_j{}' \qquad (j=1\sim m) \tag{7.41}$$

一方，残差 $\boldsymbol{v}$ が分割され，導入した高次項のうちの直交ベクトル $\boldsymbol{a}_{m+1}{}'^*$ の成分とそれ以外の成分 $\boldsymbol{v}^*$ とで表わされる．

$$\boldsymbol{v} = \hat{x}_{m+1}{}^* \boldsymbol{a}_{m+1}{}'^* + \boldsymbol{v}^* \tag{7.42}$$

以上のような直交化ベクトル $\boldsymbol{a}_j'$ に分割して考えた結果を用いると，もともとのパラメータ $\hat{\boldsymbol{x}}$ に対する影響を計算できる．これにはまず，高次モデルでの

ヤコビアン列ベクトルを考える．

$$(\boldsymbol{a}_1^*, \cdots \boldsymbol{a}_m^*, \boldsymbol{a}_{m+1}^*) \equiv (\boldsymbol{a}_1, \cdots \boldsymbol{a}_m, \boldsymbol{a}_{m+1}^*) \tag{7.43}$$

この右辺に(7.24)と(7.37)を代入して行列の形に書けば，

$$(\boldsymbol{a}_1^*, \cdots \boldsymbol{a}_m^*, \boldsymbol{a}_{m+1}^*) = (\boldsymbol{a}_1', \cdots \boldsymbol{a}_m', \boldsymbol{a}_{m+1}'^*)\begin{bmatrix} \tilde{\boldsymbol{U}} & \boldsymbol{c} \\ \boldsymbol{0} & 1 \end{bmatrix} \tag{7.44}$$

となる．ただし，$\boldsymbol{c}$ は(7.38)の係数 c_j を要素とする列ベクトルである．ここで高次モデルに対する(7.25)の関係は

$$(\boldsymbol{a}_1', \cdots \boldsymbol{a}_m', \boldsymbol{a}_{m+1}'^*)\hat{\boldsymbol{x}}'^* = (\boldsymbol{a}_1^*, \cdots \boldsymbol{a}_m^*, \boldsymbol{a}_{m+1}^*)\hat{\boldsymbol{x}}^* \tag{7.45}$$

だから，この右辺に(7.44)を代入すると，$\hat{\boldsymbol{x}}'^*$ と $\hat{\boldsymbol{x}}^*$ の関係がえられる．

$$\hat{\boldsymbol{x}}'^* = \begin{bmatrix} \tilde{\boldsymbol{U}} & \boldsymbol{c} \\ \boldsymbol{0} & 1 \end{bmatrix}\hat{\boldsymbol{x}}^* \tag{7.46}$$

これを逆に解いて，$\hat{\boldsymbol{x}}^*$ に関する次の式が導ける．

$$\begin{aligned} \hat{\boldsymbol{x}}^* &= \begin{bmatrix} \boldsymbol{U} & -\boldsymbol{U}\boldsymbol{c} \\ \boldsymbol{0} & 1 \end{bmatrix}\hat{\boldsymbol{x}}'^* = \begin{bmatrix} \boldsymbol{U}\hat{\boldsymbol{x}}' - \boldsymbol{U}\boldsymbol{c}\hat{x}_{m+1}'^* \\ \hat{x}_{m+1}'^* \end{bmatrix} \\ &= \begin{bmatrix} \hat{\boldsymbol{x}} - \boldsymbol{U}\boldsymbol{c}\hat{x}_{m+1}'^* \\ \hat{x}_{m+1}'^* \end{bmatrix} \end{aligned} \tag{7.47}$$

すなわち，高次項を導入したことによって，低次項のパラメータの推定値は，

$$\hat{x}_j^* = \hat{x}_j - (\boldsymbol{U}\boldsymbol{c})_j \hat{x}_{m+1}'^* \qquad (j=1\sim m) \tag{7.48}$$

のように変化する．この変化の原因は，高次項のヤコビアンベクトルと低次項のものとの非直交性(係数 $c_j \neq 0$)にある．

§7.4.2　低次項パラメータの標準偏差は増大する

次に，パラメータの標準偏差がどのような影響をうけるかを考える．これにはやはり，直交化パラメータ $\hat{\boldsymbol{x}}'^*$ に対する誤差行列から考えるのがわかりやすい．まず，高次の直交化ベクトル $\boldsymbol{a}_{m+1}'^*$ は $\boldsymbol{a}_j'(j=1\sim m)$ と直交しているから，対角化した $m+1$ 次の $\boldsymbol{B}'^*$ 行列の低次項部分は，(7.28), (7.29)と同じである．したがって，直交化パラメータ $x_j'^*$ の低次項$(j=1\sim m)$に対しては，その誤差行列の要素も影響をうけない．また，導入した高次項に対しては，(7.28)あるいは(7.31)より，

$$\Sigma^* \equiv (\boldsymbol{\Sigma}_{\hat{x}'^*})_{m+1,\, m+1} = \sigma_0^2/\|\boldsymbol{a}_{m+1}'^*\|^2 \tag{7.49}$$

となる．すなわち，高次項を導入したときの直交化パラメータ $\hat{\boldsymbol{x}}'^*$ に対する誤差行列 $\boldsymbol{\Sigma}_{\hat{x}'^*}$ は

$$\boldsymbol{\Sigma}_{\hat{x}'^*} = \begin{bmatrix} \boldsymbol{\Sigma}_{\hat{x}'} & \mathbf{0} \\ \mathbf{0} & \Sigma^* \end{bmatrix} \begin{matrix} \}m \\ \}1 \end{matrix} \tag{7.50}$$

となる．

そこで，もとのパラメータ $\hat{\boldsymbol{x}}^*$ に対する誤差行列 $\boldsymbol{\Sigma}_{\hat{x}^*}$ は，(7.50)から誤差伝播則(3.80)で計算できる．すなわち，(7.47)の変換行列と(7.27)を用いて，

$$\boldsymbol{\Sigma}_{\hat{x}^*} = \begin{bmatrix} \boldsymbol{U} & -\boldsymbol{Uc} \\ \mathbf{0} & 1 \end{bmatrix} \begin{bmatrix} \boldsymbol{\Sigma}_{\hat{x}'} & \mathbf{0} \\ \mathbf{0} & \Sigma^* \end{bmatrix} \begin{bmatrix} \tilde{\boldsymbol{U}} & \mathbf{0} \\ -\tilde{\boldsymbol{c}}\tilde{\boldsymbol{U}} & 1 \end{bmatrix}$$

$$= \begin{bmatrix} \boldsymbol{\Sigma}_{\hat{x}} + \boldsymbol{Uc}\Sigma^*\tilde{\boldsymbol{c}}\tilde{\boldsymbol{U}} & -\boldsymbol{Uc}\Sigma^* \\ -\Sigma^*\tilde{\boldsymbol{c}}\tilde{\boldsymbol{U}} & \Sigma^* \end{bmatrix} \begin{matrix} \}m \\ \}1 \end{matrix} \tag{7.51}$$

と計算される．結局，高次項を導入した結果，低次項パラメータ $\hat{x}_j{}^*(j=1\sim m)$ に対する誤差行列$(m\times m)$は，

$$\boldsymbol{\Sigma}_{\hat{x}^*} = \boldsymbol{\Sigma}_{\hat{x}} + \boldsymbol{Uc}\Sigma^*\tilde{\boldsymbol{c}}\tilde{\boldsymbol{U}} \tag{7.52}$$

のようになり，低次のモデルでの誤差行列 $\boldsymbol{\Sigma}_{\hat{x}}$ に第2項が付加されている．この付加項の対角要素は，係数ベクトル $\boldsymbol{c}$ がゼロにならない限り（すなわち，導入した高次項が低次項と完全に直交していない限り），必ず正になる．このため，低次項パラメータの標準偏差 $\sigma_{\hat{x}_j{}^*}$ はもとの値 $\sigma_{\hat{x}_j}$ よりも必ず増大する．

$$\sigma_{\hat{x}_j{}^*} \equiv (\boldsymbol{\Sigma}_{\hat{x}^*})_{jj}{}^{1/2} = [\sigma_{\hat{x}_j}{}^2 + (\boldsymbol{Uc}\Sigma^*\tilde{\boldsymbol{c}}\tilde{\boldsymbol{U}})_{jj}]^{1/2}$$
$$\geqq \sigma_{\hat{x}_j} \qquad (j=1\sim m) \tag{7.53}$$

ただし，測定の分散 $\sigma_i{}^2$ の絶対値が未知という前提 2′(3.12)の場合で，スケーリング定数 σ_* を(3.73)で推定し，パラメータの標準偏差についても推定値 $\hat{\sigma}_{\hat{x}_j}$(3.93)で考える場合には，高次項を導入した影響として，増大することも減少することもありうる．なぜなら，$\hat{\sigma}_{\hat{x}_j}$ は(3.93)，(3.73)のように標準偏差 $\hat{\sigma}$ に比例させており，この $\hat{\sigma}$ は残差二乗和によって(3.62)のように計算される．いま高次項を導入すると，残差 $\boldsymbol{v}$ は(7.42)のように高次項の直交ヤコビアンベクトル成分だけ減少して $\boldsymbol{v}^*$ になるから，標準偏差 $\hat{\sigma}$ も減少する．そこで，$\hat{\sigma}$ の減少と $\sigma_{\hat{x}_j}$ の増大(7.53)とのバランスにより，パラメータの標準偏差の推定値 $\hat{\sigma}_{\hat{x}_j}$ は増えることも減ることもある．

§7.4.3　高次項の直交成分

さて，以上の議論から明らかなように，真の意味でモデルに導入された高次項は，(7.34)で追加したなまの形の項 $\hat{x}_{m+1}{}^*\boldsymbol{a}_{m+1}{}^*$ ではない．そのうちで，すべての低次項と直交する成分，すなわち(7.40)の $\hat{x}_{m+1}{}'^*\boldsymbol{a}_{m+1}{}'^*$ の項である．た

とえば，べき級数へのあてはめで，2次式のモデル

$$\boldsymbol{f}(\boldsymbol{q};\boldsymbol{x}) = x_1\mathbf{1}+x_2\boldsymbol{q}+x_3\boldsymbol{q}^2 \tag{7.54}$$

から，3次式のモデル

$$\boldsymbol{f}^*(\boldsymbol{q};\boldsymbol{x}^*) = x_1{}^*\mathbf{1}+x_2{}^*\boldsymbol{q}+x_3{}^*\boldsymbol{q}^2+x_4{}^*\boldsymbol{q}^3 \tag{7.55}$$

へ拡張する場合を考える(ここで，$\boldsymbol{q}^k$ は $q_i{}^k(i=1\sim n)$ を成分とするベクトルの

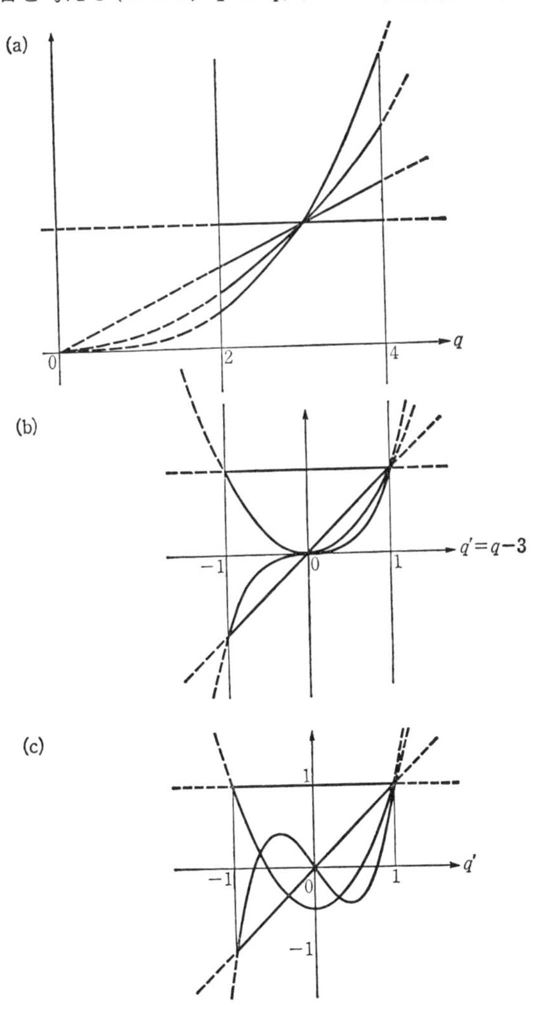

図 7.2 多項式のあてはめにおける基底のとり方

略記号である)．このとき，形式上の高次項は $x_4{}^*\boldsymbol{q}^3$ であるが，真の高次項はこれから2次までのベクトル $\mathbf{1}, \boldsymbol{q}, \boldsymbol{q}^2$ の成分を除いたもので，それ自身が3次式の項 $x_4{}'{}^*\boldsymbol{q}_4{}'(q)$ である．その実際の形は，(7.37)，(7.38)によって計算され，全測定点の位置とその測定精度によって決まるが，q^3 のような単調増大関数ではなく，測定領域 $\{q_1, \cdots q_n\}$ においてうねりをもった3次式である．

このように，できるだけ互いに直交したヤコビアン列ベクトルを用いることが，最小二乗解析をうまく行なう要点である．たとえば，横座標 $q=2.0$ から4.0までを等間隔に刻んで測定した n 個のデータがある場合，多項式のあてはめにべき乗項 $1, q, q^2, q^3, \cdots$ をそのまま用いるのはよくない方法である．なぜなら，これらの項のヤコビアン列ベクトルは，すべてが正の単調増大で互いに似た成分よりなる(図7.2(a)ただし符号とスケーリング因子は任意にとった)．この問題では，座標軸を3.0だけ右にずらせて，横座標を $q'=-1.0$ から1.0とした後，$1, q', q'^2, q'^3, \cdots$ などの項にあてはめる(図7.2(b))と，計算精度をずっと高くできる．さらに望ましいのは，q' に関する直交多項式を用いることである．-1 から1まで等間隔にとられた n 個の測定点に対する直交多項式は，

$$q_1{}'(q') = 1, \quad q_2{}'(q') = q', \quad q_3{}'(q') = \frac{1}{2}\left[3q'^2 - \left(1 - \frac{1}{n^2}\right)\right]$$
$$q_4{}'(q') = \frac{1}{2}\left[5q'^3 - 3\left(1 - \frac{7}{3n^2}\right)q'\right], \cdots \tag{7.56}$$

と表わされる．n が大きいときには，$1/n^2$ の項を無視するとLegendre多項式となり，図7.2(c)に示すようになる．

§7.5　高次項を安定に導入する方法

残差を小さくするように順次高次項を導入していけば，ついには測定誤差 $\boldsymbol{\varepsilon}$ と同程度の高次項を扱うことになる．この場合，導入する高次パラメータが有為に決定できるかどうかは必ずしも予測できない．パラメータ間の相関が大きくなり，必然的に悪条件(§4.2)になるから計算精度も問題になる．そこで，§4で述べた高精度の数値解法を用いるにしても，その計算精度にもおのずから限度がある．したがって，何らかの別の方法で補強しなければならない．このようなぎりぎりの場合に頼りになるのは，やはりその専門分野における情

報・考察である.

§7.5.1 情報の追加と問題の安定化

たとえば，いま問題にしている高次項が他の実験で直接的に測られていたり，理論的な予測が行なわれている場合もあろう．また，少し異なる量であっても，似た条件や似た対象について測定されている場合には，それらからの類推も成立つであろう．さらに，単に概略の大きさの桁を推定するだけでも有効である．これらの情報とその誤差の推定値とを実際に解析したいデータに追加すればよい．その方法には，以下のようなものがあり，データの単純な追加と考える立場から，パラメータの発散を防止する機械的方法と考える立場まで，種々のとらえ方ができる.

まず，簡単のために，もとのデータに対する観測方程式(3.34)と最小二乗条件(3.18)を次のように書く.

$$\text{もとのデータ} \quad \boldsymbol{y} \cong \boldsymbol{f}(\boldsymbol{q};\boldsymbol{x}) \quad \text{誤差} \quad \boldsymbol{\sigma}_y$$

$$S = \|(\boldsymbol{y}-\hat{\boldsymbol{y}})/\boldsymbol{\sigma}_y\|^2 = \text{最小} \tag{7.57}$$

(a) **データの追加**

$$\text{追加するデータ} \quad \boldsymbol{y}_2 \cong \boldsymbol{f}_2(\boldsymbol{q}_2;\boldsymbol{x}) \quad \text{誤差} \quad \boldsymbol{\sigma}_{y_2}$$

$$S = \|(\boldsymbol{y}-\hat{\boldsymbol{y}})/\boldsymbol{\sigma}_y\|^2 + \|(\boldsymbol{y}_2-\hat{\boldsymbol{y}}_2)/\boldsymbol{\sigma}_{y_2}\|^2 = \text{最小} \tag{7.58}$$

(b) **パラメータ間に関係式を導入**

$$\text{関係式} \quad \boldsymbol{g} \cong \boldsymbol{g}(\boldsymbol{q}_2;\boldsymbol{x}) \quad \text{誤差} \quad \boldsymbol{\sigma}_g$$

$$S = \|(\boldsymbol{y}-\hat{\boldsymbol{y}})/\boldsymbol{\sigma}_y\|^2 + \|(\boldsymbol{g}-\hat{\boldsymbol{g}})/\boldsymbol{\sigma}_g\|^2 = \text{最小} \tag{7.59}$$

(c) **パラメータの推定値の導入**

$$\text{推定} \quad \hat{\boldsymbol{x}}^{(0)} \cong \boldsymbol{x} \quad \text{誤差} \quad \boldsymbol{\sigma}_{x^{(0)}}$$

$$S = \|(\boldsymbol{y}-\hat{\boldsymbol{y}})/\boldsymbol{\sigma}_y\|^2 + \|(\hat{\boldsymbol{x}}^{(0)}-\hat{\boldsymbol{x}})/\boldsymbol{\sigma}_{x^{(0)}}\|^2 = \text{最小} \tag{7.60}$$

(d) **パラメータの大きさの見積りの導入**

$$\text{見積り} \quad \boldsymbol{0} \cong \boldsymbol{x} \quad \text{誤差} \quad \boldsymbol{\sigma}_{x^{(0)}}$$

$$S = \|(\boldsymbol{y}-\hat{\boldsymbol{y}})/\boldsymbol{\sigma}_y\|^2 + \|\hat{\boldsymbol{x}}/\boldsymbol{\sigma}_{x^{(0)}}\|^2 = \text{最小} \tag{7.61}$$

(e) **発散防止の機械的方法**(Marquardt 法に対応)

$$S = \|(\boldsymbol{y}-\hat{\boldsymbol{y}})/\boldsymbol{\sigma}_y\|^2 + \lambda^{(k)}\|\hat{\boldsymbol{x}}-\hat{\boldsymbol{x}}^{(k)}\|^2 = \text{最小} \tag{7.62}$$

ただし，$\lambda^{(k)}$ は適当に選んだ定数であり，$\hat{\boldsymbol{x}}^{(k)}$ は非線形解法の各サイクル(第 k サイクル)におけるパラメータ推定値である.

以上，(a)から(e)の考え方は，単純で当り前のように見えるが，少しずつ意味づけを異にしており，なかなか示唆に豊んでいる．ただし，ここで導入した量には，ふつう“測定値”とは考えられていないものもある．理論計算値，類推，桁の概算値などである．しかし，これらのものでさえ，何らかの測定や事実に根ざしており，程度の差はあるが一種の間接的な測定であるといってよい．それで，これらを，寄与の小さい高次項を扱うときに積極的に用いればよい．要は，そのような情報に十分な安全率をみこんだ誤差をつけておくことである．

上記の扱いをもう少し具体的に述べた本書の記述には，次のものがある．

別種の実験結果の総合的な解析(a) §6.1.2

“緩い束縛条件”の導入(b) §7.5.2

“等式束縛条件”の導入(b) §7.5.3

他の実験で決定されたパラメータ値の導入(c) §7.5.2

高次項を“仮定”したときの誤差の見積り(c) §7.6

高次項を“無視”したときの誤差の見積り(d) §7.6

発散防止のためのMarquardtの非線形最小二乗解法(e) §5.3.

これらのさまざまな考え方を，上記(a)～(e)のような一連のものとして理解することができる．

§7.5.2 緩い束縛条件の扱い方

いま解析したい実験データのほかに，同じパラメータ $\boldsymbol{x}$ に関する何らかの情報が得られているならば，それをとり入れて解析すればよい．このとき追加される情報が誤差を伴なっているならば，上に(a)～(d)で示したように考えればよい．そのやり方は，(a)のデータの追加の方法を心得ていればあとはまったく同様である．すなわち，もともとの n 個の測定値に，新たに n_2 個の測定値をつけ加えたものを，一緒にして考える．

$$\text{観測方程式} \quad \begin{bmatrix} \boldsymbol{y} \\ \boldsymbol{y}_2 \end{bmatrix} \cong \begin{bmatrix} \boldsymbol{f}(\boldsymbol{q};\boldsymbol{x}) \\ \boldsymbol{f}_2(\boldsymbol{q}_2;\boldsymbol{x}) \end{bmatrix} \quad \text{誤差} \begin{bmatrix} \boldsymbol{\sigma} \\ \boldsymbol{\sigma}_2 \end{bmatrix} \tag{7.63}$$

$$\text{ヤコビアン行列} \quad \begin{bmatrix} \boldsymbol{A} \\ \boldsymbol{A}_2 \end{bmatrix} \tag{7.64}$$

このように，$(n+n_2)$ 個の大きさのベクトルまたは行列として一緒にして扱えば，他にはなにも特別な操作をしないでも(7.58)の残差二乗和を最小にする解が求められる．上記の(b)～(d)の場合もまったく同様であり，新たに追加する情報の観測方程式が一層簡単になる．たとえば，(c)の場合には，

$$\text{観測方程式}\quad \begin{bmatrix} \boldsymbol{y} \\ \hat{\boldsymbol{x}}^{(0)} \end{bmatrix} \cong \begin{bmatrix} \boldsymbol{f}(\boldsymbol{q};\boldsymbol{x}) \\ \boldsymbol{x} \end{bmatrix} \quad \text{誤差}\begin{bmatrix} \boldsymbol{\sigma} \\ \boldsymbol{\sigma}_{x^{(0)}} \end{bmatrix} \tag{7.65}$$

と考えればよく，ヤコビアン行列には，単位行ベクトル$(0,\cdots 0,1,0\cdots 0)$がn_2個の追加分だけつけ加わる．

この“緩い束縛条件”は，統計学では“先験条件”と呼ばれている．予め知られた条件のもとで推定を行なうという意味である．

このような考え方でみると，(e)の方法は特殊なものである．(e)の定数$\lambda^{(k)}$は(d)の$1/\sigma_{x^{(0)}}{}^2$に対応するから，(e)ではすべてのパラメータに対して，$1/\sqrt{\lambda}$の誤差で情報を追加したことと同等である．ただし，追加した情報の“測定値”が明確でなく，強いていえばその時々のパラメータ推定値$\hat{\boldsymbol{x}}^{(k)}$であり，Marquardt法のサイクルと共に変動する．このため，(e)のMarquardt法の場合には，得られたパラメータの誤差の表示には，$\lambda=0$として誤差行列を計算しなおしている(図5.3③最後部)．

§7.5.3　等式束縛条件の扱い方

前節のゆるい束縛条件の場合の誤差σ_iをだんだん小さくすれば，それだけ強く束縛することができる．しかし，あまり小さくしすぎると数値計算上不安定になってしまう．そこで，等式束縛条件を導入するためには，少し異なる解法を用いなければならない．

一番簡単な場合は，等式束縛条件を解いて，余分のパラメータを消去してしまうことである(消去法)．すなわち，等式束縛$g(\boldsymbol{x})=0$があれば，この方程式を適当な一つのパラメータx_jについて解いて，このパラメータを除いた$m-1$個のパラメータだけですべてのモデルを表現する．

§7.6　高次項パラメータを仮定したときの影響

高次の微小項を決定しにくいときには，その問題に関する種々の専門的考察からその高次パラメータをある値に仮定したり，無視(すなわちゼロと仮定)したりすることが多い．このときでもその仮定自身の誤差を考慮して，(7.60)や

(7.61)の考え方により，すべてのパラメータとその誤差を推定するのが原則である．しかし，そこまで丁寧な解析はなかなかできない．なぜなら，あるモデルでどのような項を無視したのか，さらに，無視した項がどのような寄与をするかを予測することは難しい．そのような予測がきちんとできるくらいなら，仮定したり無視したりせずにパラメータとして決定していたはずであるといえなくもない．そこで，ふつうは，高次項のパラメータをある推定値に固定して，その他のパラメータの値と誤差を計算することが多い．このような扱いをした場合の問題点を以下に整理する．これは§7.4の議論を逆の立場から見ることに相当する．

§7.6.1　低次項パラメータの推定値とそのみかけ上の誤差

いま問題の高次パラメータを§7.4の記号に従って$x_{m+1}{}^*$とし，仮定した値を$x_{m+1}{}^{*(\mathrm{a})}$と書く．また，仮定を入れたあてはめ結果には，右肩に$^{(\mathrm{a})}$をつけて表わす．仮定を入れたあてはめにおいても，直交ヤコビアンベクトルの考え方(§7.4.1)が有効であるから，(7.40)に対応して，

$$\boldsymbol{y} = \sum_{j=1}^{m} \hat{x}_j{}' \boldsymbol{a}_j{}' + \hat{x}_{m+1}{}^{*(\mathrm{a})} \boldsymbol{a}_{m+1}{}'^{*} + \boldsymbol{v}^{*(\mathrm{a})} \tag{7.66}$$

が成立つ．そこで，仮定を入れたあてはめで得られる低次項パラメータの値は，(7.48)を修正をして，

$$\hat{x}_j{}^{(\mathrm{a})} = \hat{x}_j - (\boldsymbol{Uc})_j \hat{x}_{m+1}{}^{*(\mathrm{a})} \tag{7.67}$$

$$= \hat{x}_j{}^* + (\boldsymbol{Uc})_j (\hat{x}_{m+1}{}^* - x_{m+1}{}^{*(\mathrm{a})}) \qquad (j=1\sim m) \tag{7.68}$$

と導かれる．$\hat{x}_j{}^*$は，(7.48)のように，高次項をも変数としてあてはめたときの解であり，上式の右辺第2項は，はじめの仮定$x_{m+1}{}^{*(\mathrm{a})}$が適切でなかったためのずれを表わす．仮定のずれによる低次項パラメータの解$\hat{x}_j{}^{(\mathrm{a})}$のずれは高次項と低次項の相関の大きさ$\boldsymbol{c}$(7.38)に依存する．

また，高次項を仮定したときの低次パラメータの誤差行列$\boldsymbol{\Sigma}_{\hat{x}}{}^{(\mathrm{a})}$は高次項を入れないもの$\boldsymbol{\Sigma}_{\hat{x}}$と同じであり，(7.52)を使うと，

$$\boldsymbol{\Sigma}_{\hat{x}}{}^{(\mathrm{a})} = \boldsymbol{\Sigma}_{\hat{x}}$$

$$= \boldsymbol{\Sigma}_{\hat{x}^*} - \boldsymbol{Uc}\Sigma^* \tilde{\boldsymbol{c}} \tilde{\boldsymbol{U}} \tag{7.69}$$

と表わされる．ここでΣ^*は(7.49)で表わされ，仮定された高次項$x_{m+1}{}^*$が本来ならば持っているはずの誤差である．(7.69)の右辺第2項の対角要素は常に

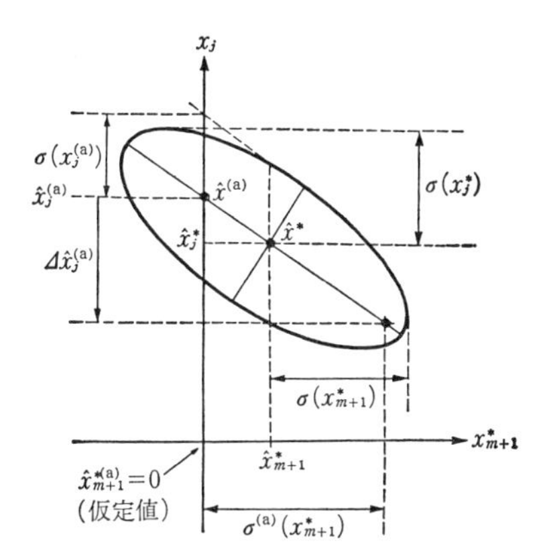

図 7.3　高次パラメータ $x_{m+1}{}^*$ を固定したときの低次パラメータ x_j への影響

正であるから，高次項の値を固定した系での誤差の計算値 $\boldsymbol{\Sigma}_{\hat{x}^{(a)}}$ は，本来の誤差 $\boldsymbol{\Sigma}_{\hat{x}^*}$ よりも常に過小評価になっている．この誤差の評価には，仮定した値のずれ $(\hat{x}_{m+1}{}^{*(a)}-\hat{x}_{m+1}{}^*)$ は関係しない．

以上に述べた関係を図 7.3 に示す．楕円は，高次項 $x_{m+1}{}^*$ と低次項の一つ x_j との本来の誤差範囲を示す．ここで高次項を無視し $\hat{x}_{m+1}{}^{*(a)}=0$ と仮定すると，推定値は楕円の主軸上の位置 $\hat{\boldsymbol{x}}^{(a)}$ に移動し，$\hat{x}_j{}^{(a)}\pm\sigma(x_j{}^{(a)})$ となる．

§7.6.2　仮定の不確かさを含めた誤差の推定法

さて，高次のパラメータをある値に仮定したときの，低次項パラメータの推定値 (7.67) とその誤差 (7.69) とが前節で得られた．次に，仮定した高次項誤差を見積ったうえで，その誤差の影響を簡便に見積る方法を考える．

すぐに思いつくのは，問題の高次パラメータを別の値に固定して再びあてはめを行なうことである．もし高次パラメータが $x_{m+1}{}^{*(a)}$ のまわりに誤差 $\sigma^{(a)}(x_{m+1}{}^*)$ を持つと推定されるならば，2度目のあてはめは，高次パラメータを $x_{m+1}{}^{*(a)}+\sigma^{(a)}(x_{m+1}{}^*)$ の値に固定して行なうのが自然であろう．その結果，低次項パラメータの解が $\Delta\hat{x}_j{}^{(a)}$ だけずれたとすれば，低次パラメータ x_j は，はじめのあてはめの解 $\hat{x}_j{}^{(a)}$ のまわりに次のような誤差を持つと推定される．

$$\sigma^{(a)}(x_j)=\{[\sigma(\hat{x}_j{}^{(a)})]^2+[\Delta\hat{x}_j{}^{(a)}]^2\}^{1/2} \tag{7.70}$$

これは，低次項だけで求めた解の誤差と高次項の不確かさからくるずれとが互いに独立であると考えて便宜的に誤差伝播則を使ったものである．

別の方法に，§7.5.1の(c)のやり方があり(7.70)よりも正しく誤差の推定ができる．本節の記号でいえば，

$$\hat{x}_{m+1}{}^{(0)} = x_{m+1}{}^{*(a)}$$
$$\sigma_x{}^{(0)}(x_{m+1}) = \sigma^{(a)}(x_{m+1}{}^*) \qquad (7.71)$$

と置いて，(7.60)の残差二乗和を最小とする解とその誤差を計算する．この方法は，計算プログラム中で，$x_{m+1}{}^*$に対するヤコビアンベクトルを必要とするが，問題の高次項に対する情報で測定値中に含まれているものを有効に利用できる長所がある．

§7.7　モデルの選択とAIC[19-21,28)]

§7.7.1　モデル選択

高次項を次々と加えて行く場合のように，ある与えられたデータに対してパラメータ数の異なる何種類かのモデルが考えられる場合，その中からデータを“最もよく”説明するモデルを選び出すことが重要になる．

一般に，パラメータ数mの大きいモデルのほうが，データの微細な構造を反映できるために，残差二乗和を小さくすることができ，見かけのあてはまりはよくなる．極端な場合，データ数nと同じ数のパラメータを入れれば，すべてのデータを完全に合わせることさえできる．たとえば，多項式モデルではLagrangeの補間式がその一例である．

それでは，パラメータ数が大きいモデルのほうが常によいモデルであると言えるだろうか．必ずしもそうとは言えない．データには誤差が含まれているので，必要以上にパラメータ数の大きいモデルでは，対象の真の構造ではなく，測定誤差を忠実に再現するだけになってしまい，誤差と対象とを分離して信頼性のある情報を引き出すことが不可能になる．逆にパラメータが少なすぎると，モデルが対象の構造を十分に反映できなくなり，得られる情報に偏りが生じる．その中間に最も“よい”モデルがあるはずで，それを選び出す客観的な基準が必要になる．

§7.7.2　赤池の情報量規準——AIC[19-21)]

データ解析においては，測定値から，モデルに含まれるパラメータを推定するだけでなく，測定誤差についても何らかの推定を行なう．すなわち，測定値

の分布密度を推定することになる．

真の確率分布密度 $P(\boldsymbol{y})$ からの，推定した確率分布密度 $\hat{P}(\boldsymbol{y})$ のずれを表す量として，**Kullback-Leibler の情報量**（以下 K-L 情報量と記す）

$$I(P, \hat{P}) = \int P(\boldsymbol{y}) \ln \frac{P(\boldsymbol{y})}{\hat{P}(\boldsymbol{y})} d\boldsymbol{y} \tag{7.72}$$

をとる．これは想定したモデルの分布 $\hat{P}(\boldsymbol{y})$ から $P(\boldsymbol{y})$ のような分布が得られる確率の逆数の対数ともいうべきものである．$I(P, \hat{P})$ は $P(\boldsymbol{y}) \equiv \hat{P}(\boldsymbol{y})$ のとき 0 となり，それ以外では必ず正である．これは

$$\ln x \geqq 1 - \frac{1}{x} \quad (x>0), \qquad \int \hat{P}(\boldsymbol{y}) d\boldsymbol{y} = \int P(\boldsymbol{y}) d\boldsymbol{y} = 1 \tag{7.73}$$

を用いて証明できる．また $I(P, \hat{P}) \neq I(\hat{P}, P)$ であることに注意．

この I を，推定した分布 $\hat{P}$ の悪さの規準と考える．§2.1.5 で述べた尤度は，想定したモデルの分布から，特定のデータが得られる確率であったから，I は定数を別にして，対数尤度の平均の符号を反転したものと考えることができる．

赤池は，かなり一般的な仮定のもとで，K-L 情報量の 2 倍が定数を別にして

$$2I \sim \mathrm{AIC} \equiv -2\ln(\text{最大尤度}) + 2m \tag{7.74}$$

によって推定できることを証明した．これが **AIC**（Akaike's Information Criterion **赤池の情報量規準**）といわれるものである．一般的な証明は難解なので，以下では正規分布の場合に限って上式を説明する．

2 つの 1 変数の正規分布

$$\begin{aligned} P(y) &= \frac{1}{\sqrt{2\pi}\,\sigma} \exp\{-(y-y^0)^2/2\sigma^2\} \qquad (\text{真の分布}) \\ \hat{P}(y) &= \frac{1}{\sqrt{2\pi}\,\hat{\sigma}} \exp\{-(y-\hat{y})^2/2\hat{\sigma}^2\} \qquad (\text{推定した分布}) \end{aligned} \tag{7.75}$$

の K-L 情報量は簡単な計算により，

$$I(P, \hat{P}) = \frac{1}{2} \frac{(\hat{y}-y^0)^2}{\hat{\sigma}^2} + \frac{1}{2}\left[\frac{\sigma^2}{\hat{\sigma}^2} - 1 - \ln\frac{\sigma^2}{\hat{\sigma}^2}\right] \tag{7.76}$$

と表すことができる．第 1 項は $\hat{y}$ と y^0 のずれに起因し，第 2 項は $\hat{\sigma}$ と σ のずれに由来する．真の分布のパラメータ y^0 と σ は未知の量であるが，何らかの方法によって I を推定できれば，客観的なモデル選択の基準とすることができる．

§7.7.3　誤差が既知の場合

簡単のため，n 個の測定値 $\boldsymbol{y}$ の誤差 $\boldsymbol{\varepsilon}$ が互いに独立で，既知の同一の分散 σ^2 の正規分布に従うものとする．$\hat{\sigma}=\sigma$ であるから，(7.76)は

$$I(P, \hat{P}) = \|\hat{\boldsymbol{y}}-\boldsymbol{y}^0\|^2/2\sigma^2 \tag{7.77}$$

となる．すなわち，I は $\boldsymbol{y}$ の推定値と真値のずれの尺度である．測定値 $\boldsymbol{y}=\boldsymbol{y}^0+\boldsymbol{\varepsilon}$ に，m 個のパラメータ $\boldsymbol{x}$ を含む線形なモデル

$$\boldsymbol{y} = \boldsymbol{A}\boldsymbol{x} \tag{7.78}$$

をあてはめるとする．ただし，定数項は $\boldsymbol{y}$ に含めた．最小二乗法によって求めたパラメータ $\hat{\boldsymbol{x}}$ は，Moore-Penrose 一般逆行列 $\boldsymbol{A}^+$ を用いて

$$\hat{\boldsymbol{x}} = \boldsymbol{A}^+\boldsymbol{y} \tag{7.79}$$

によって与えられる(§4.3.2)．測定値 $\boldsymbol{y}$ に対するこのモデルによる推定値 $\hat{\boldsymbol{y}}$ は

$$\hat{\boldsymbol{y}} = \boldsymbol{A}\hat{\boldsymbol{x}} = \boldsymbol{A}\boldsymbol{A}^+\boldsymbol{y} = \boldsymbol{A}\boldsymbol{A}^+(\boldsymbol{y}^0+\boldsymbol{\varepsilon}) \tag{7.80}$$

となり，残差二乗和 S は，$(\boldsymbol{I}-\boldsymbol{A}\boldsymbol{A}^+)^2=\boldsymbol{I}-\boldsymbol{A}\boldsymbol{A}^+$ を用いて

$$\begin{aligned}\sigma^2 S &= \|\boldsymbol{y}-\hat{\boldsymbol{y}}\|^2 = \tilde{\boldsymbol{y}}(\boldsymbol{I}-\boldsymbol{A}\boldsymbol{A}^+)\boldsymbol{y} \\ &= \tilde{\boldsymbol{y}}^0(\boldsymbol{I}-\boldsymbol{A}\boldsymbol{A}^+)\boldsymbol{y}^0-\tilde{\boldsymbol{\varepsilon}}\boldsymbol{A}\boldsymbol{A}^+\boldsymbol{\varepsilon}+\tilde{\boldsymbol{\varepsilon}}\boldsymbol{\varepsilon}+2\tilde{\boldsymbol{\varepsilon}}(\boldsymbol{I}-\boldsymbol{A}\boldsymbol{A}^+)\boldsymbol{y}^0\end{aligned} \tag{7.81}$$

によって与えられる．§4.3.1 で述べたように，$\boldsymbol{A}\boldsymbol{A}^+$ は，このモデルによって表現しうる $\boldsymbol{y}$ 空間中の r 次元部分空間(r は $\boldsymbol{A}$ のランク．フルランクなら m に等しい)への射影演算子である．

一方，(7.80)を(7.77)に代入すれば

$$2\sigma^2 I(P, \hat{P}) = \tilde{\boldsymbol{y}}^0(\boldsymbol{I}-\boldsymbol{A}\boldsymbol{A}^+)\boldsymbol{y}^0+\tilde{\boldsymbol{\varepsilon}}\boldsymbol{A}\boldsymbol{A}^+\boldsymbol{\varepsilon} \tag{7.82}$$

を得る．第1項は，真値 $\boldsymbol{y}^0$ にこのモデルをあてはめた場合にどうしても残る残差二乗和であり，第2項は測定誤差のうち，あてはめによってモデルの中にまぎれ込む成分を示す．パラメータ数 m を増加すれば，第1項は減少するが第2項は増大する．したがって，I はある m のところで最小値を取ることが期待される．しかし $\boldsymbol{y}^0$ も $\boldsymbol{\varepsilon}$ も未知であるから，このままでは I を知ることはできない．

I と S とを関係づけるために，§3.5 と同様に誤差 $\boldsymbol{\varepsilon}$ について平均を考えることにする．$\boldsymbol{\varepsilon}$ の各成分は互いに独立な分散 σ^2 の正規分布に従うので，$\tilde{\boldsymbol{\varepsilon}}\boldsymbol{\varepsilon}/\sigma^2$ は，自由度 n の χ^2 分布に従う(§2.2.3)．したがって，平均の意味で

$$\tilde{\boldsymbol{\varepsilon}}\boldsymbol{\varepsilon} \sim n\sigma^2 \tag{7.83}$$

と考えるることができる．同様に，平均の意味で

$$\tilde{\boldsymbol{\varepsilon}}\boldsymbol{A}\boldsymbol{A}^{+}\boldsymbol{\varepsilon} \sim r\sigma^2 \tag{7.84}$$

$$\tilde{\boldsymbol{\varepsilon}}(\boldsymbol{I}-\boldsymbol{A}\boldsymbol{A}^{+})\boldsymbol{y}^0 \sim 0 \tag{7.85}$$

となる．したがって，平均の意味で

$$\sigma^2 S \sim \tilde{\boldsymbol{y}}_0(\boldsymbol{I}-\boldsymbol{A}\boldsymbol{A}^{+})\boldsymbol{y}^0+(n-r)\sigma^2 \tag{7.86}$$

$$2\sigma^2 I \sim \tilde{\boldsymbol{y}}^0(\boldsymbol{I}-\boldsymbol{A}\boldsymbol{A}^{+})\boldsymbol{y}^0+r\sigma^2 \tag{7.87}$$

が成立し，これから

$$2I \sim S+2r-n \tag{7.88}$$

が得られる．上式の右辺が定数項を別にして AIC の定義(7.74)と一致することは(3.17)と(3.18)より明らかであろう．ただし，ここで $\boldsymbol{n}$ と σ は定数と考える．

AIC という規準は I の推定値を最小にするのであって，真のモデルを当てようとしているわけではない．AIC の意味で最良のモデルが必ずしも真のモデルと一致するとは限らない．真のモデルが 3 次式であったとしても，3 次の係数が小さければ，誤差にかくれてしまい，2 次式が最良のモデルとして選ばれ

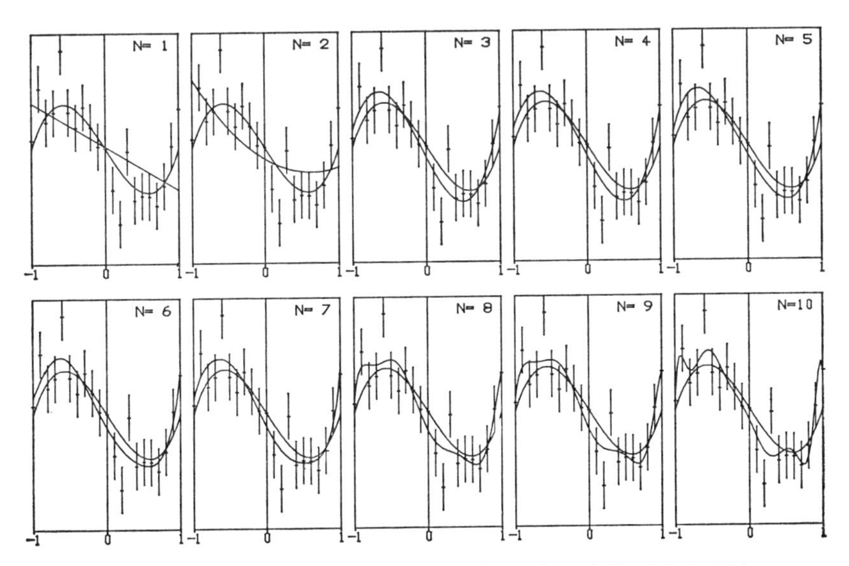

図 7.4 データに対する 1〜10次式のあてはめ．真のモデル(3 次式)もあわせて示す．

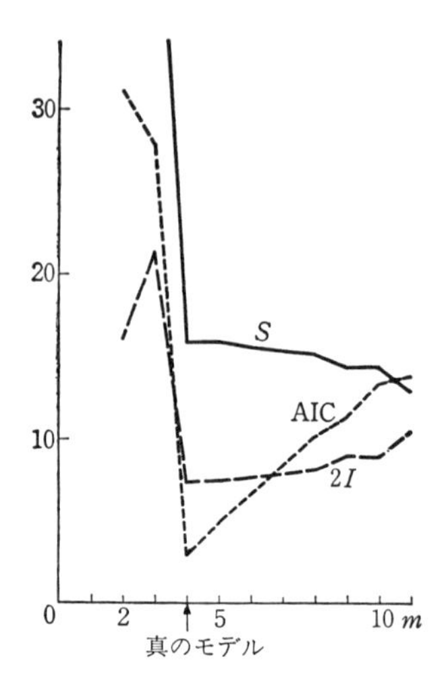

図7.5　各モデルに対する規格化された残差二乗和 S と真のずれ $2I$, および赤池の情報量規準(AIC). 横軸はパラメータ数(=次数+1).

ることもある. 小さな3次項を決定するには, さらに測定精度を上げなければならない.

多項式のあてはめにAICを用いた例を示す. 真のモデルは3次式 $f(q)=x_1+x_2q+x_3q^2+x_4q^3$ $(x_1=1.0, x_2=-1.0, x_3=0.0, x_4=1.0)$ とし, $q=-1.0, -0.9, \cdots 1.0$ (21点)に対し, 真の値 $\boldsymbol{y}^0$ に $\sigma=0.2$ の正規乱数を加えてデータを作成した. このデータに1次式から10次式までをあてはめた(図7.4). 図7.5には, 各モデルに対する重みつき残差二乗和 S と, K-L情報量 $2I$ と, それに対する推定量AIC((7.88)の右辺)を示した.

§7.7.4　誤差が未知の場合

測定誤差の標準偏差 σ が未知である場合には, 不偏推定値 $\hat{\sigma}^2=S/(n-r)$ を用いる. ただし,(3.12)で $\sigma_i'=1$,(3.20)で $\sigma_0=1$ として扱う. (7.76)および(7.81)−(7.87)と同様の議論により平均の意味で

$$
\begin{aligned}
2I &\sim \frac{1}{\hat{\sigma}^2}(S+2r\sigma^2-n\sigma^2)+n\left(\frac{\sigma^2}{\hat{\sigma}^2}-1-\ln\frac{\sigma^2}{\hat{\sigma}^2}\right) \\
&= (n-r)(S+2r\sigma^2-n\sigma^2)/S+n[(n-r)\sigma^2/S-1-\ln(n-r)\sigma^2+\ln S] \\
&\fallingdotseq n\ln S+2r\frac{\sigma^2}{S/(n-r)}+(\text{定数}) \qquad (7.89)
\end{aligned}
$$

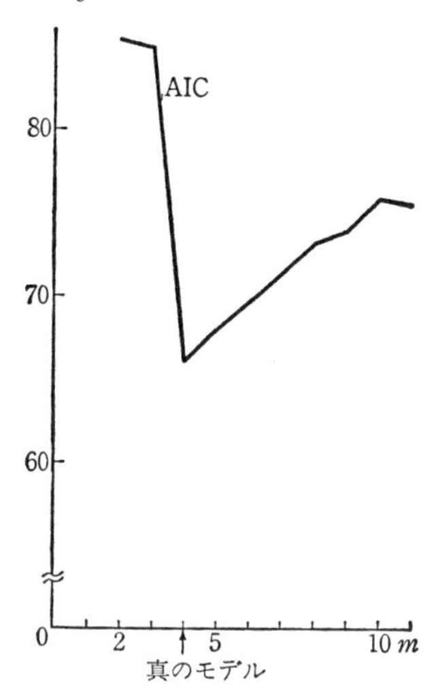

図 7.6　測定誤差の分散を未知としたときの AIC.

を得る．ただし，最後の変形では r/n の 1 次までをとり，$\ln(n-r)\doteqdot\ln n-r/n$ を用いた．

(7.89)には未知量 σ が含まれている．モデルが充分に対象を記述することができ，(7.81)の第 1 項が無視できる場合には，$S\sim(n-r)\sigma^2$ である．そこで，あてはめによって得られたモデルの悪さを表す量として

$$\mathrm{AIC}=n\ln S+2r \tag{7.90}$$

を取ることにする．これが分散が未知の場合の AIC である．(7.74)から同じ式が導かれることは読者の演習問題としよう．パラメータ数を増加すると第 1 項は減小するが，ある値を越えると第 2 項のために AIC は増大しはじめる．AICの最小値を与えるモデルを最良のモデルとする．パラメータ数が真のモデルの自由度より少い場合には(7.81)の第 1 項が無視できず，$S>(n-r)\sigma^2$ となるので，(7.90)の AIC は $2I$ の評価として過大となる．しかし，AIC 最小となるモデルで(7.81)の第 1 項が小さければ，すなわち考えているモデル族の中に真のモデルに十分近いものが含まれていれば，最小値の左側での傾斜を増大させるだけであり，最良のモデルを決定する際の悪影響は小さいと期待される．

図 7.6 に，前節の例で，測定誤差の分散を未知として，(7.90)の AIC をグラフにしたものを示す．

§7.7.5　SALS における AIC

SALS では，統計情報の一つとして，(7.90)で定義した AIC を出力する．もし測定誤差がはっきり分かっている場合には，(7.88)で定義した AIC を用いてもよいが，その計算は容易(AIC=RSS+2*NRANK でよい)なので，特に出力はしていない．

§8.2 で述べるロバスト推定法は，伝統的な最小二乗法の考え方と異質であり，本節の AIC もロバスト推定法に対して用いることはできない．SALS では，参考のために，ロバスト推定法による重み w_i^{eff} が始めから与えられたと仮定した場合の統計量 $\mathrm{AIC}^{\mathrm{eff}}$ などをも，計算し出力しているが，最終的なモデルの選択には用いるべきでない．ロバスト推定法はデータやモデルの予備的な診断を目的としている．

第8章　あてはめ結果の診断とロバスト推定法

データ解析の過程は常に試行錯誤である(§2.5). 測定値に対してあるモデルをあてはめるには, いままで説明したように最小二乗法を用い, 計算機で実行すればよい. しかし, このような(狭義の)あてはめ過程(図2.5(D))の結果はそのままでデータ解析の最終結果と見なすべきではない. あてはめ結果を見て, 測定に誤りはないか, モデルは適切か, モデルをどう改良すればよいかなど判断する. この判断の過程(図2.5(E))を "**診断**(diagnosis)" という. 診断にもいくつかの段階がある. 第1は, あてはめに使った前提とあてはめの結果とが矛盾していないかどうかを, 残差 $\boldsymbol{v}$ を手がかりにしてチェックする. 第2は, いくつかの理論モデルに対してあてはめた結果のうち, 最適のものを統計学的見地から選択する. 第3は, 得られた結果の妥当性を適用分野の専門知識から判断する. これらの診断の過程のうち, 第1, 第2段階にはある程度の統計学的な基礎づけがあるが, 最終的な判断は解析者自身がしなければならない. 第3段階はもはや統計学の範囲ではなく, 解析者の見識に委ねられる. 要するに, 診断の過程はデータ解析の最終的な関門であり, 計算機による "統計学的" 機械処理にまかせるべきものではなく, データ解析者の最終的な責任で行なわれなければならない[18].

診断においてチェックすべき観点をまとめると次の6点になる.

(a)　測定値の一部に, 異常に大きな残差を与えているものはないか?

(b)　測定値を "横座標" $\boldsymbol{q}_i$ の順に見たとき(あるいは何らかのグループ別に見たとき), その残差に系統的に変化する部分はないか?

(c)　残差全体の平均的な大きさは, 前提した測定誤差の大きさと矛盾しな

表 8.1　診断の観点と手法

使った前提	悪い症状	診断の観点	診断の手法
	誤り—粗大 ε_i		
1. 偏りなし	一部に偏り	(a) 一部の残差大	ヒストグラム
	系統的偏り		残差規格化 v_i/σ_{vi}
2. 分散既知	個別の大きな ε_i	(b) 系統的残差	残差のグラフ
	一部の分散大		
	全体的な分散大		
3. 共分散 0	相関あり	(c) 残差の全体的大きさ	χ^2 検定
4. 正規形	非正規形		
		(d) 残差分布の形	正規確率プロット
5. モデル誤差なし	近似誤差	(e) 最適モデルか	修正モデルでのあてはめ
	異なるモデル		AIC 最小化
		(f) 妥当性・合理性	適用分野専門知識

いか？

（d）　残差の大きさの分布のしかたは，測定誤差が正規分布であると仮定したことと矛盾しないか？

（e）　どれが最適のモデルか？

（f）　適用分野の専門知識から見て，結果は妥当・合理的であるか？

これら6個の観点によってチェックする前提と悪い症状，およびチェックのための手法を表 8.1 にまとめた．これらの観点の順序は，診断過程の詳しさの大よその段階を踏んだものであるが，それぞれの観点でも粗くチェックすればよいときと詳しくすべきときとがある．データ解析の初期段階では粗くても簡単な方法でチェックし，測定値やモデルの改良を行なった最終段階では詳しいチェックをするのがよい．本章では，診断の第1段階（観点 (a)～(d)）を中心に記述する．第2段階のモデル選択の問題（観点 (e)）については，前章（特に §7.7）を参照されたい．

また，あてはめの過程の中に診断の機能を一部分とりこんで，計算機に予備的な診断を行なわせつつ繰返しあてはめを行なうことも有効である（図 2.6）．そのようなアプローチには，モデル中のパラメータを取捨選択して複数組のあてはめを行ない，適当な情報量基準を用いて最適モデルを探す方法があり，AIC 最小化法（§7.7）がその代表である．また，測定値の残差が異常に大きなものの重みを自動的に小さくし，重みを調節しつつ繰返しあてはめを行なうロバスト推定法(§8.2)もある．これは，単に“診断”だけでなく，“テスト治療”(測定データの扱いの修正)をも組みこんだあてはめ法といえる．これらの手法を使う場合も，解析者自身による診断が必要である．

§8.1 残差のプロットと診断[5,18]

§8.1.1 残差プロットの重要性

残差 $\boldsymbol{v}$ が診断のための最も重要な鍵である．必ずグラフにプロットして検討すべきである．一覧表を見ただけではよくわからないことでも，グラフにすると一目瞭然になることが多い．残差のグラフには，ヒストグラムや正規確率プロットなどのように“横座標” $\boldsymbol{q}$ (すなわち測定点の性質)の情報を使わないものと，“横座標”の情報を積極的に使ったものとがあり，特に後者が能弁である．ただし，“横座標”の性質は，一次元で等間隔に測定されたもの，一次元で不規則に測定されたもの，多次元のものなど，扱う問題ごとにさまざまであり，汎用のプログラムでは活用が難しい．個々の問題ごとに，工夫すべき余地が大きい．残差をプロットするときには，相対的および全体的なスケーリングのしかたが問題になる．そこで，まずスケーリングの話をしてから個々の診断手法について述べる．

§8.1.2 残差のスケーリング

残差プロットの種類と目的に応じて適切に残差をスケーリングしなければならない．ここではまず一般的な手法を挙げる．

残差の相対的な大きさに関するスケーリングには，次の3種の場合がある．

(i) 残差 v_i をそのまま用いる場合．

(ii) 残差 v_i を，各測定値の精度 σ_i で規格化して用いる場合．

$$z_i \equiv v_i/\sigma_i \tag{8.1}$$

(iii) 残差 v_i を，その測定点での残差の標準偏差 σ_{v_i} (3.100)で規格化して用いる場合．

$$z_i' \equiv v_i/\sigma_{v_i} = v_i/\langle v_i^2\rangle^{1/2} \tag{8.2}$$

これは，測定精度 σ_i が同じでも残差の期待値は測定点によって異なる(図3.7参照)からである．

一般に，残差の系統的な成分を見たいときにはなまの値(i)を用い，逆にほとんどランダムな残差を詳しく見たいときまたは異常値を探す場合には規格化した値(iii)またはその近似(ii)を用いる.

次に，残差の全体的な大きさに関するスケーリングを考える．これは，計算機プログラムなどで自動的にプロットさせるのに必要である.

(iv) 予めスケールの絶対値を指定する方法．これは残差の思わぬ増減に適応できないことが多い.

(v) 残差の最大・最小値を求め，その範囲をプロットするようにスケーリングする方法．これはスケールオーバーを防ぐのによいが，測定データの入力ミスなどによる異常値があると，本当に見たい部分が小さくなりすぎることがある.

(vi) 残差の絶対値の中央値を使ってスケーリングする方法．プロットしようとする残差 v_i (または z_i や z_i') の大体の大きさを，中央値によって測ると，

$$s \equiv \mathrm{median}\{|v_i|\} \qquad \text{または} \qquad s' \equiv \mathrm{median}\{|z_i'|\} \tag{8.3}$$

半数の測定値は残差が $\pm s$ の中におさまる．よって $\pm 5s$ とか $\pm 10s$ とかの範囲で大部分の測定値をプロットできる．この範囲外のものは，$\pm 10s$ まで，$\pm 100s$ まで，$\pm 1000s$ まで，そして $\pm\infty$ までといったランクづけでプロットすれば十分であろう．また，上記(v)の方法と融合させたり使いわけたりするのもよい.

§8.1.3　残差のヒストグラム

測定点の横座標 $\boldsymbol{q}$ の情報は無視して，残差 v_i の度数分布を(8.3)の s を単位として適当なきざみ幅で描く．異常な残差を与える測定値がないか，残差がほぼ正規分布になっているか，をチェックするのに使う．残差 v_i そのものでなく，測定精度 σ_i でスケーリングした z_i (8.1)，さらには残差の標準偏差 σ_{v_i} でスケーリングした z_i' (8.2)を用いるのが望ましい.

§8.1.4　横座標をとり入れた残差のグラフ表示

横軸に“横座標” $\boldsymbol{q}_i$ をとり，縦軸に残差 v_i をプロットしたグラフは，診断のために最も大事である．汎用プログラム SALS では，簡単のために測定値の番号 i を横軸にとっているが，測定値の入力の順番さえきちんと意味のあるものにしてあればこれだけでも役に立つ．しかし，実際の問題で残差グラフを書く

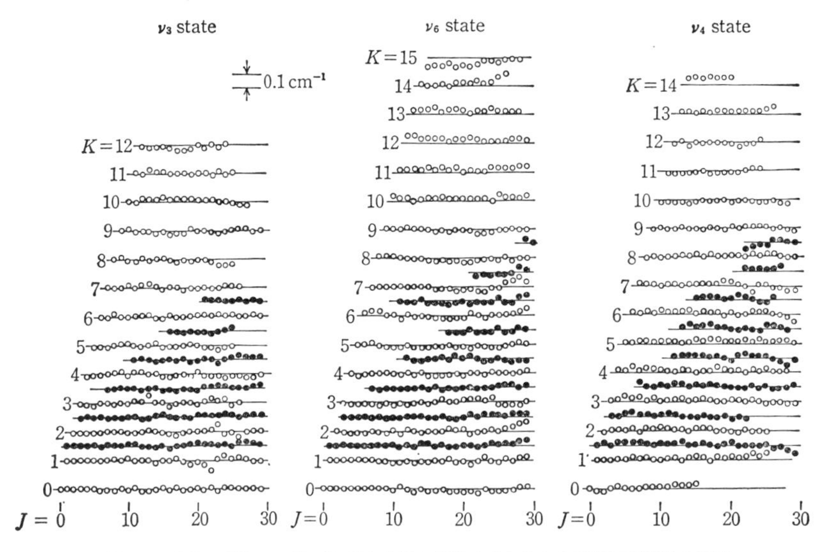

図 8.1　残差のグラフの例．D_2CO 分子の赤外スペクトルの振動回転構造の解析

には横軸のとり方をもっと工夫するとよい．横座標 q そのままがよいことも多いが，平方 q^2 や対数 $\log q$ を横軸にとるとさらに意味のあるグラフになる場合もある．また，横座標 $\boldsymbol{q}$ が 2 次元以上の場合には，各次元に分離投影したグラフを作るとよい．図 8.1 は，気体分子の赤外スペクトルを解析したときの残差のグラフの例である[26]．測定点は 4 種の量子数(整数)で番号づけられているので，横軸にはそのうちの一つの量子数 J をとり，第 2 の量子数 K については縦に分離して示し，第 3 の量子数は白丸と黒丸の区別，第 4 の量子数(最も高位の分類に対応)についてはグループに分割して示した．

横座標をとり入れた残差のグラフでは，残差が横座標に関して系統的に変化する成分を含むかどうかを診断することが中心目標である．この目的には，v_i そのものを用い，測定精度で残差をスケーリングしないほうがよい．測定精度は，エラーバーをつけて表示するか，あるいは記号の大小などで定性的に表示するとよい．このグラフをよく見て，残差の系統的な成分とランダムな成分とを識別する．一般に m 個のパラメータであてはめを行なったときには，残差のグラフには m 次以上の多項式で表わされる系統的な残差が現われる可能性がある(§7.4.3)．さらに詳しいチェックをするには，モデルに高次項を導入して再度あてはめを行ない，AIC(§7.7)などを使ってよいほうのモデルを選択する.

§8.1.5　残差が大きい測定値の処理

前節の残差のグラフやヒストグラムをよく見て，一部の測定値の残差が，その測定精度 σ_i に比べてはるかに大きいときには，測定値そのものを再検討しなければならない．実験操作，読みとり，数値処理など，これまでのすべての過程について，できるだけもとのデータに戻ってチェックする．同時に測定の再現性や精度についても検討を要する．もし測定値に誤りがなければ，あてはめに用いたモデルや数値計算の誤差などもチェックしなければならない．残差のヒストグラム(§8.1.3)や正規確率プロット(§8.1.6)は，系統的な残差がなくなってきて，残差のほとんどがランダムな部分になったときに真価を発揮する．ただし，残差の大きい測定値に対する再検討が，測定値を自分の都合のよいようにねじ曲げることがないよう，十分注意して客観的な立場を保たなければならない.

以上のような再検討と修正をして，もう一度あてはめを行ない，それでもなお同じように大きな残差を与える場合には，試験的にその測定値の重みを落して最小二乗法のあてはめを試みることも多い．このようなときにも，重みの扱いについてはきちんと記録しておき，いつでももとの重みにもどせるようにしておくべきである．一見，異常に見える測定値は，実験方法または理論的なモデルが不完全であることを示しているわけで，新しい現象を見出す契機となる場合が多いからである.

測定値に対する重みをあてはめ操作の中で自動的に調節して，残差が異常に大きくなる測定値の重みを小さくし(あるいはゼロにし)，正常とみなされる大多数の測定値のみであてはめを行なおうとするロバスト推定法の考え方も有効である(§8.2参照).

なお，残差の全体的大きさに対する診断は，§3.5で述べた **χ^2 検定**によって行なう.

§8.1.6　残差の正規確率プロット

残差分布の形を大まかに見るにはヒストグラム(§8.1.3)が簡単で有効であるが，正規分布にどれだけ近いかをもっと詳しく見るためには，正規確率プロットを使う．いま，最小二乗法の前提がすべて満たされていると仮定すると，

規格化残差 z_i' (8.2) は自由度 $n-m$ が十分大きければ，正規分布 $N(0,1)$ (2.9) で近似できる．正規分布関数の累積確率を n 等分したときの各中心点 $z_{[i]}{}^{\mathrm{th}}$ ($i=1\sim n$) を求める．

$$\int_{-\infty}^{z_{[i]}{}^{\mathrm{th}}} (2\pi)^{-1/2} \exp\left(-\frac{1}{2}z^2\right) dz \equiv \left(i-\frac{1}{2}\right)/n \qquad (i=1\sim n) \qquad (8.4)$$

一方，実際の測定値の規格化残差 z_i' (8.2) を，マイナスからプラスに数値順に並べ，その[i]番目のものを $z_{[i]}{}^{\mathrm{obs}}$ と書く．正規確率プロットは，理論的な規格化残差 $z_{[i]}{}^{\mathrm{th}}$ を横軸にとり，縦軸には実測の規格化残差 $z_{[i]}{}^{\mathrm{obs}}$ をとってグラフにしたものである（実例は図 9.10 参照））．理想的には，原点を通り，勾配 1 の直線に沿って測定点が並ぶことになる．もし，残差にかたよりがあれば原点からはずれ，残差の分散が大きければ勾配がより大きくなり，また残差分布が正規分布から歪んでいればグラフは直線から歪む．

§8.2　ロバスト推定法[10,25)]

§8.2.1　ロバスト推定法の考え方

最小二乗法は，測定値に偏りがなく，その誤差が正規分布をし，さらにモデルにも近似の誤差がないという前提を置いている（§3.2, §3.8）．しかし，これらの前提は，データ解析の最終的な段階でのみ近似的に満たすことができる理想の条件であり，データ解析の初期段階ではとうてい満たすことができない（§2.5）．なまの測定値には，実験上うまくいかなかったものとか，単純な入力ミスなどの誤りがある．このような不完全なデータに最小二乗法を機械的に適用すると，誤った測定値にひっぱられてまったく誤った値が得られる．グラフなどを使って，人が直接にあてはめを行なうときには，そのような異常にすぐに気がついて何らかの処置をするであろう．ところが，計算機では機械的に計算をしてしまって，問題があるのに気がつかないことがある．このような経験の反省として，データやモデルの不完全性をも予期し，少数の（不特定の）データには誤りがあるかもしれないが大多数のデータは信頼できるものと考えて，あてはめを行なう考え方が生まれてきた．その目標は，(a) データの一部に誤りがあるときにもパラメータの推定値にずれが生じにくい（抵抗力がある）こと，また，(b) 誤差の分布が正規分布のときだけでなく，裾の広い非正規型の種々の誤差分布に対しても，パラメータの推定値の分散が十分小さくなることである．このような目標を実現する推定法を**ロバスト推定法**(robust estimation, 頑健推定法)という．ロバストとは丈夫・頑丈という意味である．

どのような推定法がロバストになるかは，必ずしも単純でない．上記の目標(a)に関しては比較的明瞭であっても，目標(b)に関しては評価基準があまり明瞭でないからである．

まず，多数の測定値から一つの量を推定する問題(位置母数の推定)について考える．この場合，最小二乗法に対応するのは算術平均である．もし測定値のうちの一つが大きくずれて測定されたとすると，算術平均もずれてしまうから，上記目標(a)を満たしていない．そこで，測定値を大きさの順番に並べなおして，その両端の一つずつ(あるいは $\alpha/2\%$ ずつ)を捨てて，残りのものの平均をとる方法(α-trimmed mean)がある．最も極端には，大きさの順番に並べておいて，その中央のものの数値で代表させる方法(中央値, median)がある．目標(a)に対して最もよいのがこの中央値であるが，目標(b)に対しては必ずしもよくない．そこで，(大きさの順に並べた)両端のものを機械的に削るのではなく，適当な初期推定値(たとえば中央値)からのずれの大きさに応じて重みを小さくして，重みつき平均をとる方法(M推定法)が考え出された．Tukeyらは，種々の誤差分布に対するモンテカルロ実験を行ない，α-trimmed meanやM推定法が目標(a), (b)の両方についてロバストであることを示した[1]．

もっと複雑なデータ解析の問題に対しても容易に拡張できるのは，M推定法である．適当な初期推定値から出発して，残差に応じて重みを調節しつつ，重みつき最小二乗法をくりかえすことで実現でき，非線形のモデルに対しても適用できる．以下には，まずM推定法のやり方を説明して，その後にその有効性を例示する．

§8.2.2　M推定法の導入[29]

M推定法という名前は，最尤推定法(Maximum likelihood estimation)から拡張されたためにつけられた．いま，n 個の測定値 $y_i(i=1\sim n)$ が与えられ，それぞれの測定条件での誤差の確率分布が(真値 y_i^0 と分散 σ_i^2 とを用いて) $P(y_i; y_i^0, \sigma_i^2)=P((y_i-y_i^0)/\sigma_i)$ と仮定されるとする．パラメータ $x_j(j=1\sim m)$ を含むモデル $f_i(\boldsymbol{x})$ を考えると，パラメータ推定値 $\hat{\boldsymbol{x}}$ に対する尤度は，(3.17), (2.23)

より，

$$L(\hat{\boldsymbol{x}}|\boldsymbol{y},\boldsymbol{\sigma}^2)=\prod_{i=1}^{n}P(y_i;f_i(\hat{\boldsymbol{x}}),\sigma_i{}^2)$$

$$=\prod_{i=1}^{n}P([y_i-f_i(\hat{\boldsymbol{x}})]/\sigma_i) \tag{8.5}$$

である．尤度最大の条件は，対数尤度の形で表わして，

$$\log L(\hat{\boldsymbol{x}}|\boldsymbol{y},\boldsymbol{\sigma}^2)=\sum_{i=1}^{n}\log P([y_i-f_i(\hat{\boldsymbol{x}})]/\sigma_i)=\text{最大} \tag{8.6}$$

となる．これをパラメータ $x_j (j=1\sim m)$ で微分すると，方程式

$$\sum_{i=1}^{n}(A_{ij}/\sigma_i)\Psi(v_i/\sigma_i)=0 \qquad (j=1\sim m) \tag{8.7}$$

が得られる．ただし，A_{ij} はいつものようにヤコビアン係数 $\partial f_i/\partial x_j$ であり，$\boldsymbol{v}_i$ は残差，関数 $\Psi(z)$ は

$$\Psi(z)\equiv -d\log P(z)/dz \tag{8.8}$$

である．もし，誤差分布が正規分布(3.10)であれば，

$$\Psi(z)=z \qquad (\text{正規分布に対して}) \tag{8.9}$$

となり，結局(8.7)式は最小二乗法の式(3.25)あるいは(7.19)

$$\sum_{i=1}^{n}A_{ij}v_i/\sigma_i{}^2=0 \qquad (j=1\sim m) \tag{8.10}$$

と同じになる．一方，もし正規分布以外の誤差分布を考えれば，(8.7)式はその誤差分布に対する最尤推定法の基本式であり，最小二乗法とは異なる．

さらに考えを一般化して，誤差分布 $P(z)$ から離れて任意の関数 $\Psi(z)$ をとり上げ，(8.7)式をあてはめの基本方程式であると考える．これが M 推定法の基本的な発想である．(8.7)を変形して(8.10)に対応するように書くと

$$\sum_{i=1}^{n}A_{ij}v_i\left[\Psi\left(\frac{v_i}{\sigma_i}\right)\Big/\left(\frac{v_i}{\sigma_i}\right)\right]\Big/\sigma_i{}^2=0 \qquad (j=1\sim m) \tag{8.11}$$

であるから，最小二乗法の重み $w_i=\sigma_0{}^2/\sigma_i{}^2$ (3.20)のかわりに，**有効重み**

$$w_i{}^{\text{eff}}\equiv\left[\Psi\left(\frac{v_i}{\sigma_i}\right)\Big/\left(\frac{v_i}{\sigma_i}\right)\right]\cdot\sigma_0{}^2/\sigma_i{}^2$$

$$=[\Psi(z_i)/z_i]\cdot w_i \qquad \text{ただし}\quad z_i=\frac{v_i}{\sigma_i} \tag{8.12}$$

を用いたのと同等になる．ただし，この有効重みは残差に依存しているから，パラメータの推定値の変化に応じて有効重みも変化させなければならない．こ

のように有効重みを調節しつつ重みつき最小二乗法を反復すれば，最尤法をもととする任意のあてはめ法を実現できる．

実際に使われる数種のあてはめ法の $\Psi(z)$ 関数と，それに対応する**有効重み調節因子**

$$w_i^{\mathrm{adj}} \equiv w_i^{\mathrm{eff}}/w_i = \Psi(z_i)/z_i \tag{8.13}$$

とを図8.2に示す．

（a）**最小二乗法**．$\Psi(z)=z$．誤差分布は正規分布を仮定．

（b）**カットつき最小二乗法**．最小二乗法の一つの便法で，残差がしきい値 $\pm c$ を越えると重みをゼロにする．

（c）**最小絶対偏差推定法**．

$$\sum_{i=1}^{n}|v_i/\sigma_i| = 最小 \tag{8.14}$$

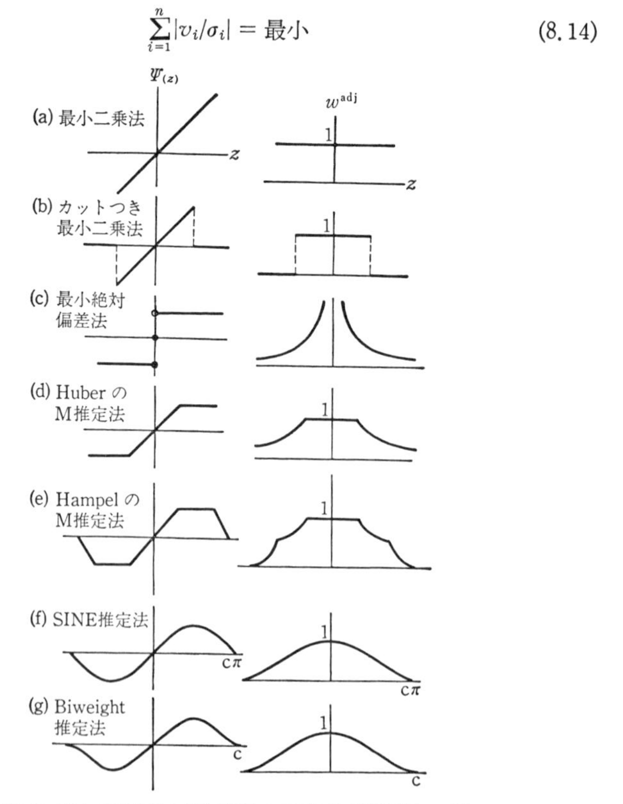

図8.2　種々の推定法の $\Psi(z)$ 関数と有効重み調節因子 w^{adj}

位置母数推定問題では中央値に対応.

(d) **Huber の M 推定法**. 残差がしきい値 $\pm c$ を越えると，残差をそのしきい値の大きさであったと見なす.

(e) **Hampel の M 推定法**. $\Psi(z)$ は台形の形にし，残差がしきい値 $\pm c_3$ を越えると重みをゼロにする.

(f) **SINE 推定法** (M 推定法).

$$\Psi(z) \equiv \begin{cases} c\cdot\sin(z/c) & |z| < c\pi \text{ のとき} \\ 0 & |z| \geqq c\pi \text{ のとき} \end{cases} \tag{8.15}$$

定数 c は 2.1 程度に選ぶ.

(g) Tukey の **Biweight 推定法** (M 推定法).

$$\Psi(z) \equiv \begin{cases} z[1-(z/c)^2]^2 & |z| < c \text{ のとき} \\ 0 & |z| \geqq c \text{ のとき} \end{cases} \tag{8.16}$$

定数 c は 5～9 に選ぶ.

以上のうち (d)～(g) がふつう M 推定法と呼ばれている.

ロバストな推定法として望ましい $\Psi(z)$ の形(したがって，重み調節因子 $w^{\mathrm{adj}}(z)$ の形)として，Tukey は次の点を挙げている.

(i) 規格化残差 $|z_i|$ が小さいときは，最小二乗法と同等の重みを持つ.

(ii) 規格化残差 $|z_i|$ が極めて大きいときは，重みゼロとする.

(iii) その中間では，重みが連続的に変化する.

このような観点から望ましい方法は上記の (e)～(g) であり，特に (g) の Biweight 法が最も素直な性質を持っている.

§8.2.3 M 推定法の実際

M 推定法を実際に使うためには，次の点の扱い方を決めなければならない.

(1) 初期推定値 $\hat{\boldsymbol{x}}^{(0)}$ のとり方

(2) 関数 $\Psi(z)$ の形(有効重み調節因子 $w^{\mathrm{adj}}(z)$ の z 依存性)

(3) 関数 $\Psi(z)$ 中の定数，特に幅を指定する定数 c の決め方.

(4) 有効重みを調節しなおして反復計算する回数とそのうち切り条件.

Tukey らは，位置母数推定に関するモンテカルロ法の実験を行ない，種々の推定法の性能を比較した結果，比較的簡単な線形モデルに対して次のような M 推定法のやり方を推奨している.

(i)　パラメータの初期値 $\hat{\boldsymbol{x}}^{(0)}$ を選ぶ.

もし測定対象と理論モデルに対する考察から十分よい近似でパラメータが推測できるなら，それを使えばよい．推測がよくできないときには，まず最小絶対偏差法解析(L 1)を行なって $\hat{\boldsymbol{x}}^{(0)}$ を決める．データの量が多くなるとL 1法の能率が悪くなるので，最小二乗法(LS)の解を $\hat{\boldsymbol{x}}^{(0)}$ としてもよい.

(ii)　残差 v_i を計算し，測定精度で規格化して z_i(8. 1)とする.

(iii)　規格化残差 $|z_i|$ の平均的な大きさ s を中央値を使って見積る.

$$s \equiv \text{median}\{|z_i|\} = \text{median}\{|v_i/\sigma_i|\} \qquad (8.17)$$

(iv)　各測定値の残差 z_i に対応して，有効重み調節因子 $w_i{}^{\text{adj}}$(8. 13)を計算する．このときスケール定数 s(8. 17)を次のように用いる.

SINE 推定法($c \cong 2.1$ に選ぶ)

$$w_i{}^{\text{adj}} = \begin{cases} (cs/z_i)\cdot\sin(z_i/cs) & |z_i| < sc\pi \text{ のとき} \\ 0 & |z_i| \geqq sc\pi \text{ のとき} \end{cases} \qquad (8.18)$$

Biweight 推定法($c=5\sim9$ に選ぶ)

$$w_i{}^{\text{adj}} = \begin{cases} [1-(z_i/cs)^2]^2 & |z_i| < sc \text{ のとき} \\ 0 & |z_i| \geqq sc \text{ のとき} \end{cases} \qquad (8.19)$$

(v)　有効重み $w_i{}^{\text{eff}}$(8. 13)を用いて，最小二乗解法によりパラメータの補正項 $\Delta\hat{\boldsymbol{x}}$ を計算する.

(vi)　パラメータの値を $\hat{\boldsymbol{x}}^{(k+1)}=\boldsymbol{x}^{(k)}+\Delta\hat{\boldsymbol{x}}$ と修正し，上記の過程(ii)～(v)を繰返し，パラメータ推定値 $\hat{\boldsymbol{x}}$ を求める．繰返しの回数は，初期値のとり方，データのばらつき，モデル関数 $\boldsymbol{f}(\boldsymbol{x})$ の性質などに従って決める．たとえば，初期値を最小絶対偏差法(L 1)で求めたときにはM推定法を1サイクル，他方，初期値を最小二乗法で求めたときにはM推定法を6サイクル行なう.

§8. 2. 4　ロバスト推定法の効果

ここで，Tukey, Andrewsらが行なった各種推定法の性能比較の結果を示す.

図8. 3はBeatonとTukeyが実際のデータを使って比較したものである[23]．データは，気体分子の赤外スペクトルの微細構造(HF分子の赤外発光スペクトルの回転構造)の波数で，学術文献中からとった．理論モデルは，(回転の量子数に対応する)整数値の横軸 q に関する多項式(8次式)で表わされる．実測値は，6桁の有効数字をもち，$q=-15\sim-5$ と $q=8\sim28$ の範囲で得られている.

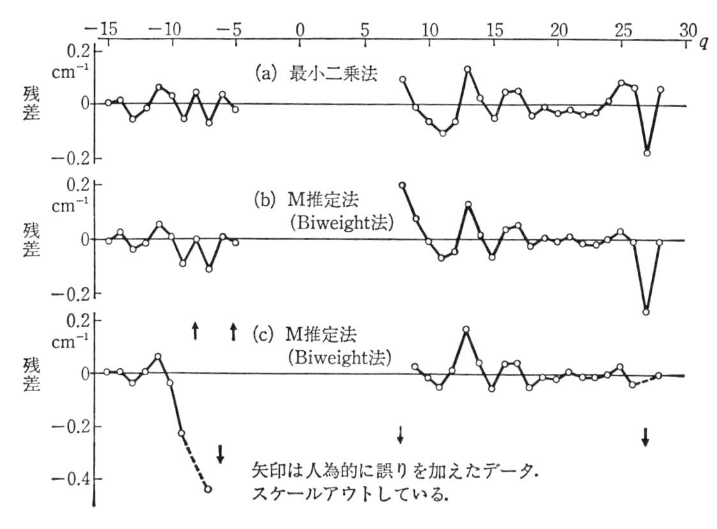

図 8.3　最小二乗法と M 推定法の残差の比較

実測値に対して，最小二乗法であてはめたときの残差が(a)図で，Biweight 法であてはめたときの残差が(b)図である．両者はほぼ同等の結果を示すが，詳しく見ると，測定点のうち残差が小さいものと大きいものとのちがいは(a)図よりも(b)図のほうで明瞭である．(b)図からは，残差の大きい測定値(たとえば，$q=8, 13, 27$ のもの)を再検討すべきだという診断を容易に下せる．

彼らはさらに，実測値の一部を人為的に乱したデータを作って，あてはめを試みた．すなわち，上例の 32 個の実測値のうちランダムに 5 個を選び($q=-8, -6, -5, 8, 27$ の 5 点)，これらに人為的に乱数(通常の残差の 10000 倍程度，有効数字の第 2〜第 3 桁目の影響)を加えた．最小二乗法であてはめた結果は，これらの誤りのデータにひきずられてまったくでたらめの結果を与え，図 8.3 のスケールではとうてい示せない．一方，Biweight 法によるあてはめの残差は(c)図に示すようになった．図中の矢印は人為的に加えた誤りのデータで，大きくスケールアウトしている．(c)図は(b)図に比べてほとんど変らず，誤ったデータを無視して正しい結果を与えた．この結果はロバスト推定法の目標(a)を満たすことを示す．

第 2 の例として，種々の誤差分布に対する性能比較の結果を示す(Andrews

による[22]）．まず，3種類の誤差分布を持つデータを乱数を用いて作った．

i）　正規分布 $N(0,1)$．偏り 0，分散 1．

ii）　裾を加えた正規分布．$N(0,1)+\frac{1}{10}N(0,9)$．分散 9 の正規分布を 10% 加えて，正規分布 $N(0,1)$ よりも裾を長くしたもの．

iii）　近似的 Cauchy 分布．$N(0,1)/U(0,1)$（ただし $U(0,1)$ は区間 $(0,1]$ の一様乱数．極めて裾が長い誤差分布（図 2.3）．

測定点は横座標 $q=1,2,\cdots 20$ の 20 点とし，q の 2 次式で表わせる真値 y_i^0 に上記のような誤差分布を持つ偶然誤差を付加した．あてはめの理論式は，q に関する直交多項式 $\boldsymbol{q}_j'(q)$ を用いた．すなわち，

$$\boldsymbol{y} = x_1\boldsymbol{q}_1'(q)+x_2\boldsymbol{q}_2'(q)+x_3\boldsymbol{q}_3'(q)+\varepsilon \tag{8.20}$$

である．比較した推定法は次の略号を使って示す．

LS	最小二乗法．
L 1	最小絶対偏差法，図 8.2(c)．(8.14)．
$(\mathrm{S}\,2.1)^M$	SINE 推定法，図 8.2(f)．(8.18) で $c=2.1$ に選び，繰返し M 回．
$(\mathrm{B}\,8.5)^M$	Biweight 推定法，図 8.2(g)．(8.19) で $c=8.5$，繰返し M 回．
L 1→$(\mathrm{S}\,2.1)^2$	L 1 をしてから $(\mathrm{S}\,2.1)^2$ をする．

表 8.2　3種の誤差分布に対して各種のあてはめ法で得たパラメータの分散の和の比較

誤差分布 ＼ あてはめ法	正規分布 $N(0,1)$	裾をつけた正規分布 $N(0,1)+\frac{1}{10}N(0,9)$	近似的 Cauchy 分布 $N(0,1)/U(0,1)$
L 1	4.63	5.49	29.0
L 1→$(\mathrm{S}2.1)^1$	3.47	4.28	23.9
L 1→$(\mathrm{S}2.1)^2$	3.34	4.18	24.7
L 1→$(\mathrm{S}2.1)^4$	3.31	4.17	26.1
L S→$(\mathrm{S}2.1)^4$	3.20	4.14	29.0
L S→$(\mathrm{S}2.1)^2$	3.15	4.12	39.8
L S→$(\mathrm{S}2.1)^1$	3.08	4.22	103.9
L S	3.00	5.26	∞
L 1→$(\mathrm{B}5.25)^1$	4.02	4.69	23.3
L 1→$(\mathrm{B}6.3)^1$	3.69	4.42	23.4
L 1→$(\mathrm{B}7.4)^1$	3.46	4.27	23.9
L 1→$(\mathrm{B}8.5)^1$	3.31	4.20	24.8

これら種々のあてはめ法で(8.20)の3個のパラメータを推定し，各パラメータの推定値の分散の和を表8.2に示した．ただし，正規分布に対する最小二乗法の場合に各パラメータの分散が1になるように規格化してある．

表8.2からAndrewsは次の結論を得た．

(1)　誤差が正規分布をしているときは，LSが最小の分散を与え，L1は悪く，$(Sc)^M$あるいは$(Bc)^M$のM推定法はその中間にある．M推定法，たとえばL1→$(S\,2.1)^1$やL1→$(B\,8.5)^1$の分散は，LSに比べてわずかに大きいだけである．

(2)　誤差が正規分布より少し裾をひいているときには，M推定法がLSよりも小さい分散を与え，L1もLSに近い分散を与える．

(3)　誤差がCauchy分布をするときには，LSは極めて大きい分散を与え，うまく働かない．M推定法が最良の結果を与える．LS→$(S\,2.1)^M$では，M推定法の繰返し回数Mを大きくしたほうがよい．

(4)　以上を総合的に判断すると，M推定法は広い範囲の非正規誤差分布に対して，最小二乗法よりも小さいパラメータの分散を与えると考えられる．すなわち，よりロバストである．

§8.2.5　SALSにおけるロバスト推定法[60)]

以上述べたようなTukeyらの研究を参考にして，SALSプログラムにはM推定法を積極的にとり入れた．この際，工夫したのは次のような点である．

1)　5種の推定法を使うことができ，またそれらを任意の順番で組み合わせて使うこともできる：最小二乗法(a)，カットつき最小二乗法(b)，HuberのM推定法(d)，Biweight法(g)，および定数cを自動調節する適合型Biweight法(g′)．

2)　有効重み調節因子$w^{\mathrm{adj}}(z)$の幅の指定には，すべての推定について，(8.17)のスケール定数sを導入し，(8.19)と同様に表わした．これは，あてはめの初期で全体の残差が大きいときにはあまり重みを落とさないようにし，一方，あてはめの最終段階で全体の残差が小さいときには重みを落とすものと落とさないものとをできるだけ鋭く区別する働きをする．

3)　適合型Biweight法(g′)では，sの値に応じて定数cを調節する．具体的には，

$$s \leqq 5 \quad \text{のとき} \quad c=6,$$

$$5 < s \leqq 100 \quad のとき \quad c = 10,$$

$$100 < s \quad のとき \quad c = 20 \qquad (8.21)$$

とした．これは前項の考え方をさらに強調することになる．

4）非線形モデルに対してあてはめを行なうときには，有効重みを調節する時点を，非線形最小二乗解法の1サイクルごと，数サイクルごと，あるいは収束するごとのどの場合にでも選べるようにした．

5）有効重み w_i^{eff} の変化の程度をモニタし，その変化が十分小さくなれば，

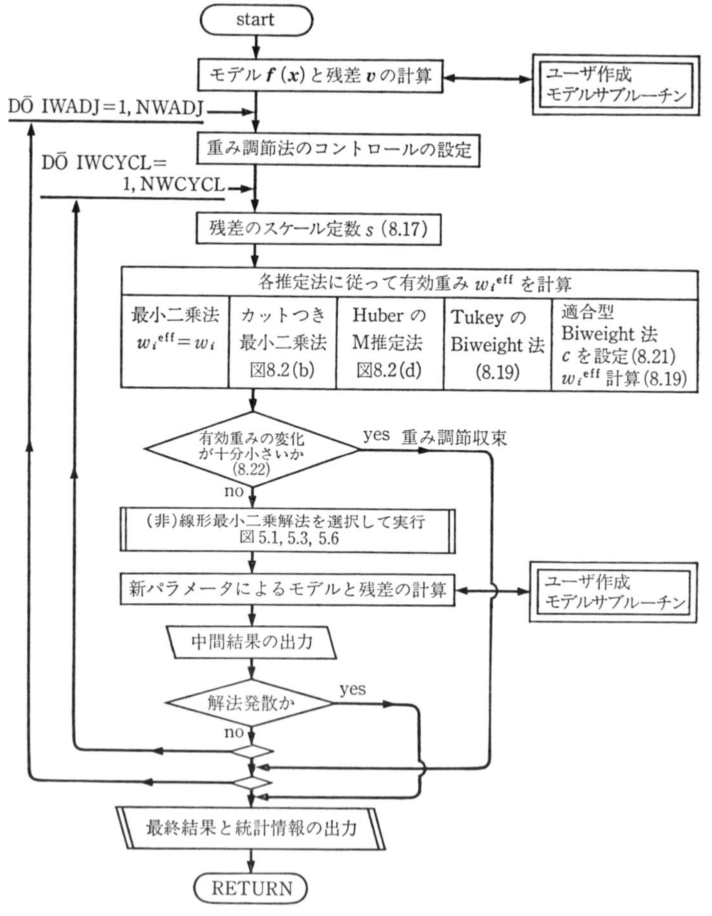

図 8.4　SALS におけるロバスト推定法の処理の概要

M推定法の重み調節を打ち切った．具体的には，

$$\sum_{i=1}^{n}|w_i^{\mathrm{eff}}(\text{新})-w_i^{\mathrm{eff}}(\text{前回})| < 0.02\times\sum_{i=1}^{n}w_i^{\mathrm{eff}}(\text{新}) \tag{8.22}$$

を満足すれば，重み調節を打ち切る．

以上のようなSALSのロバスト推定の扱いを図8.4に流れ図で示す．

SALSのロバスト推定法を非線形のモデルに適用した結果を以下に示す．

第1の例は伊藤によるテストである[24]．モデルには正弦関数

$$f_i(x_1, x_2) = x_1 \sin(2\pi x_2 q_i) \tag{8.23}$$

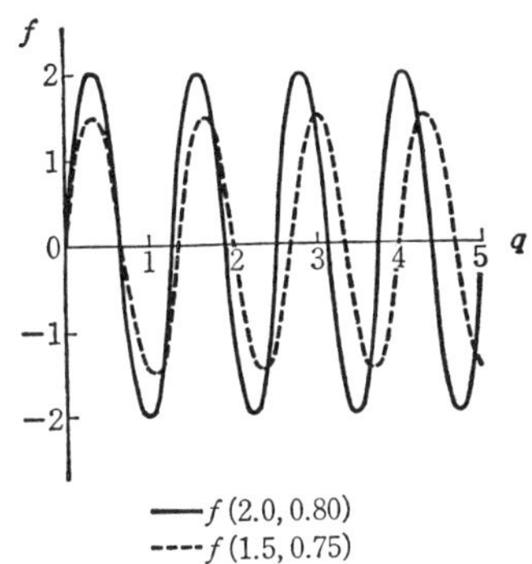

図8.5　真値(実線)と出発値(点線)におけるモデルの比較

表8.3　非線形モデルに対するロバスト推定法の性能テスト結果

誤差分布		正規分布		Cauchy分布		
推定法		LS, Huber	Biweight	LS	Huber	Biweight
x_1	10組の平均値	2.019	2.020	2.08	1.98	1.99
	真値からの偏り	+0.019	+0.020	+0.08	−0.02	−0.01
	10組の標準偏差	0.062	0.062	0.76	0.58	0.08
x_2	10組の平均値	0.8002	0.8002	0.784	0.790	0.798
	真値からの偏り	+0.0002	+0.0002	−0.016	−0.010	−0.002
	10組の標準偏差	0.0011	0.0012	0.027	0.011	0.003
$\hat{\sigma}$	10組の平均値	1.02	0.95			
	10組の標準偏差	0.12	0.12			
重み調節回数*		1	3	1	4	4
Gauss-Newton法のサイクル数*(内訳)		3	5 (3+1+1)	6	13 (6+3+3+1)	10 (4+3+2+1)

*(注)　第1組の測定データに対する結果

を使い，パラメータの真値を $x_1{}^0=2.0, x_2{}^0=0.8$ と仮定した．横座標 q_i は $0\leqq q\leqq 5$ の間の一様乱数によって30点をとった．これに対応した測定値 y_i は，真値 $f_i(2.0, 0.8)$ に擬似乱数の誤差を加えて作った．すなわち，2種類の誤差分布

正規分布： $N(0, 0.04)$ 平均0，標準偏差 $\sigma=0.2$

Cauchy 分布：$C(0, 0.2)$ 平均0，半値半幅 $\Gamma=0.2$

を持った測定データをそれぞれ10組ずつ作った．あてはめ計算のパラメータ初期値には，$\hat{x}_1{}^{(0)}=1.5, \hat{x}_2{}^{(0)}=0.75$ を選んだ(図8.5)．非線形解法には Gauss-Newton 法を用い，SALS の種々の重み調節法で推定した結果を表8.3に示す．

正規分布に対しては，最小二乗法，カットつき最小二乗法，Huber 法の3方法はまったく同じふるまいをし，Biweight 法もほとんど同じ結果を与えた．一方，Cauchy 分布に対しては，Biweight 法で推定したパラメータの偏りとばらつきが，最小二乗法あるいは Huber 法で推定したものよりもはるかに小さい．また，計算に要する時間の目安として非線形解法(Gauss-Newton 法)のサイクル数を考えると，Biweight 法は重みを4回調節しながら合計10サイクル使って計算している．この回数は重み固定の最小二乗法が使った6サイクルに比べてそれほど大きな回数ではない．

第2の例として，筆者の一人によるシミュレーション結果を示す[27]．図8.6に示すように，横軸 q に関して等間隔に取った51個のデータがある．これに Lorentz 型ピークが1次のバックグランドの上に乗っているモデル

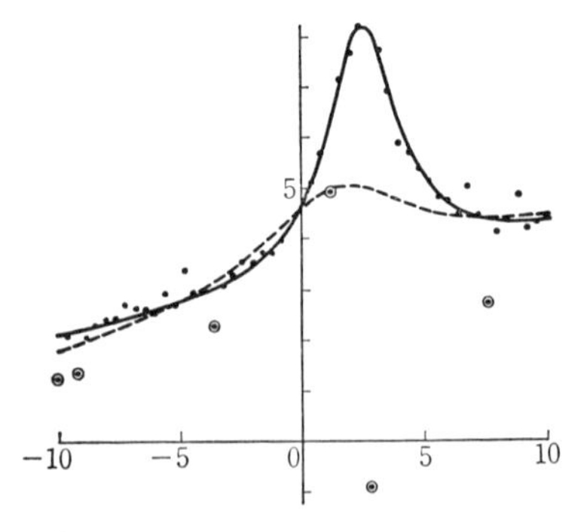

図8.6 Lorentz 型ピークのあてはめ例．実線は Biweight 法，破線は最小二乗法による結果．丸で囲んだデータは Biweight 法で重みが0となったもの．

$$f(q)=\frac{h\Gamma^2}{(q-q_0)^2+\Gamma^2}+a_0+a_1q \qquad (8.24)$$

をあてはめる．ただし，パラメータは

q_0	ピークの位置
Γ	半値半幅
h	ピークの高さ
a_0, a_1	バックグランドの係数

の5個である．最小二乗法によるあてはめ結果は図8.6の破線のようになった．これはたまたま $q=3.2$ にある異常値に強く引かれているためである．同じデータをBiweight法で解析した結果は実線で示した．図中に丸で囲んだデータはBiweight法で最終的な有効重みが0となったものである．実は図8.6のデータは，(8.24)のモデルにCauchy分布(半値半幅0.08)の乱数を誤差として与えたものであり，Biweihgt法の結果は真のモデルに極めて近くなった．与える誤差をいろいろに変えて計算したところ，表8.3と同様の結果を与え，非線形モデルに対してもBiweight法を中心とするロバスト推定法が有効であることが示された．

§8.2.6 ロバスト推定法の使い方

以上のようなロバスト推定法を正しく使うために，最小二乗法とロバスト推定法の考え方を整理して表8.4に示す．

もともと最小二乗法が理論的な基礎を持つのは，測定値もモデルも理想的な条件を満たしている場合である(§3.2,§3.8)．しかし，現実のデータやモデルはそのように理想的ではないから，多くの場合に最小二乗法はその理論的基盤を離れて，単なる便利な計算法として使われることになった．これに対して，Biweight法などのロバスト推定法は，もともと測定値もモデルも理想的ではないことを想定したうえで，便法として考え出されたものである．現実の問題を処理するために試行錯誤によって重み調節の関数形が選ばれ，そのアルゴリズムが作り上げられてきたのであり，その適用例は母数推定から線形モデル・非線形モデルへと拡張されてきた．最小二乗法が前提するような理想的なデータに対しては最小二乗法とほぼ同等の結果を与え，一方粗いデータに対しては最小二乗法よりもはるかに安定にパラメータの推定ができる．これは残差に応じ

表8.4　最小二乗法とロバスト推定法の比較

		最小二乗法	ロバスト推定法
主目標		理想的な場合のパラメータの推定	現実のデータとモデルによるあてはめと診断
想定しているケース	まちがい	なし	あるかもしれない
	系統誤差	なし	あるかもしれない
	近似誤差	なし	あるかもしれない
	偶然誤差	正規分布	非正規分布，裾をひいた分布
実行のしかた	重みのとり方	$\propto$(測定誤差 σ_i)$^{-2}$	$\propto$(測定誤差 σ_i)$^{-2}\times$ (残差に依存した因子(≦1))
	重み調節	重みは固定	残差大のデータに対して重みを自動的に小さくし，重み調節を繰返す
	あてはめと診断	機械的にあてはめる．診断なし．	自動的に予備診断をしながらあてはめる
性能	理想的なデータへの対応	不偏・最小分散・最尤推定となる．	最小二乗法とほぼ同等．計算能率少し劣る．
	粗いデータへの対応	不安定である．計算を制御しにくい．	安定である．計算を制御しやすい．
	まちがい	抵抗力がない．パラメータ推定値が偏る．	抵抗力がある．パラメータ推定値が偏りにくい．
	系統誤差・近似誤差	パラメータ推定値が偏る．	パラメータ推定値が偏りにくい．
	ばらつき	ロバストでない．非正規分布のとき分散が大きい．	ロバストである．非正規分布型のときでも分散が小さい．
結果の診断		すべて人間が診断しなければならない． 診断しにくい．	推定法が下した予備診断を参考にして，人間が最終的に診断しなければならない． 診断しやすい．ただし，結果は初期推定値に依存することがあり，注意を要する．

て重みを調節するという形で，診断をしながらあてはめが行なわれることの効果である．ただし，このロバスト推定法が行なう予備診断は，パラメータの初期推定値に依存することがあり，いつの場合にも解析者自身があてはめ結果に対する最終診断をしなければならない．ロバスト推定法の結果は最小二乗法の結果よりも診断がしやすいのも長所である．ロバスト推定法で有効重みを小さくされた測定値に問題がないかどうか，モデルが適切かどうかなどを診断し，修正したうえで再度あてはめを行なうべきである．ただ，最終的な結果を出すための推定法としては，最小二乗法に固執すべきだという考えと，ロバスト推定法を使う考えとがある．このような目的にロバスト推定法を使うためには，ロバスト推定法の理論的基盤がもっと整備されなければならない．

第9章　最小二乗法標準プログラムシステム SALS

SALS システムに組みこんだ統計学的および数値解析的手法については，いままでの章で説明した．本章では，SALS システムの全体的な構成と使い方の概要について述べる[59,60,62]．

§9.1　SALS システムの基本仕様

SALS システムを設計したうえでの基本的な仕様を，表 9.1 に示す．開発の趣旨は「自然科学を中心とする実験データの解析のための，汎用で信頼のおける最小二乗法プログラムの作成」であったから，その目的に沿い，かつユーザの立場に立って選択した．システム作りでは，仕様を拡大しすぎないように注意しなければならない．いろいろ便利な機能を盛り沢山に導入すると，システムを複雑にし，作成を遅らせるばかりでなく，でき上がったものの品質や性能を低下させ，全体としては使いにくいシステムになることが往々にしてある．このような配慮から採用しなかった機能(×印)，あるいは将来の拡張版で考えることに延期した機能(△印)を表 9.1 の右欄に示した．従来，“汎用統計プログラムパッケージ”として流布しているもの(たとえば，BMD/BMDP, SPSS, OMNITAB, SAS など)は，そのほとんどが，自然科学よりも社会・人文科学や医学などの分野に重点を置いており，その結果，多変量解析を中心とした統計手法が用いられている[51,57,61,64]．これに対して SALS システムでは，上記のような開発の趣旨に沿って，線形および非線形最小二乗法に焦点をしぼったところが特徴である．

表 9.1　SALS システムの基本仕様

分類	基本システムに採用	不採用(×印)または拡張版に延期(△印)
目的	汎用 自然科学分野に重点 実験による数値データを対象 構造(モデル)の解明を目的	×特定目的専用 ×社会・人文科学・医学等に重点 ×調査などの非数値データを対象 ×最適化計画・制御を目的
システム化	入出力を含むプログラムシステム プログラムの階層的構造化 フォートラン JIS 7000 で記述 配列サイズの自動調節 ソース・プログラム公開，修正・調節可能	×単体サブルーチンの集合 ×拡張フォートラン，PL/I など ×配列サイズ固定 ×ブラックボックス化
ユーザインタフェイス	理論モデルはユーザが作成 バッチ処理中心 固定書式コマンドによる入出力 内部処理や入出力の調節・制御を許容 エラー処理とデフォールト処理	×複数個の固定的モデル ×数式処理によるモデルの作成 △TSS 中心，会話型 △自由書式／キーワード型コマンド
数値解法	単精度(部分倍精度)計算 正規方程式を立てない高精度線形解法の重視 ランク落ち処理と特異値分解法導入 非線形最小二乗解法	△倍精度計算* ×正規方程式の解法のみ △非線形最適化解法 ×不等式制約条件 △大規模計算用特殊解法
統計処理	重みつき最小二乗法 ロバスト推定法 パラメータの誤差など統計諸量 赤池の情報量基準 AIC	×多変量解析 ×時系列解析 △“横軸”にも誤差がある最小二乗問題

*　倍精度版 SALS はすでに利用可能

§9.2　SALS システムの構成

SALS システムはフォートラン JIS 7000 で書かれ，サブルーチンは全部で約130個，ステップ数約1万よりなる．

SALS システムを1つのブラックボックスとして見ると，図 9.1 のような構成である．ユーザの主プログラムは，CALL SALS と書いてある，名目だけのものでよい．SALS システムがあてはめのアルゴリズムと統計処理一切を担当しており，入出力のサブルーチンも標準的に備えている．ただし，パラメータと測定値および計算値の入出力サブルーチンは，ユーザが各自の問題に都合が

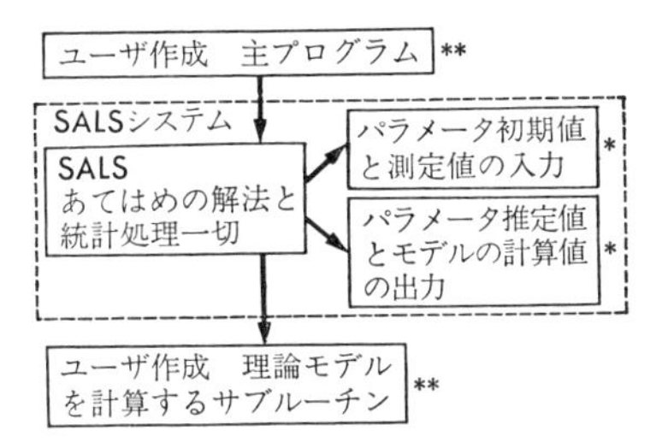

図 9.1 SALS を用いたあてはめのプログラムの構成
無印：SALS 標準ルーチン，*：SALS 標準ルーチンがあるが，ユーザ作成のものを接続してもよい，**：ユーザが作成して接続しなければならない

よいように書き変えたものを接続してもよい．あてはめるべき理論のモデルは，ユーザがサブルーチンの形に作成して SALS に接続しなければならない．このモデルのサブルーチンでは，与えられたパラメータ値を用いて測定値に対応する理論値を計算するのであるが，ヤコビアン行列を解析的にプログラムできればそれをも計算しておくとよい．

SALS の全体的な構成としては，SALS が標準として備えている部分，ユーザが作成すべき部分(** 印)，そして SALS の標準を使ってもよいしユーザが作成して接続してもよい部分(* 印)の 3 種をはっきりと区別している．このうちユーザが作るべきもの(**)と作ってもよいもの(*)とをとり出すと，それだけで理論的なモデルを計算するプログラムの骨組みができる．

実際，モデルを計算するプログラムを予め作り，種々のシミュレーションをして，パラメータの値に応じたモデルのふるまいを把握しておくことは，データ解析の準備として大事である．このようなモデルの計算のプログラムにほんの少し手を入れれば SALS を使ったあてはめのプログラムに改造できる．

さらに詳しい **SALS の構造**を図 9.2 に示す．図の各ブロックはそれぞれ 1 個～20 個のサブルーチンから構成され，全体は以下のように 10 個のグループに分類されている．

1. **SALS**　SALS システムを管理する．コマンドを入力して解読し，入力サブルーチン群(b)を用いてパラメータ初期値と測定値に関する情報を入力する．複数組の解法・パラメータ，測定値を同時に扱うことができる(§9.3)．

2. **SALSEX**　一組の解法・パラメータ・測定値に対するあてはめの実

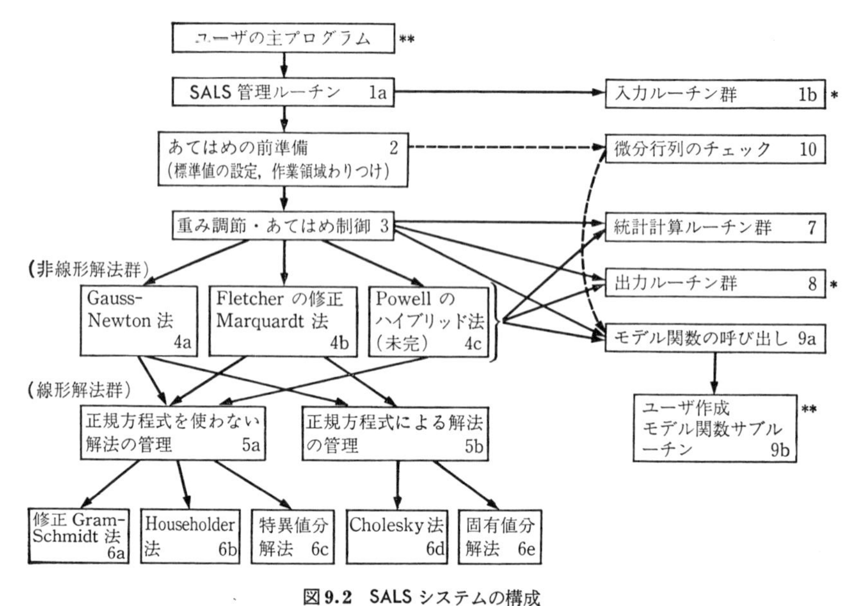

図9.2 SALS システムの構成

(注)*：SALS の標準ルーチンがあるが，ユーザ作成のルーチンを使うこともできる，
**：ユーザが作成しなければならない

行を管理する．ユーザが入力した制御用データをチェックし，デフォールト値(省略時の標準値)を設定する．また，解法・パラメータ数・測定値数に応じて，必要な大きさの配列を動的に割付ける．

3. **LSF**　ロバスト推定法のための重み調節を行ない，非線形最小二乗解法を呼び出してあてはめを実行し，結果の出力を管理する(§8.2.5)．

4. **NONLIN**　3種の非線形最小二乗解法のアルゴリズム．

(a) Gauss-Newton 法．ダンピング因子を持つ(§5.2)．

(b) 修正 Marquardt 法，係数 λ の調節は Fletcher のアルゴリズムを使用(§5.3)．

(c) Powell のハイブリッド法(§5.4)(SALS 第2版では未完)．

5. **LINLS**　線形解法の管理ルーチン．次の2種よりなる．

(a) 正規方程式を立てない線形解法の管理(§4.9.2)．

(b) 正規方程式を解く線形解法の管理(§4.9.3)．

それぞれ，線形解法の呼び出し，解の反復改良，ランクの判定，ランク落ちの処理，線形解法の切換えなどを管理する.

6. **LINEAR** 5 種の線形最小二乗解法のアルゴリズム.

(a) 修正 Gram-Schmidt 法(§4.4).

(b) Householder 法(§4.5).

(c) 特異値分解法(§4.6).

(d) Cholesky 法(§4.7).

(e) 固有値分解法(§4.8).

これらのうち，(a)～(c)がヤコビアン行列を直接変換して解く高精度の解法，(d), (e)が正規方程式を立ててから解く解法である.

7. **STAT** 統計情報の計算と出力. 標準偏差 $\hat{\sigma}$，パラメータの誤差行列 $\boldsymbol{\Sigma}_{\hat{x}}$，相関行列 $\boldsymbol{\rho}$，計算値の推定誤差 $\boldsymbol{\sigma}_y$，赤池の情報量規準 AIC, 残差のヒストグラム，残差グラフ，正規確率プロットなどを出力する(§9.5).

8. **OUT** 出力サブルーチン群. パラメータ推定値とその誤差, 測定値とそれに対応した計算値・残差の一覧表などの出力(§9.5).

9. **MODL** ユーザ作成の理論モデルのサブルーチン(b)の呼び出しを管理し，ユーザルーチンと解法アルゴリズムのインタフェイスをとる. ユーザのサブルーチンは，次の3種の形式のうちのどれか1つ.

MŌDELF モデルの計算値 $\boldsymbol{f}(\boldsymbol{x})$ のみを計算する.

MŌDELD モデルの計算値 $\boldsymbol{f}(\boldsymbol{x})$ とヤコビアン行列 $\boldsymbol{A}$ を計算する.

MŌDELN モデルの計算値 $\boldsymbol{f}(\boldsymbol{x})$ および正規方程式の係数行列 $\tilde{\boldsymbol{A}}\boldsymbol{W}\boldsymbol{A}$ と右辺ベクトル $\tilde{\boldsymbol{A}}\boldsymbol{W}\Delta\boldsymbol{y}$ を計算する.

標準的には MŌDELD の形式が望ましい. しかしヤコビアン行列が解析的な式で表わせず，差分近似で $\boldsymbol{A}$ を求めるのであれば，MODELF の形式に作って SALS に差分をやらせても同じことである. MODELN を使うのは特殊な場合で，ヤコビアン行列 $\boldsymbol{A}$ は大きくて記憶できないが $\tilde{\boldsymbol{A}}\boldsymbol{W}\boldsymbol{A}$ なら記憶できる場合，あるいは非対角形の重み行列を用いる場合などである.

10. **DFCHEK** ユーザ作成の MŌDELD サブルーチンにおいて，ヤコビアン行列 $\boldsymbol{A}$ の計算プログラムにミスがないかどうかをチェックするためのユーティリティルーチン. MŌDELD の計算値 $\boldsymbol{f}(\boldsymbol{x})$ の計算を繰返し用いて差分近似でヤコビアン行列を計算し，MŌDELD で直接計算したヤコビアン行列

A と比較，両者の数値が何桁まで合っているかを出力する．ヤコビアン行列の計算プログラムには誤りが起こることが多いので，あてはめを実行する前に予備的ジョブによりこのチェックを行なうと有効である．

以上の10グループのうち，はじめの6グループがあてはめの制御と解法に関するもので，明確な階層構造を持っている．統計・出力・モデルの呼び出しに関するグループは，第3および第4グループだけから呼び出され，線形解法などとは独立している．このようにシステム全体を構造化して，解読のしやすさ，修正・拡張のしやすさを企っている．

§9.3　SALS システムの入力データと制御

SALSの入力ジョブストリームの例を図9.3に示す．この例は東京大学大型計算機センターでの使用例である．記号／または＞で始まる行はジョブ制御言

```
//USRIDPEK JOB (PASSWORD),CLASS=A
>>USE $SALS.FORT
>>SOURCE
      CALL SALS(4000)
      STOP
      END
C
      SUBROUTINE MODELF(M,N,NC,X,Q,FO,F,R)
      DIMENSION X(M),Q(N),FO(N),F(N),R(N)
      DO 10 I=1,N
      F(I)=X(3)*X(2)**2/((Q(I)-X(1))**2+X(2)**2) + X(4)+Q(I)*X(5)
 10   R(I)=FO(I) - F(I)
      RETURN
      END
>*
>>DATA
PROBLEM   1.        5.        3.        5.        4.        5.
PARA      5.
 POSITION  2.4                          0.2
 WIDTH     2.0                          0.2
 HIGHT     6.0                          1.0
 A0        3.5                          1.0
 A1        0.1                          0.02
ENDPARA
DATA      51.       1.        1.        0.1
 DATA    1 -10.0      2.00
 DATA    2  -9.6      2.25
 DATA    3  -9.2      2.27
 DATA    4  -8.8      2.27
  (中略)
 DATA   48   8.8      4.32
 DATA   49   9.2      4.09
 DATA   50   9.6      4.23
 DATA   51  10.0      4.17
ENDDATA
ENDSALS
>*
>>CGO
//
```

図9.3　SALSの入力ジョブストリームの例(東京大学大型計算機センターの場合)

語であり，各センターによって異なる．

3行目はすでにライブラリとして登録してある SALS システムへのアクセスである．ユーザの主プログラムでは，CALL SALS(4000)としているだけである．この4000というのは，自動的に割付けが行なわれる配列のための作業領域 WK の大きさを指示する．もっと大きくとる必要があるときには，CŌMMŌN MAXWK, NWKMAX, WK(10000)と宣言し，CALL SALS(10000)などとすればよい．

この例のモデルは，Lorentz 型のピークが一次式のバックグランド上に乗ったもので，(8.24)で使った．サブルーチンは最も簡単な MŌDELF の形式に作ってあり，ヤコビアン行列の計算は SALS にまかせている．

入力データは，固定書式のコマンド方式で書く．各入力データはコマンド名(またはパラメータや測定値の名前・番号)および6個以内の数値データよりなり，統一書式 FORMAT(A10, 6F10.0)で入力される．各コマンド名は先頭4文字だけの省略形が許される．入力データの最初には，PROBLEM コマンドを置き，解法や入出力などの主要な制御をする．図9.3の例の PROBLEM コマンドの6個の制御データは順に次のような指示をしている：

1) ユーザのモデルサブルーチンの形式は MŌDELF である．

2) 非線形解法として Gauss-Newton 法を用い，収束の安定化を必要とする．線形解法は SALS の省略時の標準に従い修正 Gram-Schmidt 法を用いる．

3) Gauss-Newton 法のうちきりサイクル数は10サイクルとする．

4) 適合型 Biweight 法によるロバスト推定を行なう．

5) 出力レベルを4(中程度)とし，最終結果だけでなく非線形解法の中間結果をもとびとびのサイクルでモニタして出力する．

6) 統計出力のレベルは5(やや詳しい)とし，最終結果および重み調節時点ごとに統計情報を出力する．

次に PARAMETER コマンドでは，パラメータの数を5個と指定し，続いて各パラメータの初期値およびヤコビアン係数を計算するための差分の変化量を入力する．DATA コマンドは，測定値の個数(51個)，“横座標 q” の次元数(1次元)，測定誤差(または重み)の入力方式(均一な測定誤差)，および標準の測定の測定誤差($\sigma_0=0.1$)を指定している．続いて各測定値を入力しており，測定

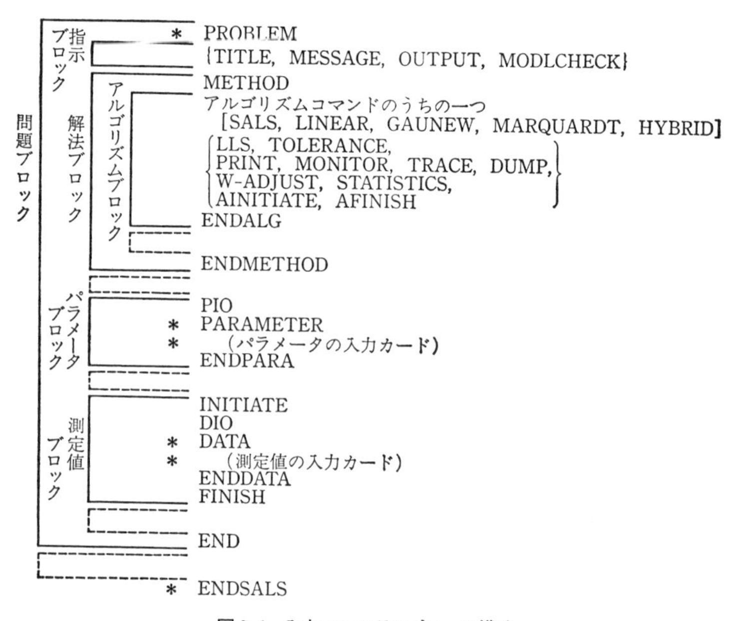

図 9.4　入力コマンドのブロック構造

(注)　*：必須．他のものはすべて省略可能．
{　}：カッコ内の順序は自由．
[破線]：直前のブロックを必要な回数繰返す．なくてもよい．

値名(ここでは DATA 番号)，横座標 q_i の値，および測定値 y_i を入力する．ENDSALS は SALS に対する入力の終り，// はジョブの終りを示す．

この例のように，通常の問題であれば，必要最小限の指示を与えるだけで容易に SALS を使うことができる．一方，必要に応じて，解法に関する詳しい指示を与えたり，測定値の入力ファイルや入力書式を変更したり，複数の解法や複数組のパラメータ初期値を用いたりといった種々の指定をすることができる．このために，全部で約30種のコマンドが用意してある．これらのコマンドを指定するためには，図 9.4 に示すような**ブロック構造**を使う．PROBLEM コマンドで始まり END コマンドで終る各問題ブロックは，さらに指示・解法・パラメータ・測定値の4種のブロックよりなる．同種のブロックが複数個指定された場合には，そのすべての組み合わせについて並列的にあてはめ処理を行なう．一方，解法ブロック中に，複数のアルゴリズムブロックを指定した場合には，それらのアルゴリズムを継続的に使用して推定を行なう．

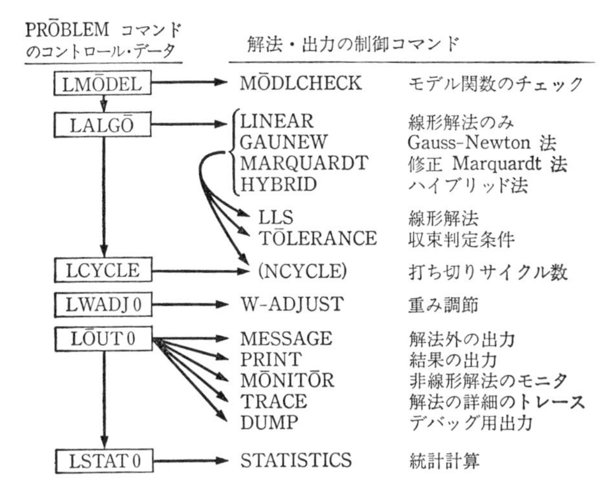

図 9.5 SALS における解法と出力の制御を設定する系列

図 9.4 で＊印をつけたコマンドだけが必須のものであり，その他のコマンドはすべて省略可能である．このためにはコマンド解読のプログラムが省略されたコマンドを補ない，そのコントロールデータに適当な**デフォールト値**を設定する．すなわち，種々のコマンドとそのコントロールデータの間には，図 9.5 に示すような階層的な上下関係が定められており，もし下位のコマンドやそのコントロールデータが省略されたときには，上位のものを参照してデフォールト値が選択される．階層構造の最上位にあるのは，PROBLEM コマンドの 6 個のコントロールデータである．これらが図 9.5 のようにそれぞれいくつかのコマンドを制御し，下位コマンドの各コントロールデータにもさらに階層的な制御関係がある．このようにして，解法や出力・統計などをユーザが詳細に制御することもできるし，他方，標準的な制御であれば PROBLEM コマンドのコントロールデータを入力するだけでもよい．

図 9.4 のコマンドのうち，パラメータブロックの PIO コマンドと，測定値ブロックの DIO コマンドについて補足する．これらのコマンドは，パラメータまたは測定値のデータの入出力に際して，特別なファイルやユーザ作成の入出力サブルーチンを使うことを指示する．ユーザが作成して接続できる入出力サブルーチンは次の 5 種である．

PARAIN	パラメータ初期値の入力
DATAIN	測定値の入力
DATOUT	測定値の一覧表の出力
PAROUT	最終パラメータ推定値とその誤差行列の出力
CALOUT	測定値とそれに対応する計算値・残差・推定誤差などの出力

§9.4　SALS システムの処理の概要

SALS システムの処理の全体図を，図9.6に示した．図の右端の層別は，それぞれの処理が行なわれるプログラム中の階層(§9.2)を示す．全体の処理は，多重のループによって構成され，必要に応じて複数組の並列的処理，あるいは解の反復改良が行なわれる．SALS の第1層では，解法・制御コマンドの入力と解読，パラメータの組と測定値の組の入力を行なう．測定値データの1組が入力されるごとに，あてはめを(場合によっては，複数の解法と複数のパラメータの組に対して繰返し)行なっており，測定値データを複数組同時に記憶しておくことはない．第2層では，測定値データ，パラメータ，および解法の各1組に対するあてはめを行なう．この際，1組の解法が複数のアルゴリズムを直列につないで反復改良する場合もある．また，解法や出力に関する制御にデフォールト値を補ない，作業領域を割付ける．第3層より内部の処理については，今までの章で詳しい流れ図を示したのでそれらを順番に参照すれば top-down の処理構造が理解できよう．

第3層：ロバスト推定法のための重みの調節(図8.4)．

第4層：非線形最小二乗解法の実行．(a)Gauss-Newton 法(図5.1)，(b)修正 Marquardt 法(図5.3)，(c)Powell のハイブリッド法(図5.6)．

第5層：線形最小二乗解法の管理．(a)正規方程式を立てない解法の管理(図4.11)，(b)正規方程式による解法の管理(図4.12)．

第6層：線形最小二乗解法の実行．(a)修正 Gram-Schmidt 法(§4.4)，(b)Householder 法(§4.5)，(c)特異値分解法(§4.6)，(d)Cholesky 法(§4.7)，(e)固有値分解法(§4.8)．

なお，図9.6に点線で示したのは，ユーザ作成の特別処理ルーチンを呼び出

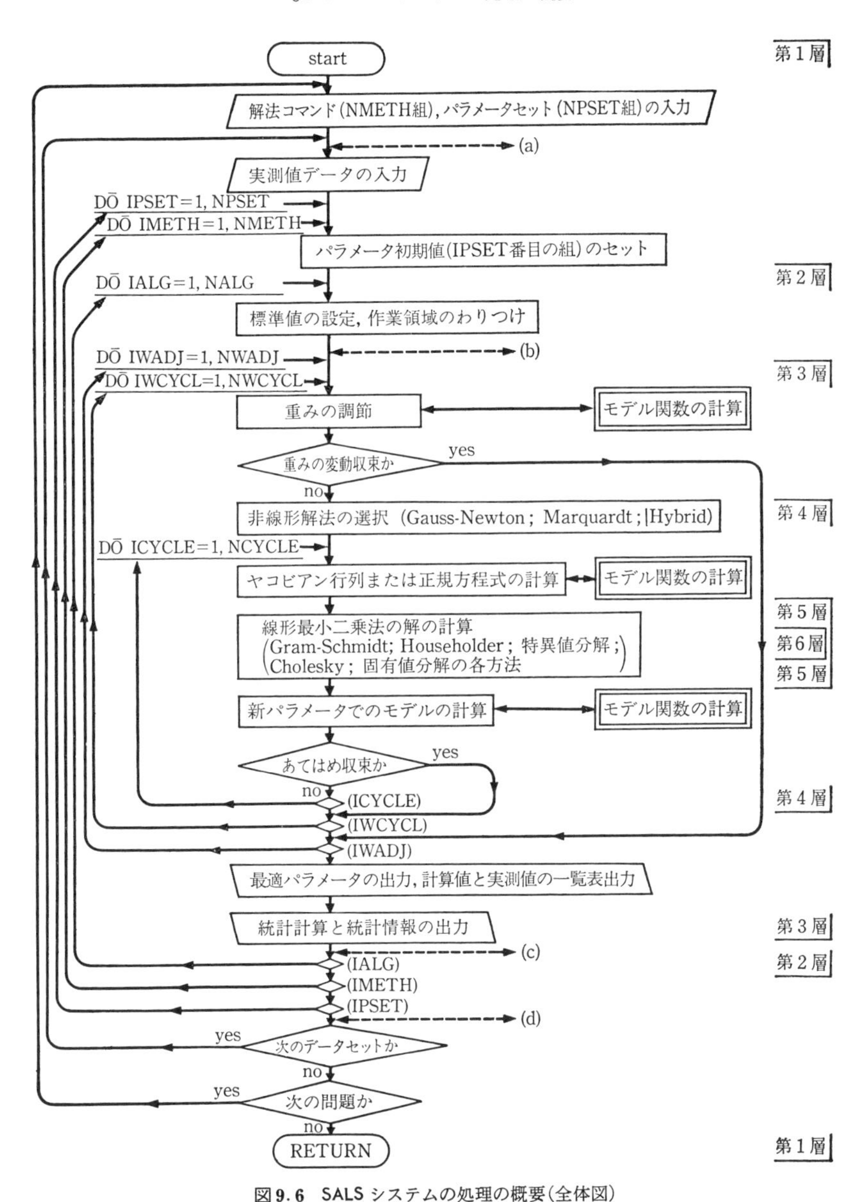

図 9.6 SALS システムの処理の概要(全体図)

(注) ユーザ作成の特別処理サブルーチンの呼び出し可能位置：(a) INITIA, (b) AINI, (c) AFIN, (d) FINISH.

すことができる位置であり，次のコマンド(図9.4参照)でそれぞれサブルーチンを呼び出す(ただし，これらは問題を生じ易いので使用を推奨しない).

(a)　INITIATEコマンド――前処理のサブルーチン INITIA

(b)　AINITIATEコマンド――前処理のサブルーチン AINI

(c)　AFINISHコマンド――後処理のサブルーチン AFIN

(d)　FINISHコマンド――後処理のサブルーチン FINISH

§9.5　SALSシステムの出力

SALSの出力は内容的に分類され，表9.2に示す6種のコマンドにより制御される．これらのコマンドのデフォールト値は，PR$\bar{\mathrm{O}}$BLEMコマンドのコントロールデータ L$\bar{\mathrm{O}}$UT0とLSTAT0とで設定される(図9.5)．これらの他に，PI$\bar{\mathrm{O}}$コマンドとDI$\bar{\mathrm{O}}$コマンドを用いると，パラメータと測定値・計算値に関する情報の出力のためのユーザサブルーチンが使える(§9.3)．さらに，$\bar{\mathrm{O}}$UTPUTコマンドを使うと，TSSを用いてSALSを走らせているときに，簡単なメッセージだけをTSS端末に出力し，多量の数値結果は後にラインプリンタに出力するように，その出力ファイル番号を指定できる．

さて，ここでは，PRINTおよびSTATISTICSコマンドで制御されている最終結果の出力についてだけもう少し詳しく説明する．

表9.2　SALSの出力制御コマンドとその出力内容

コマンド	内容
MESSAGE	解法の外側での出力．コマンドやデータの入力値，コマンド解読，作業領域のとり方，実行の流れ，計算経過時間など．
PRINT	最終段階および重み調節の各サイクルにおける結果の出力．パラメータ推定値とその誤差，測定値と計算値の一覧表，残差のヒストグラム，残差のグラフ，正規確率プロット
M$\bar{\mathrm{O}}$NIT$\bar{\mathrm{O}}$R	あてはめの中間結果，特に非線形解法の動きを定常的に(あるいはとびとびのサイクルで)モニタするための出力．
TRACE	あてはめの解法の進み方を初期サイクルで詳しくトレースする．特にモデル呼び出し時のパラメータ，モデル計算値，ヤコビアン行列，線形解法の内部情報など．
DUMP	SALSシステムのデバッグのためのダンプ出力．プログラム中の任意の所に CALL　DUMPC または CALL　DUMPWK を入れれば SALS の制御用 COMMON 変数，あるいは作業用配列 WK の内容をダンプする．
STATLSTICS	最終結果(あるいは中間結果)に対する統計情報の出力．残差二乗和，標準偏差，赤池の情報量基準AIC，パラメータの誤差行列，相関行列，パラメータの誤差行列の固有値と固有ベクトル，計算値 $\hat{y}$ の推定誤差 $\sigma_{\hat{y}}$ など．

```
TABLE OF FUNDAMENTAL STATISTICS (IN TWO SCHEMES)      ON THE BASIS OF                         ON THE BASIS OF
                                                  UNCERTAINTY INPUT BY THE USER      EFFECTIVE UNCERTATINTY IN ROBUST ESTIMATION

  NUMBER OF OBS. DATA      NDATA=   51                NDATAW=   51                              NWE   =   51
  NUMBER OF PARAMETERS     NPARA=    5                NPIN  =    5                              NPIN  =    5
                                                      NRANK =    5                              NRANK =    5
  RESIDUAL SUM OF SQUARES   (S0=FSIG0)      RSS  4.3779E+01  RSS*S0**2    4.3779E-01  RSSE  3.8318E+01  RSSE*S0**2   3.8318E-01
  STANDARD DEVIATION S = SQRT(RSS/(N-M))    S    9.7556E-01  S*S0         9.7556E-02  SE    9.1269E-01  SE*S0        9.1269E-02
  STANDARD DEVIATION RECOMMENDED = MAX(S,1.0)    1.0000E+00               1.0000E-01        1.0000E+00               1.0000E-01
  AKAIKE'S AIC = N*LOG(RSS) +2*M                     AIC   2.0274E+02                            AIC(E)  1.9594E+02
```

図9.7 SALSの出力(1) 基本統計量

NO.	NAMED	COORD	F OBS.	SIG (OBS)	F CALC.	RES = OBS-CALC	RES/SIG	W(EFF)/W	SIG (CALC)
1	DATA 1	-1.00000E+01	2.00000E+00	1.000E-01	2.13044E+00	-1.30444E-01	-1.3044	0.9077	2.97E-02
2	DATA 2	-9.60000E+00	2.25000E+00	1.000E-01	2.17584E+00	7.41568E-02	0.7416	0.9697	2.89E-02
3	DATA 3	-9.20000E+00	2.27000E+00	1.000E-01	2.22192E+00	4.80804E-02	0.4808	0.9872	2.81E-02
4	DATA 4	-8.80000E+00	2.27000E+00	1.000E-01	2.26877E+00	1.23405E-03	0.0123	1.0000	2.73E-02
5	DATA 5	-8.40000E+00	2.27000E+00	1.000E-01	2.31649E+00	-4.64935E-02	-0.4649	0.9880	2.66E-02
6	DATA 6	-8.00000E+00	2.48000E+00	1.000E-01	2.36523E+00	1.14765E-01	1.1477	0.9282	2.58E-02
	(中 略)								
28	DATA 28	8.00000E-01	5.80000E+00	1.000E-01	5.78684E+00	1.31617E-02	0.1316	0.9990	4.20E-02
29	DATA 29	1.20000E+00	6.51000E+00	1.000E-01	6.49580E+00	1.41954E-02	0.1420	0.9989	4.41E-02
30	DATA 30	1.60000E+00	7.25000E+00	1.000E-01	7.27430E+00	-2.43025E-02	-0.2430	0.9967	4.65E-02
31	DATA 31	2.00000E+00	7.94000E+00	1.000E-01	7.96316E+00	-2.31619E-02	-0.2316	0.9970	5.19E-02
32	DATA 32	2.40000E+00	8.37000E+00	1.000E-01	8.31848E+00	5.15156E-02	0.5152	0.9853	5.53E-02
33	DATA 33	2.80000E+00	8.13000E+00	1.000E-01	8.18273E+00	-5.27277E-02	-0.5273	0.9846	5.23E-02
34	DATA 34	3.20000E+00	7.68000E+00	1.000E-01	7.64597E+00	3.40338E-02	0.3403	0.9936	4.88E-02
35	DATA 35	3.60000E+00	6.92000E+00	1.000E-01	6.94977E+00	-2.97670E-02	-0.2977	0.9951	4.73E-02
36	DATA 36	4.00000E+00	6.27000E+00	1.000E-01	6.28750E+00	-1.75009E-02	-0.1750	0.9983	4.46E-02
37	DATA 37	4.40000E+00	5.74000E+00	1.000E-01	5.74090E+00	-8.98361E-04	-0.0090	1.0000	3.98E-02
38	DATA 38	4.80000E+00	5.37000E+00	1.000E-01	5.31914E+00	5.08614E-02	0.5086	0.9857	3.42E-02
39	DATA 39	5.20000E+00	5.09000E+00	1.000E-01	5.00353E+00	8.64706E-02	0.8647	0.9589	2.91E-02
40	DATA 40	5.60000E+00	4.65000E+00	1.000E-01	4.77046E+00	-1.20461E-01	-1.2046	0.9210	2.55E-02
	(後 略)								

図9.8 SALSの出力(2) 測定値と計算値に関する一覧表

図9.7は，SALSの出力例で，**基本的な統計量**に関する部分である．SALSではロバスト推定法(§8.2)が標準的に用いられ，ユーザが与えた測定値の重み w_i の他にロバスト推定法での有効重み $w_i{}^{\mathrm{eff}}$ が使われる．そのため，基本統計量の出力は，常に両者の重みによる値を並記している．左側が重み w_i によるもの，右側が有効重み $w_i{}^{\mathrm{eff}}$ によるものである．測定値データの数にも，ユーザが入力したデータ数(NDATA)，ユーザの重みが0でないデータ数(NDATAW)，有効重みが0でないデータ数(NWE)の区別がある．パラメータの数は，入力したパラメータの数(NPARA)，固定しないパラメータの数(NPIN)，および線形解法で独立とみなされたパラメータの数(NRANK)を区別して考える．

残差二乗和は，(3.60)の S をRSSで示し，(3.61)の S' をRSS*S0**2で示す．RSSは通常無次元の量である．一方，ロバスト推定法での有効重みを用いて計算したものは，RSSEと表示されている．

$$\mathrm{RSSE} \equiv S^{\mathrm{eff}} \equiv \sum_{i=1}^{n}(v_i/\sigma_i{}^{\mathrm{eff}})^2 = \sum_{i=1}^{n} w_i{}^{\mathrm{adj}}(v_i/\sigma_i)^2 \tag{9.1}$$

標準偏差 $\hat{\sigma}$(3.62)は，具体的に書くと，

$$\hat{\sigma} \equiv \mathrm{S*S0} = \mathrm{SQRT\,(RSS/(NDATAW\text{-}NRANK))*S0} \tag{9.2}$$

$$\hat{\sigma}^{\mathrm{eff}} = \mathrm{SE*S0} = \mathrm{SQRT\,(RSSE/(NWE\text{-}NRANK))*S0} \tag{9.3}$$

である．また安全を見込んで推奨する標準偏差 $\hat{\sigma}_{\mathrm{rec}}, \hat{\sigma}_{\mathrm{rec}}{}^{\mathrm{eff}}$ も出力される．

$$\begin{aligned}\hat{\sigma}_{\mathrm{rec}} &= \max\{\hat{\sigma}, \sigma_0\}\\ \hat{\sigma}_{\mathrm{rec}}{}^{\mathrm{eff}} &= \max\{\hat{\sigma}^{\mathrm{eff}}, \sigma_0\}\end{aligned} \tag{9.4}$$

残差二乗和，標準偏差の使い方は，§3.5を参照されたい．

赤池の情報量基準AIC(§7.7)としては，(7.90)によるもの

$$\mathrm{AIC} = n \log_e S + 2m \tag{9.5}$$

を出力している．ただし，AICとロバスト推定法とは異質の考え方であるから，ロバスト推定法を用いているときにはAICは本来の理論的基盤から離れている．

図9.8は**測定値と計算値に関する一覧表**のSALS出力例である．各欄は左から順に次の内容である．

NO　　　　測定値の通し番号．重み $w_i=0$ のものもすべて含む．

NAMED　ユーザが入力した測定値の名前．書式 A 10.

COORD　“横座標”の値 q_i．“横座標”は3次元$(q_i^{(1)}, q_i^{(2)}, q_i^{(3)})$までは標準入出力で扱えるが，4次元以上はユーザ作成入出力ルーチンが必要.

F OBS.　測定値 y_i.

SIG (OBS)　測定誤差 σ_i．ユーザが均一重みを指定したときには，$\sigma_i=\sigma_0=$ FSIG0．ユーザが重み w_i で入力したときには(3.20)より $\sigma_i=\sigma_0/\sqrt{w_i}$ で計算．ただし，$\sigma_i=0$ と表示しているものは正しくは $\sigma_i=\infty$ のことであり，重み $w_i=0$ に対応する.

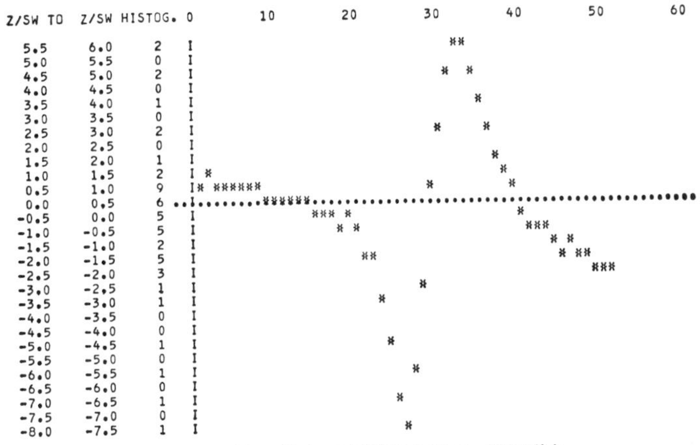

(a)　パラメータ初期値によるもの．系統誤差大.

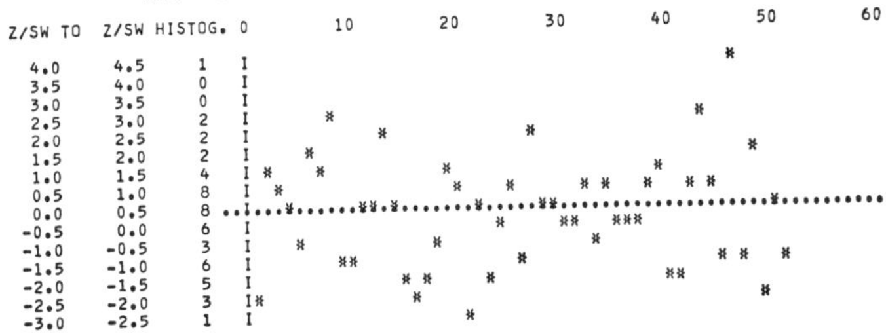

(b)　パラメータは最終推定値によるもの．残差はランダム.

図9.9　SALS の出力(3)　残差グラフ

F CALC.　パラメータの推定値 $\hat{\boldsymbol{x}}$ より計算したモデルの計算値 $\hat{y}_i = f_i(\hat{\boldsymbol{x}})$.

RES　残差 v_i. (測定値 y_i)−(計算値 $\hat{y}_i$).

RES/SIG　規格化残差 $z_i = v_i/\sigma_i$. 重み0のときには $z_i = 0$.

W(EFF)/W　ロバスト推定法の有効重み調節因子 $w_i^{\mathrm{adj}} = w_i^{\mathrm{eff}}/w_i$ (8.13).

SIG(CALC)　計算値 $\hat{y}_i$ の推定誤差 $\sigma_{\hat{y}i}$. パラメータ推定値 $\hat{\boldsymbol{x}}$ の誤差から，誤差伝播則(3.96)によって計算したもの.

さらに，SALS では図9.9のような**残差グラフ**(§8.1.4)を出力する．図9.9(a)はパラメータ初期値を用いたときの残差，(b)はパラメータの最終推定値を用いたときの残差である．これらの縦軸は，規格化残差 z_i を SW でスケーリングしたものである．

$$\mathrm{SW} \equiv \max\{\mathrm{median}\{|z_i|\}, \mathrm{SWMIN}\} \tag{9.6}$$

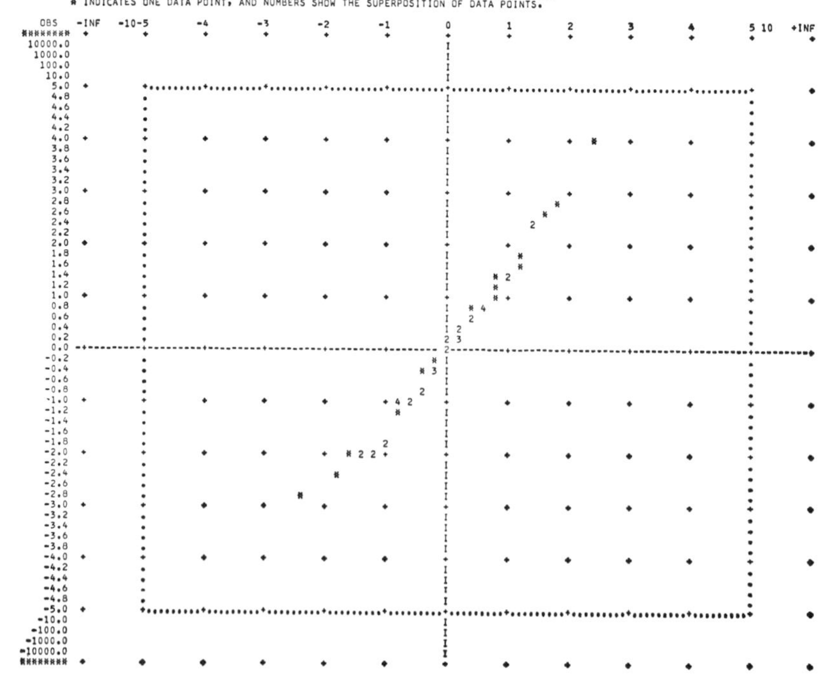

図 9.10　SALS の出力(4)　正規確率プロット

ただし，SWMIN のデフォールト値は 0.01 である．このスケーリングにより，常に半分の測定値が縦軸の −1.0～+1.0 の範囲にプロットされることになり，全体の残差が小さくなると縦軸のスケールが自動的に拡大される．縦軸の絶対値が 10 を越えたところでは，段階的に 100, 1000, 10000, ∞ の区切りごとに 1 行になり，異常に大きい残差の測定値もうまくプロットされる．(測定値の数が 100 以下のときには) ヒストグラムは HISTOG. の欄に数値で示されるだけで，横軸を測定値番号にとった残差グラフが表示される．残差グラフは，異常値の識別と共に，系統的な残差成分があるかどうかを診断するのに有効である．

また，SALS では**正規確率プロット**(図 9.10) が出力され，最終的な残差分布が正規分布にどれだけ近いかを診断できる (§8.1.6)．縦横とも $\pm 5\sigma$ に対応する範囲 (図の枠内) は正しいスケールでプロットされるが，それより外側は段階的に圧縮した形式になっている．* 印が一つの測定値，数字は複数の測定値が重なっていることを示す．

パラメータに関する結果は図 9.11 のように出力される．

IPARA	ユーザが入力した全パラメータの通し番号．
NAMEX	パラメータの名前．
IPIN	固定していないパラメータ (自由なものとゆるく束縛したもの) の番号．解法が扱っている“内部パラメータ”の番号である．
X (INITIAL)	ユーザが入力したパラメータ初期値 $\hat{x}_j^{(0)}$．
X (OLD)	非線形最小二乗解法の収束直前サイクルでのパラメータの値．
DELTA X	線形解法の解 $\varDelta\hat{x}_j$．
DAMPING F.	Gauss-Newton 法の場合のダンピング因子 $\alpha=2^{-l}$ (5.12)．
X (REFIND)	改良されたパラメータ推定値 $\hat{x}_j$ で，これが最終結果．
UNC. SIGMA	パラメータ最終推定値 $\hat{x}_j$ の誤差 $\hat{\sigma}_{\hat{x}j}$ (3.93)．実際には，$\hat{\sigma}$ のかわりに，$\hat{\sigma}_{\mathrm{rec}}{}^{\mathrm{eff}}$ (9.4) を使ったもの．
BINDING SIGMA	そのパラメータが，初期値に固定されたときには FIXED，ゆるく束縛されたときにはその束縛条件の

```
IPARA   NAMEX     IPIN    X (INITIAL)     X (OLD)        + DELTA X     * DAMPING F.  = X (REFINED)    UNC. SIGMA  BINDING SIGMA
  1     POSITION    1     0.0             2.46055E+00     1.97022E-07   1.000000      2.46055E+00      1.95E-02     FREE
  2     WIDTH       2     1.00000E+00     1.77137E+00     2.97290E-05   1.000000      1.77139E+00      4.01E-02     FREE
  3     HIGHT       3     6.00000E+00     5.09394E+00     5.10365E-05   1.000000      5.09399E+00      5.56E-02     FREE
  4     A0          4     3.50000E+00     2.99803E+00    -2.35696E-05   1.000000      2.99801E+00      2.85E-02     FREE
  5     A1          5     2.00000E-01     9.68478E-02    -8.80360E-07   1.000000      9.68469E-02      2.87E-03     FREE
```

図 9.11　SALSの出力(5)　パラメータに関する結果

```
VARIANCE-COVARIANCE MATRIX (=ERROR MATRIX) OF THE (INTERNAL) PARAMETERS.

 ROW       1 COL          2 COL          3 COL          4 COL          5 COL
  1     3.81722E-04
  2     7.13384E-06    1.60748E-03
  3     1.35457E-04   -5.27809E-04    3.09653E-03
  4    -3.49898E-05   -8.31245E-04   -4.46792E-04    8.12635E-04
  5    -1.40330E-05   -4.08748E-05   -3.64113E-05    3.34636E-05    8.21543E-06

CORRELATION MATRIX AMONG THE (INTERNAL) PARAMETERS. IN PER CENT.

ROW     1 COL   2 COL   3 COL   4 COL   5 COL
 1    100.000
 2      0.911 100.000
 3     12.459 -23.657 100.000
 4     -6.282 -72.729 -28.166 100.000
 5    -25.059 -35.569 -22.829  40.955 100.000

EIGENVALUES OF THE ERROR MATRIX
    1    3.28588E-03    2.09942E-03    3.74877E-04    1.40442E-04    5.96022E-06

EIGENVECTORS OF THE ERROR MATRIX

 ROW       1 COL          2 COL          3 COL          4 COL          5 COL
  1    -4.52809E-02   -2.80069E-02   -9.97841E-01   -2.26521E-02    3.10971E-02
  2     2.58462E-01   -8.01047E-01   -5.33283E-04    5.39062E-01    3.04775E-02
  3    -9.60948E-01   -1.61537E-01    4.36361E-02    2.19858E-01    1.56050E-02
  4     8.74845E-02    5.75033E-01   -3.85559E-02    8.12523E-01   -4.19819E-05
  5     8.53903E-03    2.78601E-02    3.03961E-02   -1.91398E-02    9.98929E-01
```

図 9.12　SALSの出力(6)　パラメータの誤差行列など.

```
===== FINISH SALS JOB.   RETURN TO THE USER'S MAIN PROGRAM.   =================
NWKMAX=  1538 WORDS    DATE 80-09-11     TIME  19 38     CPTIME=    3.1737 SEC
*****************************************************************************
*                                                                           *
*  SALS HAS DONE A FITTING JOB.      Y O U  M U S T  JUDGE IF IT IS RIGHT.  *
*                                                                           *
*****************************************************************************
```

図9.13 SALS の出力(7) 最終メッセージ

誤差 $\sigma_{\hat{x}_j}{}^{(0)}$ (7.60)，一方，独立な変数として扱われたときには FREE と印刷する．

次に図 9.12 に出力しているのは，パラメータ推定値の分散共分散行列すなわち**誤差行列** $\hat{\boldsymbol{\Sigma}}_{\hat{x}}$(3.93) である．ただし，(3.93) で $\hat{\sigma}$ のかわりに，$\hat{\sigma}_{\mathrm{rec}}{}^{\mathrm{eff}}$(9.4) を使っている．初期値に固定したパラメータは除いてある．また，対称行列であるからその下三角部分だけを出力している．この誤差行列から求めた相関係数行列 $\boldsymbol{\rho}$(3.82) が，図 9.12 の次の項に出力されている．ただし，見やすくするために単位を%で表示している．さらに，誤差行列の固有値 $\hat{\sigma}_{x'_j}{}^2$(7.31) と固有ベクトル $\boldsymbol{U}$(7.23) が出力される．この $\boldsymbol{U}$ 行列の各列ベクトルを見れば，対角化されたパラメータ x_j' がもとのパラメータ $x_{j'}(j'=1\sim m)$ のどの成分を多く持っているかがわかる．

なお，図 9.13 は，SALS の最終メッセージである．使用した作業領域の最大量，日付，時刻，使用 CPU 時間などが出力され，最後に囲み中に注意書きが書かれている．あてはめ計算は計算機にやらせればよい．しかし，それが正しいかどうかを最終的に診断するのは解析者自身の責任である(§8)．

§9.6 SALS システムの利用について[62,63]

SALS システムは，1975 年以来，著者らを中心とする SALS グループが東京大学大型計算機センター(東大センターと略す)の HITAC 8800/8700 上で開発したものである．1979 年 5 月に SALS 基本システム第 2 版を公開した後も改良を続け，最新版は 1982 年公開予定の第 2･5 版である(但し，本書は主として 2･4 版に基づいている)．倍精度版も公開されている．東京大学での利用回数は月平均 1000 回である．これらの版は東大センターが管理しているが，同センターの「ライブラリプログラム交換に関する内規」に基づき，

(イ) 大学・共同利用研究所の計算センターおよびこれに準ずるもの

(ロ)　国公立研究所の計算センターおよびこれに準ずるもの

(ハ)　特に非営利的利用を目的として交換を希望するもの

に移植されている．現在稼動しているところは以下のとおり．

大型計算機センター：北海道大学，東北大学，東京大学，名古屋大学，京都大学，大阪大学，九州大学

大学の計算機センター：北海道工業大学，青山学院大学，学習院大学，慶応義塾大学，日本大学，東海大学，静岡大学，山梨大学，浜松医科大学，名古屋市立大学，名古屋大学(教育用計算機センター)，関西学院大学，神戸大学，広島大学

国公立研究所：高エネルギー物理学研究所，東京大学原子核研究所，分子科学研究所，名古屋大学プラズマ研究所，京都大学化学研究所，大阪大学蛋白質研究所，日本原子力研究所，無機材質研究所，工業技術院，都立工業技術センター

この他上記の(ハ)項により，非営利的利用ならば民間への移植の道も開けつつある．使用計算機は，FACOM, HITAC, NEAC, MELCOM, UNIVAC など広範な機種に及んでいる．移植の手続きについては東大センターのプログラムライブラリー研究室にお問い合せ下さい．

SALS のマニュアルは，東大センター発行の『SALS 利用の手引き』[59,60]がある．本書は，このマニュアルを補完する目的で，理論的な解説を試みたものである．なお『SALS 利用の手引き』(改訂版)は1983年3月に発行された．

1982年5月以後の移植先：図書館情報大学，豊橋技術科学大学，同志社大学，大阪市立大学，甲南大学，岡山大学，高知医科大学，福岡工業大学，京都大学原子エネルギー研究所，農林水産技術会議，電波研究所，放射線医学研究所，川崎市公害局

その後の移植先(1987年2月現在)：筑波大学，東京大学(教育用計算機センター，宇宙線研究所，物性研究所)，立教大学，明治大学，東京都立大学，東京学芸大学，中部大学，富山大学，大阪府立大学，広島電機大学，近畿大学，山口大学，産業医科大学，文部省緯度観測所，文部省宇宙科学研究所，環境庁公害研究所，気象庁気象研究所，郵政省電波研究所鹿島支所，動力炉核燃料開発事業団，国有鉄道鉄道技術研究所，京都工芸繊維大学，岡山理科大学，広島工業大学，秋田県立脳血管研究センター，建設省建設研究所

1988年12月現在　大学関係58カ所，研究所関係29カ所，企業5カ所，海外6カ所，総計98カ所に移植．

参 考 文 献

統計学関係〔単行本〕：

1) D. F. Andrews, P. J. Bickel, F. R. Hampel, P. J. Huber, W. H. Rogers, J. W. Tukey : Robust Estimation of Location, Princeton Univ. Press, Princeton, NJ (1972).

2) 青木利夫・吉原健一：統計学要論，培風館 (1978).

3) P. R. Bevington : Data Reduction and Error Analysis for the Physical Sciences, McGraw-Hill (1969).

4) S. Brandt : Statistical and Computational Methods in Data Analysis, 2nd ed., North-Holland, Amsterdam (1975) ; 吉城肇，高橋秀知，小柳義夫訳：データ解析の方法，みすず書房(1976).

5) S. Chatterjee, B. Price : Regression Analysis by Example, Wiley, New York (1977) ; 佐和隆光・加納悟訳：回帰分析の実際，新曜社 (1981).

6) W. E. Deming : Statistical Adjustment of Data, Wiley, New York (1946); 森口繁一訳：推計学によるデータのまとめ方——新しい最小二乗法：岩波書店 (1950).

7) W. T. Eadie, D. Drijard, S. E. James, M. Roos, B. Sadoulet : Statistical Methods in Experimental Physics, North-Holland, Amsterdam (1971).

8) P. G. Hoel : Elementary Statistics, 4th ed., Wiley, New York (1976) ; 浅井晃，村上正康訳：初等統計学(原著 4 版)，培風館(1981).

9) P. G. Hoel: Introduction to Mathematical Statistics, 4th ed., Wiley, New York (1971) ; 浅井晃，村上正康訳：入門数理統計学，培風館(1978).

10) P. J. Huber : Robust Statistics, Wiley, New York (1981).

11) M. G. Kendall, A. Stuart : The Advanced Theory of Statistics, Vol. 2, Inference and Relationship, 4th ed., Charles Griffin, London (1977).

12) 北川敏男：推測統計学 I , II , 岩波全書，岩波書店(1958).

13) S. L. Meyer : Data Analysis for Scientists and Engineers, Wiley, New York (1975).

14) 日本物理学会編：計算機による物理実験データ処理，サイエンス社(1973).

15) C. R. Rao : Linear Statistical Inference and Its Applications, 2nd ed., Wiley, New York (1973) ; 奥野忠一，長田洋，篠崎信雄，広崎昭太，古河陽子，矢島敬二，

鷲尾泰俊訳：統計的推測とその応用，東京図書(1977).

16)　相良節夫，秋月影雄，中溝高好，片山徹：システム同定，計測自動制御学会(1981).

17)　竹内啓：数理統計学の方法的基礎，東洋経済新報社(1973).

18)　J. W. Tukey : Exploratory Data Analysis, Addison-Wesley (1977).

統計学関係〔論文〕：

19)　赤池弘次：情報量規準 AIC とは何か——その意味と将来への展望：数理科学，No. 153, pp. 5-11(1976年3月).

20)　赤池弘次：エントロピーとモデルの尤度，日本物理学会誌，Vol. 35(7), pp. 608-614(1980).

21)　赤池弘次：モデルによってデータを測る，数理科学，No. 213, pp. 7-10 (1981年3月).

22)　D. F. Andrews : Some Monte Carlo Results on Robust/Resistant Regression, Proceedings of the Conference on Critical Evaluation of Chemical and Physical Structural Information, D. R. Lide, Jr. and M. A. Paul, eds., National Academy of Sciences, Washington (1974), pp. 36-44.

23)　A. E. Beaton, J. W. Tukey : The Fitting of Power Series, Meaning Polynomials, Illustrated on Band-Spectroscopic Data, Technometrics, Vol. 16, pp. 147-192 (1974).

24)　伊藤徹三：SALS における重み調節使用例，「統計的データ解析と統計プログラムパッケージ」研究会，大阪大学(1978).

25)　中川徹，朽津耕三：あてはめ法——その理想と現実，分光研究，Vol. 24(2), pp. 109-126 ; Vol. 24(3), pp. 165-182(1975).

26)　T. Nakagawa, Y. Takahashi, K. Kuchitsu : Coriolis Interactions in the ν_3, ν_6, and ν_4 Bands of D_2CO, Thirty First Symposium on Molecular Spectroscopy, Ohio State University, June 14-18, 1976.

27)　小柳義夫：ロバスト推定法とデータ解析，日本物理学会誌，Vol. 34(10), pp. 884-891 (1979).

28)　田辺國士：統計的データの誤差の処理，bit 臨時増刊「数値計算における誤差」，pp. 1383-1395 (1975).

29)　J. W. Tukey : Introduction to Today's Data Analysis, Proceedings of the Conference on Critical Evaluation of Chemical and Physical Structural Information, D. R. Lide, Jr. and M. A. Paul, eds., National Academy of Sciences, Washington (1974), pp. 3-14.

数値解法関係〔単行本〕:

30) J. M. Chambers : Computational Methods for Data Analysis, Wiley, New York (1977).

31) G. E. Forsythe, M. A. Malcom, C. B. Moler : Computer Methods for Mathematical Computations, Prentice-Hall, Englewood Cliffs, NJ (1967) ; 森正武訳 : 計算機のための数値計算法, 科学技術出版社(1978).

32) G. E. Forsythe, C. B. Moler: Computer Solution of Linear Algebraic Systems, Prentice-Hall, Englewood Cliffs, NJ (1967) ; 渋谷政昭, 田辺國士訳 : 計算機のための線形計算の基礎——連立一次方程式のプログラミング, 培風館 (1969).

33) 今野浩, 山下浩 : 非線形計画法, OR ライブラリ 6, 日科技連 (1978).

34) J. Kowalik, M. R. Osborne : Methods for Unconstrained Optimization Problems, Elsevier (1968) ; 山本善之, 小山健夫訳 : 非線形最適化問題, 培風館 (1971).

35) C. L. Lawson, R. J. Hanson : Solving Least Squares Problems, Prentice-Hall, Englewood Cliffs, NJ (1974).

36) C. R. Rao, S. K. Mitra : Generalized Inverse of Matrices and Its Application, Wiley, New York (1971) ; 渋谷政昭, 田辺國士訳 : 一般逆行列とその応用, 東京図書 (1973).

37) B. T. Smith, J. M. Boyle, J. J. Dongarra, B. S. Garbow, Y. Ikebe, V. C. Klema, C. B. Moler : Matrix Eigensystem Routines——EISPACK Guide, 2nd ed., Lecture Notes in Computer Science, Vol. 6, Springer-Verlag, Berlin (1976).

38) 戸川隼人 : マトリックスの数値計算, オーム社 (1971).

39) 戸川隼人 : 計算機のための数値計算, サイエンス社 (1976).

40) J. H. Wilkinson : Rounding Errors in Algebraic Processes, Her Britannic Majesty's Stationary Office, London (1963) ; 一松信, 四条忠雄訳 : 基本的演算における丸め誤差解析, 培風館 (1974).

41) J. H. Wilkinson, C. Reinsch, eds. : Linear Algebra, Handbook for Automatic Computation, Vol. II, Springer-Verlag, Berlin (1971).

数値解法関係〔論文〕:

42) Å. Björck : Solving Linear Least-Squares Problems by Gram-Schmidt Orthogonalization, BIT, Vol. 7, pp. 1–21 (1967).

43) M. J. Box : A Comparison of Several Current Optimization Methods and the Use of Transformations in Constrained Problems, Computer J., Vol. 9, pp. 67–77 (1966).

44) C. G. Broyden : A Class of Methods for Solving Nonlinear Simultaneous Equations, Math. Comp., Vol. 19, pp. 577-593 (1965).

45) P. Businger, G. H. Golub : Linear Least Squares Solutions by Householder Transformations, Numer. Math., Vol. 7, pp. 269-276 (1965).

46) R. Fletcher : A Modified Marquardt Subroutine for Nonlinear Least Squares, Harwell Report, AERE-R. 6799 (1971).

47) P. E. Gill, W. Murray : Quasi-Newton Methods for Unconstrained Minimization, J. Inst. Math. Appl., Vol. 9, pp. 91-108 (1972).

48) G. H. Golub, C. Reinsch : Singular Value Decomposition and Least Squares Solutions, Numer. Math., Vol. 14, pp. 403-420 (1970).

49) K. Levenberg : A Method for the Solution of Certain Nonlinear Problems in Least Squares, Quart. Appl. Math., Vol. 2, pp. 164-168 (1944).

50) D. W. Marquardt : An Algorithm for Least Squares Estimation of Nonlinear Parameters, J. Soc. Indust. Appl. Math., Vol. 11, pp. 431-441 (1963).

51) 中川徹，小柳義夫：非線形最小二乗法のソフトウェア，情報処理，Vol. 23 (5), pp. 442-450 (1982).

52) M. J. D. Powell : A Method for Minimizing a Sum of Squares of Nonlinear Functions without Calculating Derivatives, Computer J., Vol. 7, pp. 303-307 (1965).

53) M. J. D. Powell : A Hybrid Method for Nonlinear Equations, Numerical Methods for Nonlinear Algebraic Equations, P. Rabinowitz, ed., Gordon and Breach (1970), pp, 87-114, 115-161.

54) 渋谷政昭：最小二乗法のアルゴリズム，応用統計学，Vol. 1, pp. 3-16 (1971).

55) 田辺國士：非線形最小二乗法のアルゴリズム，応用統計学，Vol. 9 (3), pp. 119-140 (1981).

56) R. H. Wampler : A Report on the Accuracy of Some Widely Used Least-Squares Computer Programs, J. Amer. Statist. Ass., Vol. 65, pp. 549-565 (1970).

ソフトウェア関係〔単行本〕：

57) I. Francis : Statistical Software : A Comparative Review, Elsevier North-Holland, New York (1981).

58) 日立製作所：VOS 1/VOS 2/VOS 3 数値計算副プログラムライブラリ MSL 機能編 ――第1分冊――線形計算.

59) 中川徹，小柳義夫：最小二乗法標準プログラム SALS (第2版) 利用の手引き，第1

部基礎篇，東京大学大型計算機センタ（1979）.
60) 中川徹，小柳義夫，戸川隼人：最小二乗法標準プログラム SALS（第2版）利用の手引き，第2部制御・解法篇，東京大学大型計算機センタ（1979）.

ソフトウェア関係〔論文〕：

61) 水野欽司，大隅昇，桂康一郎：統計パッケージ(1)-(7)，bit, Vol. 10, pp. 915-921, pp. 986-991, pp. 1388-1394, pp. 1492-1498, pp. 1819-1825 (1980); Vol. 11, pp. 83-91, pp. 181-185 (1981).
62) 中川徹，小柳義夫：最小二乗法標準プログラムの開発 (5) SALS システムの開発をかえりみて，東京大学大型計算機センタニュース，Vol. 11 (5)，pp. 63-72 (1979).
63) 中川徹，小柳義夫：最小二乗法標準プログラムの開発 (6) SALS 基本システム（第2版）の改良と普及，東京大学大型計算センタニュース，Vol. 12 (3)，pp. 26-42 (1980).
64) 矢島敬二，大隅昇：統計，bit 臨時増刊号，Vol, 9, No. 9.「アプリケーション・プログラム」，pp. 894-920 (1979).

索　引

あ行

か行

さ行

た行

な行

は行

ま行

や行

ら行

著者略歴

中川　徹

1940年　兵庫県に生れる
1963年　東京大学理学部化学科卒業
1967年　東京大学理学部化学教室助手
　　　　富士通㈱国際情報社会科学研究所などを経て
現　在　大阪学院大学名誉教授，理学博士
著　書　科学者・技術者のためのフォートラン入門（東京化学同人）
　　　　化学と量子論（共著）（岩波講座現代化学）
　　　　SALS 入門——実験データの解析（共著）（東京大学出版会）

小柳義夫

1943年　東京都に生れる
1966年　東京大学理学部物理学科卒業
1971年　東京大学理学系大学院修了
　　　　東京大学大学院情報理学系研究科教授，神戸大学特命教授などを経て
現　在　(一財)高度情報科学技術研究機構サイエンスアドバイザー，理学博士
著　書　SALS 入門——実験データの解析（共著）（東京大学出版会）
訳　書　データ解析の方法（共訳）（みすず書房）他

最小二乗法による実験データ解析［新装版］
——プログラム SALS　　UP 応用数学選書 7

1982 年 5 月 30 日　初　版
2018 年 9 月 20 日　新装版

［検印廃止］

著　者　中川(なかがわ)　徹(とおる)・小柳(おやなぎ)義夫(よしお)

発行所　一般財団法人　東京大学出版会
代表者　吉見俊哉
153-0041 東京都目黒区駒場 4-5-29
http://www.utp.or.jp/
電話　03-6407-1069　Fax 03-6407-1991
振替　00160-6-59964

印刷所　株式会社理想社
製本所　誠製本株式会社

ISBN 978-4-13-065315-2　Printed in Japan